Grochla

Die Wirtschaftlichkeit
automatisierter Datenverarbeitungssysteme

Betriebswirtschaftliche Beiträge zur Organisation
und Automation

Schriftenreihe des Betriebswirtschaftlichen Instituts für Organisation
und Automation an der Universität zu Köln

Herausgeber: Professor Dr. Erwin Grochla, Universität zu Köln

Band 8

Die Wirtschaftlichkeit automatisierter Datenverarbeitungssysteme

Herausgegeben von

Professor Dr. Erwin Grochla

Direktor des Betriebswirtschaftlichen Instituts
für Organisation und Automation an der Universität zu Köln

Springer Fachmedien Wiesbaden GmbH

ISBN 978-3-409-31842-6   ISBN 978-3-663-13500-5 (eBook)
DOI 10.1007/978-3-663-13500-5

Vorwort des Herausgebers

Seit Mitte der fünfziger Jahre werden in der Bundesrepublik Deutschland automatische Datenverarbeitungsanlagen für die Abwicklung kommerzieller Aufgaben eingesetzt. In dieser Zeit wurde die technische Konzeption der Computer so schnell vervollkommnet, daß bereits seit langem von drei Computer-Generationen gesprochen wird. Gleichzeitig haben Wirtschaftspraxis und öffentliche Verwaltung vielfältige Erfahrungen mit diesem neuartigen Sachmittel gemacht, galt es doch, ein neues technisches Hilfsmittel unter organisatorischen und wirtschaftlichen Gesichtspunkten in die Unternehmung einzuordnen.

Während nun durch die technische Entwicklung die Einsatzmöglichkeiten automatischer Datenverarbeitungsanlagen erweitert wurden, fehlte eine entsprechende Entwicklung bei der Konzeption für die Anwendung der Computer; daher blieben die Anwendungssysteme im wesentlichen abrechnungs-, d. h. vergangenheitsorientiert. Aufgrund der in der Praxis gesammelten Erfahrungen beginnt sich jedoch ein tiefgreifener Wandel zu vollziehen. Ausgangspunkt dafür ist, daß den Anwendern der automatisierten Datenverarbeitung (ADV) die entscheidende Lücke zwischen den Anwendungsmöglichkeiten der Computer und der tatsächlichen Anwendung immer deutlicher wird. Weiterhin stellt sich den Unternehmungsführungen mit den steigenden Investitionen im Datenverarbeitungsbereich immer drängender die Frage nach der Wirtschaftlichkeit des Computereinsatzes.

Der sich abzeichnende Wandel in den Anwendungskonzeptionen und die Probleme der Wirtschaftlichkeit der ADV sind eng miteinander verbunden. Die Anwendungssysteme ändern sich insofern, als automatische Datenverarbeitungsanlagen nicht mehr nur für die Erfüllung von vergangenheitsbezogenen Abrechnungsaufgaben, sondern in erster Linie für die Vorbereitung von zukunftsbezogenen Planungs- und Entscheidungsprozessen auf oberen Leitungsebenen eingesetzt werden sollen. Hierdurch nimmt der potentielle Beitrag des Computers zum Gesamterfolg der Unternehmung ständig zu; denn automatisierte, zukunftsbezogene Informationssysteme werden demnächst über Marktstellung und Konkurrenzsituation einer Unternehmung entscheidend mitbestimmen. Allerdings ist die Problematik der Wirtschaftlichkeitsberechnung in zukunftsbezogenen Informationssystemen dadurch gekennzeichnet, daß der Beitrag von Informationsvorteilen zum Gesamterfolg der Unternehmung sowohl schwer erfaßbar und bewertbar als auch schwer zurechenbar ist. Da das derzeit verfügbare theoretische Meß- und Bewertungsinstrumentarium zum Nachweis der wirtschaftlichen Berechtigung zukunftsbezogener Informationssysteme nicht geeignet ist, steht die Wissenschaft vor der Aufgabe, die Wirtschaftspraxis durch die Entwicklung eines neuen, den Möglichkeiten und Problemen des Computer-Einsatzes entsprechenden Instrumentariums zur Berechnung der Wirtschaftlichkeit zu unterstützen.

Aufgrund zahlreicher Gespräche mit Mitgliedern des Förderervereins, in denen diese Lücke immer wieder deutlich wurde, hat sich das Betriebswirtschaftliche Institut für Organisation und Automation an der Universität zu Köln schon seit längerem mit diesen Fragen in seiner Forschung befaßt. Diese intensive Beschäftigung mit dem Problem der Wirtschaftlichkeit der ADV legte es nahe, in einem Kreis von Fachleuten den derzeitigen Stand der Entwicklung festzustellen. Daher wurde im November 1968 ein zweitägiges Symposium über „Wirtschaftlichkeitsfragen in automatisierten Datenverarbeitungssystemen" in Köln veranstaltet. Wissenschaftler und Fachleute der Wirtschaftspraxis aus der Bundesrepublik, den Niederlanden, Österreich und der Schweiz zeichneten in den vorgelegten Arbeitspapieren und Diskussionsbeiträgen ein zwar noch nicht einheitliches, aber doch überschaubares Bild der gegenwärtigen Diskussion. Im Mittelpunkt standen die mit der ADV verbundenen kostentheoretischen Probleme, die Forderung nach Leistungskriterien und Leistungsrechnungen sowie Fragen der Investitions- und Einsatzplanung für die ADV.

Auf der Grundlage des Symposiums konnten dann im Frühjahr 1969 anläßlich einer Fachtagung einige ausgewählte Themen zur Wirtschaftlichkeit der ADV in einem größeren Kreis öffentlich vorgetragen und diskutiert werden. Die während des Symposiums und der Fachtagung gesammelten Erkenntnisse führten dazu, daß die Probleme der Wirtschaftlichkeit der ADV im weiteren Verlauf auch in den Weiterbildungsveranstaltungen des Instituts aufgegriffen werden konnten.

Der vorliegende Sammelband faßt die Arbeitspapiere und Diskussionsbeiträge des Symposiums, die Vorträge der Fachtagung sowie ein Seminarreferat zusammen. Die einzelnen Beiträge unterscheiden sich teilweise sehr im Umfang, in ihrer Anlage und in ihrer Diktion; das liegt in der Natur ihrer Konzeption für unterschiedliche Veranstaltungen. Als Herausgeber war ich bestrebt, den Beiträgen ihre Ursprünglichkeit zu erhalten und so ihren Gehalt zu wahren. Den Sinn dieser Veröffentlichung sehe ich in dreierlei Weise. Die Vielfalt der Beiträge zeigt erstens den gegenwärtigen Stand der Entwicklung. Zweitens geben einzelne Beiträge der Wirtschaftspraxis nützliche

Hinweise, wie die Probleme der Wirtschaftlichkeitsrechnung vorläufig gelöst werden können. Drittens hoffe ich, daß die Veröffentlichung in Wissenschaft und Wirtschaftspraxis kritisch geprüft wird und so der weiteren Entwicklung neue Impulse verleiht. Es würde mich sehr freuen, wenn diese Ge-
meinschaftsarbeit auf ein lebhaftes Echo stoßen würde.

An dieser Stelle möchte ich den Vortragenden, den Teilnehmern und den
Diskutenten der verschiedenen Veranstaltungen für ihre aktive Mitarbeit
sowie Herrn Privatdozent Dr. N. Szyperski und Herrn Dipl.-Volksw. H. Rölle
für die intensive und erfolgreiche Vorbereitung der Veranstaltungen nochmals meinen herzlichen Dank aussprechen. Herrn Dipl.-Kfm. Fr. Winkelhage
danke ich für die abschließende redaktionelle Bearbeitung dieses Bandes.

Erwin Grochla

Inhaltsverzeichnis

Z w e i t e s K a p i t e l

Probleme der Kosten- und Leistungsrechnung

Drittes Kapitel

Probleme der Einsatz- und Investitionsplanung

Die Angaben (Symposium), (Fachtagung), (Seminar) beziehen sich auf folgende Veranstaltungen des Betriebswirtschaftlichen Instituts für Organisation und Automation an der Universität zu Köln:

Symposium: „Wirtschaftlichkeitsfragen in automatisierten Datenverarbeitungssystemen"

8./9. November 1968 in Köln

Fachtagung: „Die Wirtschaftlichkeit der automatisierten Datenverarbeitung"
21. März 1969 in Köln

Seminar: „Anwendungsprobleme automatisierter Informationssysteme"
6./7. Mai 1969 in Köln

Erstes Kapitel

Grundlegende Fragen der Wirtschaftlichkeit

Grundprobleme der Wirtschaftlichkeit
in automatisierten Datenverarbeitungssystemen

Vortrag (Fachtagung)

Von

Dr. rer. pol. E. Grochla

o. Professor der Betriebswirtschaftslehre an der Universität zu Köln

Direktor des Betriebswirtschaftlichen Instituts für Organisation
und Automation an der Universität zu Köln

Inhalt

Die Unternehmungen investieren zunehmend größere Kapitalbeträge in die Entwicklung und Einrichtung von automatisierten Datenverarbeitungssystemen. Angesichts der wachsenden Bedeutung dieser Investitionen für die Informationsgewinnung nimmt die Bedeutung von Fragen ihrer Wirtschaftlichkeit in Wirtschaftspraxis und Wissenschaft ständig zu.

A. Gründe für die Aktualität des Wirtschaftlichkeitsproblems in der automatisierten Datenverarbeitung

Wir alle sind Zeugen einer stürmischen Entwicklung der automatisierten Datenverarbeitung (ADV), wie sie noch vor einem Jahrzehnt nicht für möglich gehalten wurde. Innerhalb der letzten sieben Jahre verzehnfachte sich die Zahl der in der Bundesrepublik Deutschland installierten Anlagen. 5 007 Computer waren nach den Angaben der Diebold-Statistik am 1. 1. 1969 im Einsatz (zum Vergleich: am 1. 1. 1968 waren es 3 863 Anlagen). Damit hält die Bundesrepublik — wenn auch mit deutlichem Abstand nach den USA — vor Japan weiterhin den zweiten Platz hinsichtlich der Computerinstallationen. In den hier angegebenen Zahlen sind alle elektronischen Digitalrechner — darunter auch Prozeßrechner und Anlagen für technisch-wissenschaftliche Zwecke — erfaßt, die in Serienbauweise hergestellt werden. Weiterhin lagen am 1. 1. 1969 Bestellungen für 1 445 Datenverarbeitungsanlagen aller Größenklassen vor (1. 1. 1968: 1 607 bestellte Anlagen). Die Zuwachsrate der Installationen in Höhe von fast 30 % im Jahre 1968 zeigt den Trend zu verstärktem Computereinsatz. Auf Grund der bisherigen Entwicklung wird für 1975 mit einem Bestand von 12 000 installierten Anlagen gerechnet, wobei die Anlagen der mittleren Datentechnik — die Kleincomputer — in der Schätzung noch nicht enthalten sind.

Wahrscheinlich sind diese Voraussagen — ebenso wie viele der bisherigen Prognosen — noch zu niedrig angesetzt, zumal insbesondere den mittleren und kleineren ADV-Anlagen für die nächsten Jahre ein besonders hohes Absatzvolumen vorausgesagt wird. Auch diese Entwicklung zeigt sich recht deutlich in der Diebold-Statistik, die eine Erhöhung des Marktanteils kleinerer Anlagen um 20 %, nämlich von 44 % auf 64 % 1969, aufzeigt.

Mit dieser quantitativen Entwicklung des Einsatzes von automatischen Datenverarbeitungsanlagen ist in Wirtschaft und Verwaltung zwangsläufig eine progressive Zunahme des investierten Kapitals verbunden. Fachleute sind der Ansicht, daß die automatisierte Datenverarbeitung schon in den siebziger Jahren in vielen Unternehmungen einen der umfangreichsten Investitionsposten darstellen wird und die Hersteller von ADV-Anlagen zu den größten Industriebranchen nach der Automobilindustrie gehören werden.

Weiterhin zeigt sich, daß neben die zunehmenden Investitionen für die steigende Anzahl von Maschinensystemen ein wachsender Kapitalbedarf für die Programmsysteme tritt. Während im Jahre 1955 der Anteil der Programmierungskosten an den Gesamtkosten der Datenverarbeitung noch 5—10 % betrug, hat er sich im Jahre 1965 bereits auf 45—50 % erhöht[1]). Bei der Fülle von Vervollkommnungen und Neuentwicklungen im Bereich der Software dürfte sich dieses Verhältnis noch weiter zugunsten der Programmsysteme entwickeln.

Schließlich befinden wir uns in der ersten Phase einer Entwicklung, die einen weiteren Bereich hoher Investitionen aufzeigt. Immer stärker setzt sich die Erkenntnis durch, daß ein optimaler Einsatz der automatisierten Datenverarbeitung nur dann gewährleistet ist, wenn den Maschinen- und Programmsystemen die Entwicklung aufgabenadäquater Anwendungssysteme vorangeht[2]). Dies galt schon für die wesentlich einfacheren, vergangenheitsbezogenen Informationssysteme, welche in den Anfängen der automatisierten Datenverarbeitung konzipiert und heute in den Unternehmungen weitgehend realisiert worden sind. Ganz besonders deutlich wird sich jedoch diese Erkenntnis für die Entwicklung von zukunfts- und entscheidungsorientierten Informationssystemen erweisen, deren Erforschung sich noch stark im Rückstand befindet. Man denke hier z. B. an die Bemühungen der Unternehmungen, die Konzeption eines optimalen Management-Informations-Systems in Teilabschnitten zu realisieren. Solche zukunftsbezogenen, gesamtbetrieblichen Informationssysteme wären in der Lage, alle Entscheidungsträger in der Unternehmung von der Unternehmungsführung bis zu den untersten Leitungsebenen mit zweckentsprechenden Informationen zu beliefern. Dadurch könnten die strategischen und dispositiven Entscheidungsprozesse erheblich verbessert werden. Die Markstellung und Konkurrenzsituation einer Unternehmung wäre dann durch die Qualität ihrer zukunftsbezogenen Informationssysteme wesentlich mitbestimmt. Aber leider muß festgestellt werden, daß mit dem derzeitigen theoretischen Meß- und Bewertungsinstrumentarium die wirtschaftliche Notwendigkeit und Berechtigung von kostspieligen Anwendungssystemen noch nicht zwingend nachgewiesen werden kann. Es muß daher der Forschung in naher Zukunft gelingen, ein Instrumentarium für die Beurteilung der Wirtschaftlichkeit von zukunfts- und entscheidungsorientierten Anwendungssystemen in der auto-

---

[1]) Vgl. Dixon, P. J.: Centralized Data Management — Functional Requirements. In: International Seminar on File Organization, Danish IAG Group, 20—22nd November 1968, S. 47.

[2]) Vgl. Grochla, E.: Die Zukunft der automatisierten Datenverarbeitung — Eine Herausforderung an Forschung und Ausbildung. In: ADL-Nachrichten, 14. Jg. 1969, S. 371 sowie Betriebswirtschaftliches Institut für Organisation und Automation an der Universität zu Köln: Anwendungssysteme für die automatisierte Datenverarbeitung. Die Lücke in Forschung und Ausbildung in der Bundesrepublik Deutschland. Memorandum. In: Bürotechnik und Automation, 9. Jg. 1968, S. 230 ff.

matisierten Datenverarbeitung zu entwickeln, um den Unternehmungsführungen eine rationale Beurteilung der wirtschaftlichen Notwendigkeit so komplexer Anwendungssysteme zu ermöglichen.

Insgesamt kann aber gesagt werden, daß die Unternehmungen mit steigender Intensität Kapital in ADV-Systeme, und zwar sowohl in Maschinen-, Programm- als auch Anwendungssysteme, investieren, wobei der Investitionsanteil für Anwendungssysteme progressiv steigt. Je höher aber der Anteil dieser Investitionen an den Gesamtinvestitionen der Unternehmung ist, um so stärker treten Fragen der Wirtschaftlichkeit der automatisierten Datenverarbeitung in den Vordergrund praktischen und theoretischen Interesses.

B. Besonderheiten des Wirtschaftlichkeitsproblems in der automatisierten Datenverarbeitung

In der Vergangenheit ist zu wenig beachtet worden, daß das Wirtschaftlichkeitsproblem in der automatisierten Datenverarbeitung einige Besonderheiten aufweist. Zunächst ist darauf hinzuweisen, daß die meisten bisherigen Darstellungen am herkömmlichen Wirtschaftlichkeitsbegriff, der eine Erfolgsmeßzahl aus dem Verhältnis von Leistungen und Kosten im betrieblichen Erzeugungsprozeß ist, orientiert sind. Man geht auch von der Annahme aus, daß konventionelle Abrechnungsschemata des Fertigungsbereichs ohne weiteres auf die Beurteilung der Informationsverarbeitung übertragen werden können. Diese Vorgehensweise ist noch zu vertreten, wenn die Datenträgertransformation als physischer Fertigungsprozeß gesehen wird; ein wesentlich anderes Problem liegt jedoch dann vor, wenn die Erfassung, Transformation und Bereitstellung von Dateninhalten und Informationen durch die automatisierte Datenverarbeitung als eigenständiger formaler Prozeß betrachtet wird, der die physischen Prozesse im Basisbereich überlagert. Diese Abläufe werden durch operative, dispositive und strategische Informationen gesteuert. Der eigentliche Wert einer Information ist deshalb nur anhand der durch sie bewirkten Aktionen und Reaktionen festzustellen[3]). Vom betriebswirtschaftlichen Standpunkt aus sind deshalb Informationen nur dann zweckgeeignet, wenn die bereitgestellte Information zur Verbesserung von Aktionen oder Reaktionen beiträgt und dadurch entsprechend verbesserte Betriebsprozesse ablaufen. Je größer die Anzahl der Stufen der Informationsverarbeitung bis zum Basisbereich ist, desto schwieriger gestaltet sich der Prozeß der Erfolgszurechnung für eine Information. Mit abnehmender Informationsebene ist dementsprechend eine zunehmende Bestimmbarkeit des Ursache-Wirkungsverhältnisses von Informationen und durch sie bewirkter Aktionen und Reaktionen feststellbar. Bei möglicher Erfolgszurechnung läßt sich der

---

[3]) Vgl. Marschak, J.: Problems in Information Economics. In: Management Controls: New Directions in Basic Research, hrsg. von C. P. Bonini, R. K. Jaedicke und H. M. Wagner, New York - San Francisco - Toronto - London 1964, S. 38 ff.

2*

Wert einer Information durch bewirkte Ertragssteigerungen auf der Objektebene messen. Der endgültige Ertrag einer Information ist nur am Ende des gesamten betrieblichen Leistungsprozesses zu ermitteln. Ein anschauliches praktische Beispiel für direkte Informationszurechnung und -bewertung stellen Informationen bei Entscheidungskalkülen im Börsengeschäft dar, da sich der Wert von Börseninformationen kurzfristig an erzielten Spekulationsgewinnen messen läßt[4]).

Die Wirtschaftlichkeit der Information ist hier durch Gegenüberstellung von Informationskosten und Informationswert klar erkennbar. Diese einfache Problemstellung ist jedoch bei den Informationen für den Entscheidungsprozeß in anderen Wirtschaftsbereichen meist nicht gegeben.

Eine weitere Besonderheit besteht darin, daß die eigentlichen Wirtschaftlichkeitsprobleme der automatisierten Datenverarbeitung bei den zukunftsbezogenen Informationssystemen liegen. Das Wirtschaftlichkeitspotential vergangenheitsbezogener Anwendungssysteme wurde durch Forschung und Praxis überschätzt. Die Erfahrung hat gezeigt, daß die eingabe- und ausgabeintensiven Abrechnungssysteme nicht die eigentlichen Funktionsmöglichkeiten der speicherprogrammierten Datenverarbeitungsanlagen ausschöpfen, welche in der Massenspeicherung und schnellen Zugriffsbereitschaft großer Datenbestände und in der programmgesteuerten Abwicklung komplexer Rechenprozesse liegen. Je mehr der Computer für zukunftsbezogene Informationssysteme statt für die Bewältigung von Routine- und Massendatenverarbeitungsaufgaben eingesetzt wird, desto höher sind die zu erwartenden Anwendungserträge[5]). Das ergibt sich aus der Tatsache, daß der Entscheidungsumfang und die temporale Geltungsdauer von Entscheidungen mit steigender Leitungsebene zunehmen. Die bisher üblichen Informationssysteme wurden in der Regel nur für die Abbildung der jeweiligen Situation der Unternehmung konzipiert. Je mehr es nun gelingt, mit Hilfe entsprechender, neuer Informationssysteme zukünftige Entwicklungen der internen und externen Unternehmungssituation zu prognostizieren und die Auswirkungen von alternativen Entscheidungen z. B. durch Simulation zu ermitteln, desto eher ist eine nachhaltige Steigerung der Wirtschaftlichkeit von Betriebsprozessen zu erwarten. Die heute angebotene Hardware und Software bietet vom technologischen Standpunkt die Möglichkeit der Gestaltung solcher Systeme; vergangenheitsbezogene Anwendungssysteme können diese gebotenen Möglichkeiten nicht voll ausschöpfen und hemmen weitere Wirtschaftlichkeitssteigerungen[6]).

---

[4]) Vgl. Brandon Applied Systems: Revolution on Wall Street. In: Data Systems, Oktober 1968, S. 23—25; vgl. auch White, M.: The Birthday Machine. In: Business Management, Vol. 98, 1968, No. 3, S. 23.

[5]) Vgl. Dean, N. J.: The Computer Comes of Age. In: Harvard Business Review, Vol. 46, 1968, No. 1, S. 89.

[6]) Vgl. Schikowski, R.: Soll und Haben. Eine Analyse der elektronischen Datenverarbeitung in Deutschland. In: Bürotechnik und Automation, 9. Jg. 1968, S. 288.

Allerdings ist zu beachten, daß zwischen vergangenheitsbezogenen und zukunftsbezogenen Informationssystemen ein wesentlicher Unterschied hinsichtlich des Veränderungsgrades und Risikos der Wirtschaftlichkeit besteht. Während bei vergangenheitsbezogenen Informationssystemen eine konstante Zielfunktion, nämlich Kostensenkung, unterstellt werden kann, sind die Zielsysteme in zukunftsbezogenen Informationssystemen nicht starr vorgegeben, sondern einem ständigen Wandel und sozialen Kompromissen unterworfen. Daher ist auch die Wirtschaftlichkeit von zukunftsbezogenen und entscheidungsorientierten Informationssystemen infolge sich verändernder Umweltbedingungen und des ständigen Wechsels der Informationsbedürfnisse der Entscheidungsträger als nicht konstant anzusehen; sie muß vielmehr durch die Unternehmungsführung ständig überwacht werden. Hier wird in Zukunft ein Schwerpunkt der Unternehmungsführung liegen. Jedoch sollten die Führungskräfte nicht nur eine Kontrollfunktion bezüglich zukunftsbezogener Informationssysteme wahrnehmen, sondern selbst aktiv an deren Gestaltung und Einsatz mitwirken.

Nicht zuletzt ist auf die große Anwendungsflexibilität der automatisierten Datenverarbeitung hinzuweisen. Die speicherprogrammierten Datenverarbeitungsanlagen sind im Gegensatz zu den Investitionsgütern des Fertigungsbereiches in ihrer Anwendungsvielfalt nahezu unbegrenzt. Die Qualität des Computereinsatzes wird deshalb wesentlich davon abhängen, ob es den Unternehmungen gelingt, rentable Anwendungskonzeptionen zu entwickeln, potentielle Anwendungsgebiete zu identifizieren und wirksame Anwendungssysteme zu gestalten. In der Wirtschaftspraxis werden jedoch vielfach nicht zuerst die rentabelsten, sondern meist die einfachsten der bestehenden Datenverarbeitungsaufgaben auf die automatische Datenverarbeitungsanlage übernommen. Hier stehen dann andere Investitionsmotive der Unternehmungsführung, wie Minimierung des Anwendungsrisikos, maximale Auslastung der Anlage usw. — statt die der Wirtschaftlichkeit —, im Vordergrund.

Neben die bisher noch unerforschte Anwendungsvielfalt der automatisierten Datenverarbeitung treten die nahezu unbegrenzten Konfigurationsmöglichkeiten durch die angebotenen Maschinen- und Programmsysteme. Auf Grund des Baukastenprinzips in der Maschinentechnik und des Modularkonzepts in den Programmsystemen können immer wieder neuartige Maschinen- und Programmsysteme gestaltet werden, deren Wirtschaftlichkeit nur in Verbindung mit einem bestimmten Anwendungssystem beurteilt werden kann. Der ständige Wandel und Fortschritt in der Anlagentechnik führt hier ebenfalls laufende Veränderungen herbei. Im Mittelpunkt steht daher die schöpferische Fähigkeit des Organisators und Systemplaners, durch die Entwicklung auf die Aufgabenstruktur des Gesamtbetriebes abgestimmter Anwendungssysteme die Leistungsfähigkeit der verfügbaren Hardware und Software auszuschöpfen und damit die Wirtschaftlichkeit des Computereinsatzes zu steigern.

In diesem Zusammenhang stellt sich die Frage nach den Gestaltungsträgern solcher Anwendungssysteme[7]). Zunächst scheinen ADV-Fachleute für die Gestaltung solcher Anwendungssysteme prädestiniert zu sein. Die Durchleuchtung der komplexen betrieblichen Zusammenhänge, die der Systemgestaltung vorausgehen muß, übersteigt jedoch meist die Fähigkeiten von ADV-Fachleuten. Deshalb ist die Einschaltung von Fachspezialisten der einzelnen Ressorts notwendig. Diesen Fachspezialisten fehlen jedoch oft die zur Systementwicklung notwendigen technologischen Kenntnisse. Weder ADV-Spezialisten noch die genannten Fachspezialisten können also den gestellten Anforderungen gerecht werden. In die entstandene Lücke müßte ein Betriebs- bzw. Wirtschaftsinformatiker treten, der über einen interdisziplinären Ausbildungsweg detaillierte Kenntnisse der ADV und der betriebswirtschaftlichen Gestaltungsgrundsätze erhalten müßte. Ein solcher Betriebsinformatiker wäre in der Lage, die Informationsprozesse in ihren technologischen Möglichkeiten und in den unternehmungsorganisatorischen Notwendigkeiten zugleich zu erfassen[8]).

C. Grenzen und Mängel bisheriger Wirtschaftlichkeitsuntersuchungen

Betrachten wir die bisherigen Wirtschaftlichkeitsuntersuchungen auf dem Gebiet der automatisierten Datenverarbeitung, so zeigt sich eine Reihe von sachlichen Grenzen und dementsprechenden Mängeln. Die bisher vorgenommenen Wirtschaftlichkeitsuntersuchungen in Theorie und Wirtschaftspraxis sind im wesentlichen entweder als kostenorientierte Verfahrensvergleiche oder als leistungsorientierte Maschinenvergleiche zu kennzeichnen.

Im ersten Falle werden die Kosten des alten Verfahrens den Kosten des neuen Verfahrens gegenübergestellt. Die Schwäche eines solchen Kostenvergleiches besteht darin, daß die Ist-Kosten des alten Verfahrens und die Soll-Kosten des geplanten ADV-Systems miteinander verglichen werden. Diese Gegenüberstellung ist in der Regel aber wenig aussagefähig, da auch das alte System ohne neue Sachmittelinvestitionen verbesserungsfähig wäre. Wenn schon bei der Systemanalyse wesentliche organisatorische Mängel aufgedeckt und beseitigt werden können, so sind die daraus resultierenden Wirtschaftlichkeitssteigerungen nicht dem zu installierenden ADV-System

---

[7]) Vgl. Grochla, E.: Automation und Organisation. Die technische Entwicklung und ihre betriebswirtschaftlich-organisatorischen Konsequenzen. Wiesbaden 1966, S. 127 f.

[8]) Vgl. Grochla, E.; Szyperski, N.; Seibt, K. D.: Gesamtkonzeption für die Aus- und Fortbildung auf dem Gebiet der automatisierten Datenverarbeitung. Arbeitsbericht 69/4 des Betriebswirtschaftlichen Instituts für Organisation und Automation an der Universität zu Köln, Köln 1969, S. 61 ff.; vgl. Betriebswirtschaftliches Institut für Organisation und Automation an der Universität zu Köln: Betriebsinformatik und Wirtschaftsinformatik als notwendige anwendungsbezogene Ergänzung einer allgemeinen Informatik. Vorschläge zur Verbesserung der akademischen Ausbildung auf dem Gebiet der automatisierten Datenverarbeitung in der Bundesrepublik Deutschland. Zweites Memorandum, Köln, Juni 1969.

zuzurechnen. Durch die falsche Zurechnung von Wirtschaftlichkeitssteigerungen werden daher viele kostenorientierte Verfahrensvergleiche in ihrem Aussagegehalt verzerrt.

Die alleinige Durchführung von Kostenvergleichsrechnungen ist erst recht dann nicht mehr sinnvoll, wenn die Kosten des neuen Verfahrens höher sind oder wenn die Aufgabe mit konventionellen Mitteln überhaupt nicht erfüllt werden könnte. Insgesamt kann gesagt werden, daß der wesentliche Nachteil der kostenorientierten Verfahrensvergleiche darin besteht, daß die Leistungsseite überhaupt nicht betrachtet und damit kein echter Wirtschaftlichkeitsvergleich angestellt wird.

Die leistungsorientierten Maschinenvergleiche setzen ein vorgegebenes Leistungsspektrum voraus, das mit minimalen Kosten erfüllt werden soll; die Vergleiche bestehen aus Verfahren zur Auswahl von Maschinensystemen. Dabei sind Maschinenauswahlverfahren zu unterscheiden, die

(1) auf einzelnen absoluten Leistungsmerkmalen,

(2) auf Standardaufgaben,

(3) auf der Gewichtsfaktorenmethode und

(4) auf Simulationsmodellen

basieren.

Auf einzelnen absoluten Maschinenleistungsmerkmalen aufbauende Wirtschaftlichkeitsberechnungen sind meistens wenig aussagefähig, wenn sie in einen größeren Systemzusammenhang gestellt werden, weil das Gesamtanforderungsprofil gegebener Aufgabenstellungen die Wirtschaftlichkeit bestimmt; die Wirtschaftlichkeit wird also nicht durch die Leistungsfähigkeit einzelner Maschinenelemente bestimmt. So ist z. B. der Vergleich von Zykluszeiten verschiedener Maschinensysteme bei eingabe- und ausgabeintensiven Aufgabenstellungen wenig sinnvoll, weil hier die peripheren Leistungsmerkmale die Wirtschaftlichkeit im wesentlichen bestimmen; umgekehrt verhält es sich jedoch bei rechenintensiven wissenschaftlichen Aufgabenstellungen. Ebenso ist ein Vergleich der Bruttokernspeichergrößen wenig aussagefähig, weil es auf die Nettokernspeichergrößen ankommt, welche durch den Abzug des Platzbedarfs für Register, Betriebssysteme und Registrierung der Programm- und Peripheriezustände errechnet werden. Von Bedeutung ist auch die Durchschnittslänge der Befehle, weil Maschinen mit gleichen Kernspeichergrößen, aber unterschiedlicher durchschnittlicher Befehlslänge ein abweichendes Leistungspotential haben.

Bei auf Standardaufgaben basierenden Wirtschaftlichkeitsuntersuchungen werden für alle potentiellen Anwendungen repräsentative Probleme von jedem Anwendungstyp ausgewählt und als Benchmarkprobleme bezeichnet[9]).

---

[9]) Vgl. Orlicky, J. A.: Computer Selection. In: Computers and Automation, Vol. 17, 1968, No. 9, S. 46.

Dabei ist das Benchmarkproblem für zukünftige Aufgabenstellungen nur repräsentativ, wenn sowohl Verarbeitungscharakteristika, Laufzeitanforderungen, maschinentechnische Anforderungen als auch Anwendungsprioritäten berücksichtigt werden. Da eine vollständige Repräsentanz der Standardaufgaben für die zukünftigen Aufgabenstellungen meistens nicht erzielt werden kann, sind die Ergebnisse schon aus diesem Grunde kritisch zu betrachten. Hinzu kommt, daß das zukünftige Anforderungsprofil der Anwendungsgebiete über die Laufzeit des Systems nicht vorausgesehen werden kann, da die Datenverarbeitungsaufgaben durch externe und interne Einflüsse einem ständigen Wandel unterliegen, der zum Zeitpunkt der Wirtschaftlichkeitsberechnung nicht antizipiert werden kann. Eine weitere Begrenzung entsteht durch die alleinige Anwendungmöglichkeit von Benchmarkproblemen für Maschinensysteme eines Herstellers. Standardaufgaben für den Vergleich von Maschinensystemen verschiedener Hersteller sind bis heute wegen der mangelnden Vergleichbarkeit der Maschinenleistungsmerkmale noch nicht in ausreichendem Umfang konzipiert worden.

Ein in der Wirtschaftspraxis verbreitetes Maschinenauswahlverfahren ist die Gewichtsfaktorenmethode. Diese tritt hauptsächlich in zwei Formen auf. In der amerikanischen Literatur spricht man von der „weighted-scoring"- und der „cost-value"-Methode[10]). Bei ersterer wird eine Skala notwendiger und erwünschter Eigenschaften des auszuwählenden Maschinensystems aufgestellt und nach subjektivem Ermessen gewichtet. Zu den bewerteten Auswahlfaktoren gehören u. a. Maschinenkosten, Liefertermine, Anwendungsmöglichkeiten, Anwendungsflexibilität, Kompatibilität, Service, Sicherheit, Raumbedarf, Eingabe-Ausgabe-Erfordernisse usw. Das System mit der höchsten Punktzahl wird ausgewählt. Eine verbesserte Form der Gewichtsfaktorenmethode liegt vor, wenn nicht ausschließlich Systemeigenschaften, sondern auch die Beziehungszusammenhänge zwischen Systemkosten und Systemeigenschaften berücksichtigt werden; dabei ist es notwendig, daß jede bewertete Systemeigenschaft in ihrem Wert über den dafür anfallenden Kosten liegt. Eine Verbesserung dieses Verfahrens könnte durch die Einführung von Minuspunkten für unerwünschte Systemeigenschaften erzielt werden. Da bei der Gewichtsfaktorenmethode von objektiven zu subjektiven Auswahlverfahren übergangen wird, kann auf Grund der speziellen Wertmaßstäbe ein Ansatz jeweils nur für eine Unternehmung Anwendung finden.

In letzter Zeit gewinnen auf Simulationsmodellen basierende Wirtschaftlichkeitsuntersuchungen immer mehr an Bedeutung[11]). Bei diesem Verfahren wird ein Computer benutzt, um alternative Systemkonfigurationen zu simulieren. Für die Berechnung alternativer Konfigurationen sind als Eingaben detaillierte Anwendungsbeschreibungen erforderlich. Als Ausgaben werden

---

[10]) Vgl. Joslin, E. O.: Computer Selection. Washington 1968, S. 15 ff.

[11]) Vgl. Huesmann, L. R.; Goldberg, R. P.: Evaluating Computer Systems through Simulation. In: The Computer Journal, Vol. 10, 1967, No. 2, S. 150—156; vgl. Joslin, E. O.: Computer Selection, a. a. O., S. 86—115.

dann die Kosten der Konfiguration, die Auslastung der Zentraleinheit, der Programmierungsbedarf, die Durchlaufzeiten und andere Leistungskennzahlen geliefert. Manche Modelle liefern bis zu 11 Ausgabelisten nach unterschiedlichen Kriterien. Als Vorteile der Simulation von Maschinenauswahlentscheidungen können folgende Punkte angeführt werden: Es findet eine objektive Untersuchung alternativer Systemkonfigurationen statt; das vollständige zukünftige Anwendungssystem wird bewertet; die angewandten Wirtschaftlichkeitskriterien sind bei allen Bewertungsakten gleich; die gegenseitige Beeinflussung von Maschinensystem und Programmsystem wird ebenfalls berücksichtigt; es können mehr Variable in die Betrachtung einbezogen werden; der Bewertungsprozeß ist kürzer als bei manuellen Verfahren.

Andererseits sind als Nachteile des Simulationsverfahrens zu nennen: Der Benutzer kennt die Qualität der verwendeten Simulationsprogramme nicht und kann sie nicht ohne weiteres beurteilen; die Beschreibung zukünftiger Anwendungssysteme durch Eingabedaten ist wegen der Unsicherheit über das zukünftige Anwendungsprofil sehr problematisch; die Simulation der Maschinenauswahl ist darüber hinaus das teuerste Verfahren.

Alle bisher aufgeführten Auswahlverfahren sind in ihrem Aussagegehalt beschränkt, da sich Maschinensysteme, Programmsysteme und Anwendungssysteme in ihrer Effizienz gegenseitig beeinflussen. Nach den Erkenntnissen der Investitionstheorie darf daher die ADV-Investition nicht als isolierte Investition, sondern muß als Investitionsprogramm angesehen werden, welches auf die Abläufe der gesamten Unternehmung Einfluß hat[12]).

Beiden Verfahrenstypen, also sowohl den kostenorientierten Verfahrensvergleichen als auch den leistungsorientierten Maschinenvergleichen, ist vor allem der große Mangel eigen, daß die Auswahlentscheidungen sich ausschließlich am Maschinensystem orientieren und die zu gestaltenden Programmsysteme und Anwendungssysteme als bekannt vorausgesetzt werden. Schon die Investitionen für die Programmsysteme werden nicht genügend in die Wirtschaftlichkeitsüberlegungen einbezogen. Vor allem gibt es aber kaum Überlegungen zur Auswahl optimaler Anwendungssysteme. Dies ist um so mehr zu bedauern, weil sich die Entscheidung für ein bestimmtes Anwendungssystem wesentlich intensiver auf die Wirtschaftlichkeit der ADV-Investitionen auswirkt als entsprechende Maschinenauswahlentscheidungen, denn durch die Systementwicklung fallen hohe Kosten an, die große Investitionsbeträge langfristig binden und nur langsam amortisiert werden. Durch die progressiven Kostensteigerungen bei der Systementwicklung und durch das relative Absinken der Maschinenkosten bestimmen die langfristig wirkenden Auswahlentscheidungen über bestimmte Anwendungssysteme im wesentlichen die Wirtschaftlichkeit der automatisierten Datenverarbeitung.

---

[12]) Vgl. Jaensch, G.: Betriebswirtschaftliche Investitionsmodelle und praktische Investitionsrechnung. In: Zeitschrift für betriebswirtschaftliche Forschung, N. F., 19. Jg. 1967, S. 48 ff.

Es besteht zugleich ein hohes Investitionsrisiko, da sich die Effizienz der Informationssysteme mit sich verändernden Zielsetzungen der Unternehmung wandelt. Der Erfolg eines Informationssystems hängt letztlich davon ab, inwieweit es auf die spezifische Unternehmungsaufgabe, die Organisation, den Führungsstil und die besonderen Informationsbedürfnisse der jeweiligen Unternehmung eingestellt wurde. Dabei muß berücksichtigt werden, daß die Gestaltung eines neuen Informationssystems in der Regel Rückwirkungen auf die gesamte Organisation und vielfach auch auf den Führungsstil hat. Deshalb können die Investitionskriterien für erfolgreiche Informationssysteme nur unternehmungsindividuell gesehen werden.

D. Ansatzpunkte für leistungs- und anwendungsorientierte Wirtschaftlichkeitsuntersuchungen

Die dargestellten Mängel bisheriger Wirtschaftlichkeitsuntersuchungen können nur dann überwunden werden, wenn man bei den verwendeten Methoden von der Kosten- zur Leistungsorientierung sowie von der Maschinen- zur Anwendungsorientierung übergeht. Ausgangspunkt aller ADV-Investitionen sollte daher eine langfristige, ständig zu korrigierende, leistungsorientierte Anwendungsplanung sein. Nicht die Anwendungsgebiete mit dem geringsten Schwierigkeitsgrad und Investitionsrisiko, sondern die rentabelsten Anwendungsgebiete sollten zuerst auf die ADV-Anlage übernommen werden. Bisher fehlt es an einer rentabilitätsgesteuerten Anwendungsplanung in den Unternehmungen. Neben die hauptsächlich verwendeten Investitionskriterien, nämlich Menge der zu bewegenden Daten und geringes Anwendungsrisiko, müssen neuartige Maßstäbe wie Notwendigkeit, Dringlichkeit, Wert der gelieferten Informationen, Höhe des benötigten Investitionskapitals, Verträglichkeit mit Unternehmungszielen usw. treten. Generelle Investitionskriterien sind nicht sinnvoll, weil jede Unternehmung individuelle Unternehmungs- und damit Anwendungsziele hat. Die kritischen Entscheidungsbereiche und Informationsbedürfnisse sind in jeder Unternehmung verschieden. Sie hängen u. a. von Wirtschaftszweig, Produktionsprogramm, Finanzstruktur, Organisation und nicht zuletzt von der Art der Unternehmungsführung ab. Für die eine Unternehmung stellt das innerbetriebliche Entscheidungsfeld den kritischen Informationsbereich dar, weil die externe Marktsituation sehr konstant ist, z. B. für Energieunternehmungen. Für eine andere bestimmen Informationen über das externe Entscheidungsfeld die Marktstellung. Die Unternehmungsführung kann das Wachstum betonen, sich innovations- und risikofreudig verhalten oder sich nur auf die Behauptung eines bestimmten Marktanteils beschränken. Für diese verschiedenen Unternehmungsziele sind alternative Arten von Informationssystemen erforderlich.

Bei der Anwendungsplanung sind insbesondere die drei grundsätzlich unterschiedlichen Typen von Anwendungssystemen, die sich durch differierende

Zielsetzungen auszeichnen, zu unterscheiden: einmal vergangenheitsbezogene Informationssysteme und zum anderen zukunftsbezogene Systeme, die wiederum in dispositive und strategische Informationssysteme unterteilt werden können.

Die bis heute in der Wirtschaftspraxis entwickelten und zur Anwendung gelangten Informationssysteme sind zumeist vergangenheitsbezogene Systeme, deren Funktionsbereich durch die Realisationsebene bestimmt wird. Sie dienen der Kontrolle und Abrechnung abgelaufener Betriebsprozesse. Dabei werden alte, bisher manuell oder mechanisch erfüllte Datenverarbeitungsaufgaben unverändert auf das ADV-System übernommen. Die hauptsächliche Anwendungszielsetzung in solchen Systemen ist die Kostensenkung in den Datenverarbeitungsprozessen selbst. Voraussetzung für einen erfolgreichen Einsatz dieser Systeme ist eine automatisierbare Datenstruktur, d. h. relativ große zu speichernde Datenbestände, periodische Datenfortschreibungszyklen und wenige Ausnahmefälle. Ein wichtiges Beurteilungsmerkmal ist dabei das Verhältnis der insgesamt zu speichernden Datenbestände zu den jeweils zu bewegenden Datenbeständen und die Aktivitätsverteilung von Datenelementen im System. Die großen Anwendungsgebiete für vergangenheitsbezogene Informationssysteme sind Bestellung, Fakturierung, Buchhaltung und Statistik. Da diese Anwendungsgebiete meistens sehr eingabe- und ausgabeintensiv sind, werden die Computer nicht ihren eigentlichen Möglichkeiten entsprechend genutzt. Die zu erwartenden Wirtschaftlichkeitssteigerungen mit vergangenheitsbezogenen Informationssystemen sind dementsprechend gering. Die Wirtschaftspraxis wendet sich daher der Gestaltung zukunftsbezogener Informationssysteme zu.

Nach der zeitlichen Ausdehnung der Zukunftsorientierung und Einsatzebene sind dispositive und strategische Informationssysteme zu unterscheiden[13]). Die Anwendungszielsetzung von dispositiven Informationssystemen besteht vornehmlich darin, Kostensenkungen nicht in den Datenverarbeitungsprozessen selbst, sondern in den realen und nominalen Betriebsprozessen, d. h. Beschaffung, Erzeugung, Absatz und Finanzierung, auf Grund verbesserter kurzfristiger Entscheidungen zu erreichen[14]). Dabei wird auf Grund einer programmierbaren Entscheidungsstruktur mit eindeutig definierter Zielfunktion und einem mehr oder minder komplizierten mathematischen Modell die Bildung von lokalen Optima in einzelnen Funktionsbereichen angestrebt. In diesem Zusammenhang erhalten die Methoden des Operations Research besondere Bedeutung[15]). Voraussetzung von solchen dispositiven Informationssystemen ist die Verknüpfung der vergangenheitsbezogenen mit den

---

[13]) Vgl. Anthony, R. N.: Planning and Control Systems — A Framework for Analysis. Boston 1965, S. 15 ff.; vgl. Stern, H. A.: Information Systems and Management Science. In: Management Science, Vol. 13, 1967, No. 12, S. B-848 ff.

[14]) Vgl. Cox, D. F.; Good, R. S.: How to Build a Marketing Information System. In: Harvard Business Review, Vol. 45, 1967, No. 3, S. 153.

[15]) Vgl. Grochla, E.: Die Bedeutung der automatisierten Datenverarbeitung für die Unternehmungsführung. In: IBM-Nachrichten, 18. Jg. 1968, S. 84 ff.

zukunftsbezogenen dispositiven Datenverarbeitungsaufgaben, d. h. die Verwirklichung einer vorwiegend horizontalen Integration. Diesen Informationssystemen wird beim gegenwärtigen Anwendungsstand in der automatisierten Datenverarbeitung das derzeitig größte Wirtschaftlichkeitspotential beigemessen. Das ist aus der Tatsache zu erklären, daß fast jede Unternehmung einen kritischen dispositiven Bereich hat, in dem kurzfristig Informations- und Entscheidungsprobleme auftreten[16]). Dieser kann im Materialwirtschaftsbereich bei materialintensiven Fertigungsverfahren, im Lagerbereich bei lagerintensiven Massenfertigungsverfahren oder im Personalbereich bei personalintensiven Unternehmungen liegen. Der Computer kann an dieser Stelle helfen, zweckgeeignete Steuerungsinformationen für kurzfristig auftretende Dispositionsprobleme bereitzustellen. Die Verbesserung der Disposition durch den Computereinsatz zeigt sich z. B. unmittelbar durch geringere Material- und Lagerbestände, kürzere Durchlaufzeiten bei gleichbleibender Fertigungsrate und gleichem Servicegrad. Nach ihren Wirtschaftlichkeitsauswirkungen können intern und extern wirkende Dispositionsverbesserungen unterschieden werden. Bei internen Dispositionsverbesserungen ist meist eine direkt zurechenbare Kostensenkung durch die Einführung eines Informationssystems zu erwarten, z. B. automatisierte Materialbewirtschaftung. Extern wirkende Dispositionsvorteile führen nicht zwangsläufig zu direkten Wirtschaftlichkeitssteigerungen. Die Erhöhung des akquisitorischen Potentials durch eine Verbesserung der Lieferfähigkeit kann dabei durchaus zu einer verbesserten Marktstellung der Unternehmung führen. Die Rate der Wirtschaftlichkeitssteigerung hängt hier von der Reaktion des Marktes auf verbesserte Dispositionen der Unternehmung ab. Die Zurechnung bestimmter Absatz- und Erlösverbesserungen zu bestimmten Dispositionsvorteilen gestaltet sich deshalb schwieriger als bei Dispositionsverbesserungen, die sich nur intern auswirken.

Große Verbesserungen in den betrieblichen Dispositionen und kurzfristigen Entscheidungsprozessen werden zur Zeit von Echtzeitsystemen (On Line Real Time) und interaktiven Dialogsystemen erwartet[17]). Dem Einsatz von Echtzeitsystemen liegt die Annahme zugrunde, daß die kürzere Reaktionszeit und schnellere Informationsbereitstellung den Anwendungserfolg zwangsläufig verbessert. Hierbei werden progressive Maschinen- und Programmierkostensteigerungen in Kauf genommen. Allerdings kann schon eine geringe Variation von Leistungsparametern dispositiver Anwendungssysteme über ihre Wirtschaftlichkeit oder Unwirtschaftlichkeit entscheiden. So wird z. B. von den Platzbuchungssystemen der Luftverkehrsgesellschaften berichtet, daß durch eine für notwendig gehaltene Reduktion der Reaktionszeit dieser Systeme von fünf auf drei Sekunden eine Erhöhung der Programmierungs-

---

[16]) Grochla, E.: Die Integration der Datenverarbeitung. Durchführung an Hand eines integrierten Unternehmungsmodells. In: Bürotechnik und Automation, 9. Jg. 1968, S. 108 ff.

[17]) Vgl. Morton, M. S.; McCosh, A. M.: Terminal Costing for Better Decisions. In: Harvard Business Review, Vol. 46, 1968, No. 3, S. 147 ff.

kosten um mehrere Millionen DM in Kauf genommen werden mußte[18]).
Die Notwendigkeit der schnellen Bereitstellung einer bestimmten Information muß daher bei der Gestaltung von Informationssystemen genau begründet werden[19]). Die hohen Kosten, welche durch Echtzeitinformationen entstehen, sind dann nicht gerechtfertigt, wenn kein Bedarf für kurze Reaktionszeiten besteht. Hier liegt oft eine Diskrepanz zwischen der technologischen Fähigkeit von Maschinensystemen und dem tatsächlichen Leistungsbedarf der Anwendungssysteme vor. Es gibt vermutlich in der Unternehmung nur wenige kritische Entscheidungsbereiche, die auf Echtzeitinformationen unbedingt angewiesen sind.

Problematisch und ungelöst sind noch Fragen der Wirtschaftlichkeitsaussichten von interaktiven Dialogsystemen. Die meisten bisher realisierten
Systeme stellen Abfragesysteme dar, die vergangenheitsbezogene Informationen bereitstellen. Ob interaktive Lösungen von dispositiven Entscheidungen durch Mensch-Maschine-Systeme die Entscheidungsprozesse verbessern,
ist durch die Wissenschaft noch nicht ausreichend erforscht worden[20]). Ihre
wirtschaftliche Berechtigung läßt sich deshalb zur Zeit noch nicht beurteilen.

Dagegen läßt sich schon jetzt feststellen, daß die Verbesserung des Informationsstandes für langfristige Entscheidungen durch strategische Informationssysteme große Bedeutung haben wird. Diese Systeme sollen hier besonders hervorgehoben werden, da in der aktuellen Diskussion über Management-Informations-Systeme die Aufgabenstellung und das Wesen der dispositiven und strategischen Informationssysteme nicht klar voneinander abgegrenzt werden, was zu Mißverständnissen bei der Beurteilung des jeweiligen
Wirtschaftlichkeitspotentials führt. Die strategischen Informationssysteme
sollen einem unvorhersehbaren, flexiblen, von der jeweiligen Problemstellung
abhängigen nicht-repetitiven Informationsbedarf der Entscheidungsträger
gerecht werden. Sie unterscheiden sich daher wesentlich von den dispositiven Informationssystemen, die Informationen für wiederholbare Entscheidungen liefern.

Die Anwendungszielsetzung strategischer Informationssysteme besteht in
einer Verbesserung der Informationsverarbeitungs- und Entscheidungsprozesse der Unternehmungsführung selbst. Angesichts der Wirkdauer und des
Umfangs strategischer Entscheidungen haben sie Wirtschaftlichkeitsauswirkungen auf das gesamte Unternehmungsgeschehen im Gegensatz zu dispositiven Informationssystemen, deren Erfolge in der Regel nur bestimmten
Funktionsbereichen zurechenbar sind. Die Beurteilung des Wirtschaftlich-

---

[18]) Vgl. Hirsch, R. E.: Informationswert und -kosten und deren Beeinflussung. In: Zeitschrift
für betriebswirtschaftliche Forschung, N. F., 20. Jg. 1968, S. 676.

[19]) Vgl. Dearden, J.: Myth of Real-Time Management Information. In: Harvard Business Review, Vol. 44, 1966, No. 3, S. 123—132.

[20]) Vgl. Mertens, P.; Kress, H.: Mensch-Maschinen-Kommunikation und betriebliche Entscheidungsfindung (unter besonderer Berücksichtigung der Produktions- und Instandhaltungsplanung). Bericht 01/68 des Instituts für Fertigungswirtschaft und betriebliche Systemforschung, Linz 1968, S. 1 ff.

keitspotentials strategischer Systeme ist daher wegen ihrer umfassenden Auswirkungen Aufgabe der Unternehmungsführung.

Angesichts der Komplexität der anstehenden Entscheidungsprobleme ist eine genaue Spezifikation entscheidungsrelevanter Informationen und damit die Zurechnung eines bestimmten Ertrages zu einer bestimmten Information nicht immer möglich. Daher steigt das Investitions- und Anwendungsrisiko bei strategischen Informationssystemen erheblich, und der Versuch einer zahlenmäßigen Wirtschaftlichkeitsberechnung bereitet große Schwierigkeiten. Daher ist die Entwicklung von strategischen Informationssystemen und die Überwachung ihres Einsatzes eine echte unternehmerische Aufgabe, was durch die erforderlichen, umfangreichen Investitionen und die Notwendigkeit, die damit verbundenen Risiken zu beurteilen, nur noch verdeutlicht wird. Die Unternehmungsführung bestimmt den Erfolg strategischer Informationssysteme durch genaue Formulierung ihrer Informationspräferenzen und durch ihr Verhalten bei komplexen Entscheidungen. Die Effizienz eines strategischen Informationssystems hängt demnach von der Qualität des Systems wie auch vom Anpassungs- und Lernverhalten des Informationsbenutzers, d. h. der Unternehmungsführung, ab.

Es gibt nun Meinungen, nach denen die Anwendbarkeit des Computers für strategische Entscheidungen schlechthin verneint wird. Häufig wird dabei die Einmaligkeit der Entscheidung als Argument gegen die Automatisierbarkeit vorgetragen. Diese Auffassung verkennt jedoch die Tatsache, daß auch bei einmaligen komplexen Entscheidungsproblemen umfangreiche repetitive Rechenprozesse notwendig sind, wenn viele Entscheidungsalternativen berücksichtigt werden sollen. Als weiteres Argument wird vorgebracht, daß die gegenwärtigen Anwendungssysteme nur das innerbetriebliche Entscheidungsfeld abbilden, daß für strategische Entscheidungsprozesse jedoch hauptsächlich außerbetriebliche Umweltdaten zu berücksichtigen sind. Unter diesem Aspekt dürfte es sinnvoll sein, der Unterscheidung in Betriebsinformatik und Wirtschaftsinformatik zu folgen[21]). Die Betriebsinformatik wird als die Lehre vom Aufbau, der Arbeitsweise und der Gestaltung betriebsinterner Informationssysteme definiert. In Ergänzung dazu soll unter Wirtschaftsinformatik die Lehre vom Aufbau, der Arbeitsweise und der Gestaltung betriebsexterner Informationssysteme verstanden werden, d. h. von Informationssystemen, die die Zwecksetzung einer größeren Zahl von Betrieben, im Grenzfall aller Betriebe einer Volkswirtschaft, berücksichtigen. Dazu ist insbesondere eine externe Integration der betriebsinternen Informationssysteme erforderlich. Diese Entwicklung zeigt sich auch in dem Bemühen, umfangreiche Bundes-, Landes-, Regional- und Kommunaldatenbanken für die Zwecke der Verwaltung und der Wirtschaft zu entwickeln[22]).

---

[21]) Vgl. Grochla, E.; Szyperski, N.; Seibt, K. D.: Gesamtkonzeption für die Aus- und Fortbildung . . ., a. a. O., S. 63 ff.

[22]) Vgl. Hosse, H.: Landesdatenbank Nordrhein-Westfalen. In: ADL-Nachrichten, 13. Jg. 1968, S. 320 ff.

Selbstverständlich ist die Frage berechtigt, ob die für strategische Entscheidungsprozesse benötigten externen Zukunftsdaten überhaupt beschafft werden können, zumal zwangsläufig den strategischen Informationssystemen auch Grenzen gesetzt sind. Wie schon erwähnt, kann es mit diesen Systemen nur gelingen, den Informationsstand für die Entscheidungsträger — in diesem Falle die Unternehmungsführung — zu verbessern. Möglichkeiten und Grenzen strategischer Informationssysteme werden deutlich, wenn man deren Relevanz für den Entscheidungsprozeß betrachtet. Wird von einer Gliederung des Entscheidungsprozesses in die Phasen (1) Problemerkennung, (2) Problemanalyse, (3) Bildung und Berechnung von Entscheidungsalternativen, (4) Beurteilung der Entscheidungsalternativen und (5) den Entscheidungsakt selbst ausgegangen, so ist folgendes festzustellen: Es sind bisher noch keine strategischen Informationssysteme bekannt, die eine selbsttätige Problemerkennung vornehmen können und in denen der Computer einen Entscheidungsprozeß veranlaßt[23]). Auch die oft gepriesenen Management-by-Exception-Systeme führen keine eigentliche Problemerkennung durch, weil mit der Abweichungsmeldung in der Regel noch nicht die Abweichungsursachen bekannt sind. Ebenso sind Informationssysteme noch nicht in der Lage, unstrukturierte Problemstellungen analytisch zu durchleuchten. Der Computer kann jedoch die gebildeten Entscheidungsalternativen berechnen; die Beurteilung der Entscheidungsalternativen und der Entscheidungsakt selbst bleiben dem Entscheidungsträger vorbehalten. Die Wirtschaftlichkeitssteigerung in strategischen Entscheidungsprozessen wird also durch eine umfangreichere Berücksichtigung von Entscheidungsdaten und durch eine schnellere Berechnung einer größeren Anzahl von Alternativen bewirkt, die mit herkömmlichen Systemen nicht bewältigt werden können[24]).

Der Anwendungserfolg strategischer Informationssysteme hängt unmittelbar von der Berücksichtigung des tatsächlichen Informationsbedarfs der Unternehmungsführung ab. Bis heute herrscht Unsicherheit darüber, wer den strategischen Informationsbedarf der Unternehmungsführung feststellen kann und wie dieser Bedarf formuliert und gemessen wird. In vielen Fällen scheinen die Benutzer selbst nicht in der Lage zu sein, ihren Informationsbedarf zutreffend zu beurteilen[25]). Die Unternehmungsführung hat bei der Gestaltung strategischer Informationssysteme die neue Aufgabe, ihr mehr oder weniger strukturiertes und formalisiertes Entscheidungsverhalten, die Unternehmungsziele, den Führungsstil und den sich daraus ergebenden subjektiven individuellen Informationsbedarf explizit als Gestaltungsgrundlage zu formulieren. Die Grenzen hierfür liegen jedoch in der großen Unsicher-

---

[23]) Vgl. Zannetos, Z. S.: Toward Intelligent Management Information Systems. In: Industrial Management Review, Vol. 9, Spring 1968, No. 3, S. 26.

[24]) Vgl. Brady, R. H.: Computers in Top Level Decision Making. In: Harvard Business Review, Vol. 45, 1967, No. 4, S. 68.

[25]) Vgl. Simon, H. A.: The Future of Information Processing Technology. In: Management Science, Vol. 14, 1968, No. 9, S. B-623.

heit über das zukünftige Entscheidungsfeld und damit über zukünftige Informationsbedürfnisse. Eine intensive Grundlagenforschung über geeignete Methoden der Informationsbedarfsanalyse sollte deshalb der Entwicklung wirksamer strategischer Informationssysteme vorausgehen.

Weiterhin ist festzustellen, daß strategische Informationssysteme nur dann Wirtschaftlichkeitsvorteile bringen, wenn die verbesserte Information durch die Entscheidungsträger genutzt und die daraus resultierende verbesserte Entscheidung in der Unternehmung durchgesetzt wird. Einmal muß die Unternehmungsführung ihren Führungsstil und ihr Entscheidungsverhalten an die strategischen Informationssysteme anpassen, um die verbesserten Informationen sinnvoll nutzen zu können. Diese Veränderung der Managementmethoden zeigt sich besonders in der Beteiligung der Unternehmungsführung an der Gestaltung und permanenten Überwachung der Wirksamkeit strategischer Informationssysteme. Zum anderen ist die Verbesserung des Entscheidungsbildungsprozesses vom Entscheidungsdurchsetzungsprozeß zu trennen. Strategische Informationssysteme haben nur Einfluß auf die Willensbildung; ihr Wirtschaftlichkeitserfolg wird jedoch zugleich durch eine wirksame Willensdurchsetzung bestimmt. Die Effizienz strategischer Informationssysteme hängt deshalb auch von der Fähigkeit der Unternehmungsführung ab, einen erfolgreichen Durchsetzungsprozeß zu garantieren[26]. Weitere Probleme für die Beurteilung der Wirtschaftlichkeit strategischer Informationssysteme ergeben sich durch die bisher noch ungelösten Fragen bezüglich der Bewertung und Zuordnung der Entscheidungsauswirkungen auf bestimmte Verbesserungen des Informationsstandes.

Viele Mißverständnisse ergeben sich auch dadurch, daß die verschiedenen Probleme der

(1) technischen Realisation,

(2) organisatorischen Realisation und

(3) wirtschaftlichen Realisation

bei der Gestaltung und Entwicklung von Informationssystemen nicht klar voneinander getrennt werden.

Die Maschinensysteme und Programmsysteme für die Gestaltung wirksamer Informationssysteme sind meistens gegeben oder können auf Grund des bestehenden Wissensstandes entwickelt werden, so daß der technischen Realisation solcher Systeme die wenigsten Hindernisse im Wege stehen. Eine lediglich technologische Betrachtung der Informationssysteme vernachlässigt jedoch die Bedeutung der organisatorischen und wirtschaftlichen Aspekte dieser Systeme.

---

[26] Vgl. Trull, S. G.: Some Factors Involved in Determining Total Decision Process. In: Management Science, Vol. 12, 1966, No. 6, S. B-272.

Die organisatorische Struktur einer Unternehmung kann die wirksame Anwendung solcher Systeme verhindern, wenn Zielkonflikte zwischen System und Systembenutzer und personelle Hemmnisse auftreten[27]. Bei der Gestaltung und Anwendung von Informationssystemen wurde die Erfahrung gemacht, daß gerade eine Vernachlässigung organisatorischer Aspekte ein Scheitern des Informationssystems bewirken kann.

Allen Gestaltungsüberlegungen ist jedoch das Problem der wirtschaftlichen Realisation übergeordnet. Die Unternehmungsführung wird von der Notwendigkeit solcher Systeme nur dann überzeugt sein und sie selbst anwenden, wenn deren Wirtschaftlichkeit nachgewiesen werden kann. Das Wissen um die Wirtschaftlichkeit automatisierter Datenverarbeitungssysteme muß deshalb durch eine Intensivierung der Anwendungsforschung und eine beträchtliche Ausdehnung der Ausbildungs- und Fortbildungsmöglichkeiten für Datenverarbeitungsfachleute und -anwender vervollständigt werden[28].

---

[27] Vgl. Glaser, G.: Computers in the World of Real People. In: Datamation, Vol. 14, 1968, No. 12, S. 55.
[28] Vgl. Grochla, E.: Die Zukunft der automatisierten Datenverarbeitung, a. a. O., S. 376 ff.

3 Grochla, Wirtschaftlichkeit

Ökonomische Entscheidungskriterien beim Einsatz automatischer Datenverarbeitungsanlagen

Vortrag (Fachtagung)

Von

WP Dr. rer. pol. A. Meier

Honorarprofessor an der Wirtschafts- und Sozialwissenschaftlichen
Fakultät der Universität Frankfurt

3*

Inhalt

A. Ziele der automatisierten Datenverarbeitung

Bei der Beurteilung der Frage, ob die Verwendung der ADV wirtschaftlich ist, muß bedacht werden, daß es bei der Bewältigung wirtschaftlicher Vorgänge immer um die Erreichung folgender Ziele geht:

(1) Ermöglichung oder Vorbereitung unternehmerischer Entschlüsse,

(2) rationelle Abwicklung der sich aus solchen Entschlüssen ergebenden Denk-, Entscheidungs- und Arbeitsprozesse,

(3) Kontrolle der Einhaltung von Weisungen und Feststellung von Abweichungen, wodurch Änderungen und Ergänzungen der unternehmerischen Entschlüsse ausgelöst werden können.

Diese Zielsetzungen bilden ein geschlossenes Ganzes, einen Kreislauf (Rückkopplungs- oder kybernetisches System), der in seiner Bedeutung mit derjenigen der doppelten Buchführung zu vergleichen ist. Das ist keine neue Erkenntnis. Trotzdem muß man immer wieder darauf hinweisen, weil gerade auch die Fachleute, d. h. die ADV-Spezialisten, bei ihrer schwierigen Einzelarbeit diesen Zusammenhang leicht aus dem Auge verlieren.

Auf das Tagungsthema bezogen, möchte ich vorweg die folgenden allgemeinen Thesen aufstellen:

Die Anwendung der ADV ist dann wirtschaftlich, wenn entweder

(1) *nur* mit ihrer Hilfe oder

(2) mit ihr zu *niedrigeren Kosten* als bei Anwendung anderer Verfahren und Hilfsmittel

die genannten Ziele verwirklicht werden können.

Ins Konkrete übertragen, sind zum Beweis dieser Thesen im einzelnen die folgenden Überlegungen anzustellen.

B. Gegenstand der zu treffenden Entscheidungen

Über das, was beim Einsatz automatischer Datenverarbeitungsanlagen zu entscheiden ist, herrschen weithin unklare Vorstellungen. Infolgedessen werden oft insbesondere auch positive Entscheidungen in unzureichender Kenntnis der zu schaffenden Voraussetzungen und der sich ergebenden Konsequenzen getroffen. Dies wiederum hat zur Folge, daß man hinsichtlich der Wirtschaftlichkeit enttäuscht wird. Es erscheint notwendig, sich vor der

Gesamtentscheidung über den Einsatz automatischer Datenverarbeitungsanlagen vollkommene Klarheit darüber zu verschaffen, welche Maßnahmen
eine solche Entscheidung im einzelnen voraussetzt oder zur Folge hat. Dabei
muß zwischen langfristig wirksamen Maßnahmen und Vorkehrungen für
den laufenden Betrieb unterschieden werden.

I. Langfristig wirksame Maßnahmen

Der Einsatz automatischer Datenverarbeitungsanlagen erfordert eine besondere *organisatorische Vorbereitung*. Zuerst muß entschieden werden,
welche Arbeitsgänge oder Arbeitsbereiche automatisiert werden sollen. Als-
dann sind diese Arbeitsgänge in kleinste Schritte zu zerlegen, damit sie in
Befehle für die Datenverarbeitungsanlage verwandelt werden können. Daß
dabei selbstverständlich auch über die Zweckmäßigkeit des Zieles und des
bisherigen Vorgehens bei diesen Arbeiten nachgedacht wird, ist nur ein
allerdings wichtiger Nebenerfolg der eigentlichen organisatorischen Vorbereitung der automatisierten Datenverarbeitung. Diese organisatorische Vorbereitung ist meistens sehr zeitaufwendig, zumal in der Regel mehrere Alternativen ausgearbeitet werden müssen. Sie kann nur von dafür besonders
geschulten Kräften vorgenommen werden. Infolgedessen ist sie auch kost-
spielig. Meist erbringt sie, unabhängig vom Einsatz der Datenverarbeitungsanlage, gewisse Vereinfachungen und damit Kostenersparnisse. Aber dem
Hauptteil der dafür anfallenden Kosten steht doch erst nach dem tatsächlichen Einsatz der Datenverarbeitungsanlage eine nur schwer bewertbare
und insofern ungewisse Leistung gegenüber. Die Kosten der organisatorischen Vorbereitung des Einsatzes von automatischen Datenverarbeitungsanlagen sind daher als eine langfristige Investition zu betrachten, die nicht
gegenständlich greifbar ist und die nicht ohne weiteres wieder rückgängig
gemacht werden kann.

Auf die Notwendigkeit, besonders geschulte Kräfte für die organisatorische
Vorbereitung der automatisierten Datenverarbeitung in Anspruch zu nehmen, ist bereits hingewiesen worden. Hier muß entschieden werden, ob man
dazu außenstehende Berater heranziehen oder ob man eigene Kräfte einsetzen will oder, und das ist der Regelfall, beides. Die eigenen Kräfte müssen
dann geschult, und zwar in der Regel umgeschult werden. Diese *Personal-
schulung* ist mit Leistungsausfall einerseits und zusätzlichen Kosten für die
Schulung andererseits verbunden. Meistens wird nur an die letzteren gedacht. Leistungsausfall und Schulungskosten zusammen machen immer einen
erheblichen Gesamtbetrag aus. Dieser hat, ebenso wie die Kosten der organisatorischen Vorbereitung, Investitionscharakter. Hinzu kommt hier das mit
der Fluktuationsgefahr verbundene Risiko.

Die Kosten der organisatorischen Vorbereitung und diejenigen der Personal-
umschulung haben außer dem Investitionscharakter noch gemeinsam, daß
ihre Höhe im voraus schwer abschätzbar ist, daß also nicht nur ihr Erfolg,
sondern auch ihr Umfang weitgehend ungewiß ist.

Investitionscharakter hat auch die Entscheidung über die Frage, ob eine Datenverarbeitungsanlage gekauft, gemietet oder ob eine Kombination aus beidem gewählt werden soll. Dabei ist zu bedenken, daß sowohl der *Kauf* als auch die *Miete*, allerdings in verschiedenem Umfang, mit einer langfristigen Investition von Kapital verbunden ist. Auch im Mietfall sind nämlich einmalige Gebühren und andere Aufwendungen für die Aufstellung der Anlagen aufzubringen, außerdem muß an den eventuellen Aufwand für die Rückgabe gedacht werden. Vor allem aber muß — ausgenommen im Falle der Datenverarbeitung außer Haus — der für die Aufstellung und Bedienung der Anlagen notwendige *Raum* geschaffen werden, und zwar in einer für den speziellen Zweck geeigneten Weise, was regelmäßig mit erheblichen Aufwendungen verbunden ist. Hinzu kommt der Aufwand für Datenträger in der Form von *Bändern* und/oder *Platten*, die meistens gekauft werden, sowie für die *Dokumentation*. Der Umfang des Kapitaleinsatzes für die Anlage selbst, für den Raum und die Nebenanlagen ist regelmäßig erst abschätzbar, wenn die Ergebnisse der organisatorischen Vorbereitung vorliegen.

Zusammenfassend kann man feststellen, daß im Zusammenhang mit dem Einsatz automatischer Datenverarbeitungsanlagen eine Reihe von Entscheidungen zu treffen ist, die zu Maßnahmen führen, für die sowohl die Kosten als auch die Leistungserwartungen ungewiß sind und die in der Regel langfristig wirksam, d. h. für lange Zeit unabänderlich sind. In Verbindung damit ergibt sich auch eine gewisse Schwerfälligkeit bei notwendiger Anpassung an veränderte Voraussetzungen.

II. Organisatorische Vorkehrungen für den laufenden Betrieb

Schon bei der Entscheidung über den Einsatz einer automatischen Datenverarbeitungsanlage muß bedacht werden, daß als Folge des Einsatzes eine Reihe von laufenden Maßnahmen ergriffen werden muß, die den Betrieb der Anlage in rationeller Weise gewährleisten. Diese Maßnahmen beziehen sich auf die Ergänzung des Personals für die Bedienung, die Programmpflege und die Programmanpassung an veränderte Verhältnisse und Anforderungen selbst sowie die Disposition der Anlagenbelegung, insbesondere unter dem Gesichtspunkt der Dringlichkeit der einzelnen Arbeiten. Dafür sind rechtzeitig organisatorische Vorkehrungen zu treffen, die unter Umständen die bisherige Aufgabenverteilung verändern. Zum Teil muß die bisherige Arbeitsteilung rückgängig gemacht und der Ablauf der verbleibenden manuellen Arbeiten neu gestaltet werden.

Diese Vorkehrungen sind in der Regel zwar nicht mit Sachinvestitionen verbunden, aber sie greifen in die Struktur des Unternehmungsaufbaus ein, wie er ohne den Einsatz von Datenverarbeitungsmaschinen bestand. Dadurch entstehen ebenfalls Kosten, und zwar für die Planung der neuen Organisationsstruktur sowie für die Umschulung und das Anlernen geeigneter Kräfte. Ihr Umfang bleibt sicherlich hinter den Aufwendungen für die Vorbereitung des Einsatzes der automatischen Datenverarbeitungsanlagen und deren Erwerb oder Miete weit zurück, kann aber, absolut gesehen, dennoch beträchtlich sein.

Alle diese Entscheidungen, sei es, daß sie sich auf langfristig wirksame Maßnahmen oder auf Vorkehrungen für den laufenden Betrieb beziehen, haben, wie man sieht, eine erhebliche finanzielle Bedeutung oder sie greifen tief in das Betriebsgeschehen ein, und sie sind nahezu unwiderruflich. Das zwingt zum gründlichen Durchdenken der notwendigen Vorentscheidung, ob überhaupt Anlaß dazu besteht, automatische Datenverarbeitungsanlagen einzusetzen. Damit ergibt sich die Frage, welches die Anlässe dafür sein können.

C. Anlässe für den Einsatz von automatischen Datenverarbeitungsanlagen

Es gibt mehrere, sehr verschiedenartige Anlässe für den Einsatz von automatischen Datenverarbeitungsanlagen.

I. Mangel an menschlichen Arbeitskräften

Automatische Datenverarbeitungsanlagen können die menschliche Arbeitskraft ersetzen. Infolgedessen bietet sich ihr Einsatz an, wenn es an menschlichen Arbeitskräften fehlt. Ihr Einsatz erhöht demnach das menschliche Arbeitskräftepotential. Gleichzeitig wird die volkswirtschaftliche Produktivität der vorhandenen menschlichen Arbeitskräfte gesteigert. Anlaß zum Einsatz automatischer Datenverarbeitungsanlagen ist daher immer dann gegeben, wenn allgemeine oder teilweise Vollbeschäftigung herrscht.

II. Mangelnde Leistungsbereitschaft des Menschen

Mit dem Zustand der Vollbeschäftigung entsteht in der Regel die Tendenz des Menschen, zu körperlich leichterer, weniger einförmiger und besser bezahlter Tätigkeit überzugehen. Dadurch schwindet die Bereitschaft zur Übernahme von Massenarbeit. Die automatischen Datenverarbeitungsanlagen können große Arbeitsmassen bewältigen. Infolgedessen ist im gegebenen Falle die mangelnde Leistungsbereitschaft des Menschen Anlaß für die maschinelle und automatisierte Erledigung der betreffenden Arbeiten.

III. Unterschiedliche und schwankende Leistungsfähigkeit des Menschen

Die Leistungsfähigkeit des Menschen ist verschieden und meistens im voraus nicht objektiv feststellbar. Außerdem ist sie nicht gleichbleibend. Sie schwankt vielmehr erfahrungsgemäß innerhalb kürzerer oder längerer Zeitabstände. Außerdem wird sie erhöht oder beeinträchtigt durch äußere Umstände, die in der Regel nicht voraussehbar sind. Das gilt sowohl für die Arbeitsmenge als auch für die Qualität der Arbeitsleistung. Demgegenüber ist die Leistungsfähigkeit einer automatischen Datenverarbeitungsanlage mengenmäßig und qualitativ genau bekannt. Sie ist ferner völlig gleichbleibend, d. h. zugleich zuverlässiger als diejenige des Menschen. Wo es *darauf* ankommt, liegt deshalb der Einsatz von automatischen Datenverarbeitungsanlagen an Stelle von Menschen nahe.

IV. Rechtlich begrenzte Leistungsfähigkeit des Menschen

Die Leistungsfähigkeit und Leistungswilligkeit des Menschen ist ihrem Umfang nach begrenzt, und zwar nicht nur physisch und psychisch bedingt. Die Elastizität der zeitlichen Arbeitsleistung ist nämlich durch gesetzliche oder vertragliche Arbeitszeitregelungen sehr eingeengt. Der Einsatz von automatischen Datenverarbeitungsanlagen macht davon unabhängig, insofern als ihre Inanspruchnahme durch Schichtbetrieb bis zum Dreifachen der normalen Arbeitszeit ausgedehnt werden kann. Das erhöht nicht nur die maschinelle Kapazität, sondern auch die Beweglichkeit in ihrer Inanspruchnahme. Zwar gilt das nur im Rahmen der personellen Besetzung. Diese kann jedoch erstens aus mehreren Bedienungsmannschaften bestehen, und zweitens braucht sie nicht immer eine Vollbesetzung zu sein, insoweit nämlich zwischen ingangsetzender und überwachender Tätigkeit unterschieden werden kann.

V. Begrenzte Arbeitsgeschwindigkeit des Menschen

Die Geschwindigkeit, mit der der Mensch seine Arbeit verrichtet, ist nicht nur verschieden und nicht gleichbleibend, wie bereits erwähnt, sondern sie ist auch begrenzt. Wenn es auf den Zeitaufwand und den Termin für die Fertigstellung einer Leistung nicht ankommt, spielt das keine Rolle. Ist aber die Leistungserstellung termingebunden, sei es für die Erfüllung von Liefer- oder Leistungsverpflichtungen, sei es für die Auswertung zu irgendwelchen Entscheidungen und Maßnahmen, so kann die durchweg viel größere Schnelligkeit der automatischen Datenverarbeitungsanlagen ein entscheidender Anlaß für ihren Einsatz sein. Hierbei ist allerdings zu bedenken, daß die Entwicklung und die eventuelle Änderung des Programms für die automatisierte Datenverarbeitung, die Erstellung der sogenannten Software, regelmäßig einen erheblichen Zeitaufwand erfordert. Das muß bei der Beurteilung der Frage, ob sich der Einsatz von automatischen Datenverarbeitungsanlagen wegen des zeitlichen Vorteils empfiehlt, berücksichtigt werden.

VI. Erwartete Kostenersparnis

Schließlich kann eine erwartete Kostenersparnis der Anlaß für den Einsatz von automatischen Datenverarbeitungsanlagen sein. Diese Erwartung geht von dem Bestreben aus, die immer teurer werdende menschliche durch billigere mechanische Arbeitskraft zu ersetzen. Dabei muß allerdings bedacht werden, daß dem Einsatz der Maschinen die Entwicklung der Maschinenprogramme durch relativ hochwertige Kräfte voraus- und mit ihr einhergehen muß und daß außerdem die Überwachung des Einsatzes der Anlagen ebenfalls speziell dafür ausgebildete Kräfte erfordert.

D. Wirtschaftliche Alternativen

Die Entscheidung für oder gegen den Einsatz automatischer Datenverarbeitungsanlagen ist zwar immer wirtschaftlicher Natur. Aber bei sämtlichen genannten Anlässen außer dem der erstrebten Kostenersparnis geht es nicht um die Wahl zwischen der Inanspruchnahme menschlicher oder maschineller Arbeitskraft. Bei diesen Anlässen fällt die Entscheidung in ganz anderem Zusammenhang, nämlich bei dem Entschluß, das weitere Wachstum, mindestens die Erhaltung des jetzigen Umfangs des Unternehmens zu ermöglichen oder sich mit einer Schrumpfung abzufinden. Hat man sich dafür entschieden, daß das Unternehmen in seinem bisherigen Umfang erhalten oder noch vergrößert werden soll oder z. B. wegen der technischen oder der Marktentwicklung vergrößert werden muß, dann bleibt gar keine andere Wahl übrig, als sich für die Bewältigung der Massenarbeiten und der automatisierbaren Arbeitsgänge der automatisierten Datenverarbeitung zu bedienen, wenn die Voraussetzungen dafür gegeben sind. Es fehlt dann eine Alternative, es fehlt dann überhaupt an der Entscheidungsfreiheit. Die selbstverständlich immer anzustellende Wirtschaftlichkeitsbetrachtung kann sich dann nicht nur auf den Einsatz der automatisierten Datenverarbeitung beschränken, d. h. ausschließlich auf ihre unmittelbaren Kosten und ihre unmittelbare Leistung. Sie müßte vielmehr auf die Erhaltung oder Steigerung der Rentabilität des gesamten Kapitaleinsatzes ausgedehnt werden, wofür die Art der Datenverarbeitung nur eine von vielen Komponenten ist.

Lediglich dann, wenn Kostenersparnis der alleinige Anlaß für den Einsatz automatischer Datenverarbeitungsanlagen ist, steht man vor der Alternative: Mensch oder Maschine. Diese eindeutige Alternative ist aber verhältnismäßig selten gegeben. Sie wird um so seltener, je größer und vielseitiger die Leistungsfähigkeit der Datenverarbeitungsmaschinen wird und je mehr die Erfahrung wächst, sich ihrer nicht nur zur Bewältigung von Massenarbeitsgängen und Routineentscheidungen, sondern auch zur Vorbereitung von individuellen Entscheidungen zu bedienen; denn mit der Steigerung der Leistungsfähigkeit der Maschinen tritt die Kostenfrage gegenüber der Bewältigung der Arbeit an sich in den Hintergrund.

Diese Überlegungen führen zu dem Ergebnis, daß schon heute im Regelfall das entscheidende Kriterium für oder gegen den Einsatz von automatischen Datenverarbeitungsanlagen nicht nur die unmittelbare Rentabilität der hierzu erforderlichen speziellen Investitionen ist. Vielmehr kann diese Frage nur im Zusammenhang mit den die Zielsetzung des Gesamtunternehmens betreffenden unternehmerischen Entscheidungen beurteilt werden. Wenn der Einsatz von automatischen Datenverarbeitungsanlagen in erster Linie zur Sicherung dieser Zielsetzung notwendig ist, dann geht es nicht um das „ob", sondern nur noch darum, *wie* sie wirtschaftlich, das heißt mit dem geringstmöglichen Aufwand und dem größtmöglichen Effekt, genutzt werden können. Das ist zwar auch noch ein großes Entscheidungsfeld; sein Umfang wird jedoch davon bestimmt und begrenzt, inwieweit man die einschlägigen Kosten und Leistungen messen und bewerten kann.

E. Vergleich der Kosten

Insoweit die Kosten für sich allein das Kriterium für den Einsatz der automatisierten Datenverarbeitung sind, handelt es sich praktisch um Verfahrensvergleiche und um die laufenden Betriebskosten. Die Kosten der erstmaligen Entwicklung des Verfahrens bleiben dabei außer Betracht. Im übrigen geht es darum,

(1) die Kosten der bisherigen (rein manuellen oder teilmaschinellen, der sogenannten herkömmlichen) oder einer mit herkömmlichen Mitteln verbesserten mit derjenigen der künftigen (teil- oder vollautomatisierten) Datenverarbeitung zu vergleichen,

(2) die Kosten verschiedener Maschinensysteme einander gegenüberzustellen,

(3) innerhalb ein und desselben Maschinensystems die Zweckmäßigkeit der maschinellen Ausstattung zu erwägen und deren Kosten festzustellen.

Im einzelnen ergibt sich dabei folgende Problematik.

I. Kostenvergleich zwischen herkömmlicher und automatisierter Datenverarbeitung

Schon die absolute Höhe der Kosten des bisherigen oder eines verbesserten Verfahrens gestattet, für sich allein genommen, ein allerdings sehr grobes Urteil darüber, ob eine maschinelle Datenverarbeitung überhaupt in Frage kommt, und zwar im Hinblick auf die bekannten Mindestgrößen der Aufwendungen für die Beschaffung und den Unterhalt der maschinellen Anlagen zuzüglich der ebenfalls in etwa abschätzbaren Mindestaufwendungen für die Bedienung der Maschinen, ganz abgesehen von den Vorbereitungskosten.

Aber letzten Endes geht es doch nicht um die volle Höhe, sondern nur um denjenigen Teil der Kosten, der beim Einsatz von Datenverarbeitungsanlagen *wegfällt*. Das ist nicht dasselbe. Insoweit die Arbeit bisher von Menschen gemacht wird, ist es nämlich nicht immer, zum mindesten kurzfristig, möglich, die Betreffenden ganz und sofort freizustellen, sei es, daß sie nicht ausschließlich mit den künftig zu automatisierenden Aufgaben beschäftigt sind, sei es, daß gesetzliche oder vertragliche Bestimmungen im Wege stehen. In der Regel muß deshalb bei der Ermittlung der wegfallenden Kosten zum mindesten mit einer mehr oder weniger langen Umstellungszeit gerechnet werden. Außerdem können die wegfallenden Kosten nicht schon im Zuge der sogenannten Istbestandsaufnahme, sondern erst dann festgestellt werden, wenn die Planung der *künftigen* Organisation wenigstens in groben Zügen vorliegt. Daraus ergibt sich, daß die Beantwortung der Frage (1) nicht ohne und nicht vor derjenigen der Fragen (2) und (3) erfolgen kann.

Hinsichtlich der *Art* der Kosten ist zu bedenken, daß sich in der Regel durch den Einsatz automatischer Datenverarbeitungsanlagen nicht nur

(a) das Verhältnis zwischen Personal- und Sachkosten, sondern auch

(b) dasjenige zwischen laufenden und Bereitschaftskosten

ändert, und zwar erhöht sich der Anteil der Sach- und der Bereitschaftskosten. Dies bedeutet eine stärkere Bindung, also eine geringere Beeinflussungsmöglichkeit und gegenüber der manuellen Verarbeitung erhebliche Mehrkosten bei veränderten Verhältnissen. Die damit verbundene Erhöhung des Risikos läßt sich normalerweise nicht quantifizieren. Dennoch muß die Tatsache bei der Entscheidung berücksichtigt werden. Es bleibt dem Entscheidenden überlassen, wie er das Risiko wertet.

II. Kostenvergleich verschiedener Maschinensysteme

Die Aufgabe, die Kosten verschiedener Maschinensysteme einander gegenüberzustellen, ist schwieriger, als man sich zumeist vorstellt. Das hat seinen Grund in erster Linie darin, daß man Kosten nur vergleichen kann, wenn die Leistungen gleich oder vergleichbar sind. Dies aber ist hier nicht der Fall. Jedoch kann man sich, ähnlich wie beim Vergleich der wegfallenden mit den künftigen Kosten, auf die Feststellung beschränken, ob die in Frage stehenden Maschinensysteme die im Einzelfall bisher geforderten Leistungen erbringen können, ohne Rücksicht auf eventuelle weitere, im speziellen Falle in der Vergangenheit nicht benötigte Leistungen. Man kann also beim Kostenvergleich die über das geforderte Maß hinausgehende Leistungsfähigkeit der verschiedenen Maschinensysteme außer Betracht lassen.

In diesem Zusammenhang sei auf die unter der Bezeichnung Scert (Computer Evaluation and Review Technique) bekanntgewordenen Bemühungen um ein maschinelles Verfahren zur Optimierung des Einsatzes von Datenverarbeitungsanlagen hingewiesen. Dabei handelt es sich um Simulationsprogramme für angeblich alle auf dem Markt befindlichen ADV-Systeme.

Im übrigen ist der Kostenvergleich für die verschiedenen Maschinensysteme wegen der noch immer sehr stark im Fluß befindlichen technischen Weiterentwicklung der Datenverarbeitungsanlagen und neuerdings durch das Aufkommen einer beachtlichen Konkurrenz unter den Lieferfirmen auf längere Sicht gesehen recht unsicher. Das gilt besonders auch deshalb, weil es ja bei den Kosten nicht nur um diejenigen für die Hardware, sondern gerade auch um die Kosten der Entwicklung der Software geht, die sich eigentlich noch im Anfangsstadium befindet. Man spricht davon, daß demnächst eine führende Herstellerfirma dazu übergehen will, Hardware und Software getrennt anzubieten und zu berechnen. Das wird die Kalkulation bei den die ADV anwendenden Unternehmen erleichtern und im übrigen eine heute noch nicht übersehbare neue Situation auf dem Markt herbeiführen.

Dasselbe gilt hinsichtlich der bei uns erst aufkommenden modernen Art der Datenfernübertragung. Durch sie werden u. U. völlig neue Voraussetzungen für die Art des Einsatzes von automatischen Datenverarbeitungsanlagen geschaffen, weil die Datenfernübertragung eine räumliche Trennung von zentralen und peripheren Einheiten möglich macht, welche die Kostensituation gänzlich verändert.

III. Kostenvergleich innerhalb eines Maschinensystems

Innerhalb ein und desselben Maschinensystems ist bekanntlich meistens eine verschiedene Ausstattung nicht nur hinsichtlich der peripheren (Lochkarten, Lochstreifen, Klarschriftleser, Bänder, Platten, Drucker), sondern auch hinsichtlich der zentralen Einheiten (Baukastensystem) möglich. Selbstverständlich ist die Leistung je nach der Ausstattung verschieden, sei es hinsichtlich der Speicherkapazität, der Eingabe- und Rechengeschwindigkeit oder der Ausdruckleistung. Dasselbe gilt für die damit verbundenen Kosten. Aber auch hier wieder kann man diese Verschiedenheit eliminieren, indem man den Kostenvergleich auf die gerade noch zur Erfüllung der nach dem bisherigen Verfahren erforderlichen Leistungskapazität abstellt. Wegen der damit verbundenen Mühe der Trennung zwischen bisheriger und neuer Anforderung unterbleibt das allerdings oft, mit dem Ergebnis natürlich, daß der Kostenvergleich hinkt.

F. Vergleich der Leistung

Wenn es darum geht, die Leistung von Menschen ohne oder mit maschinellen Hilfsmitteln, die jedoch nur als Werkzeuge zu betrachten sind, mit der Leistung von automatischen Datenverarbeitungsanlagen zu vergleichen, dann muß man sich zunächst darüber klarwerden, um was für Leistungen es geht. Automatische Datenverarbeitungsanlagen können insbesondere

(1) Daten speichern,

(2) Daten verarbeiten, d. h. insbesondere rechnen und vergleichen,

(3) Daten ausdrucken.

Wieviel Speicherkapazität zur Verfügung steht und mit welcher Geschwindigkeit gerechnet und ausgedruckt werden kann, ist für jedes Datenverarbeitungssystem bekannt. Die Angabe dessen, was die automatische Datenverarbeitungsanlage zu leisten vermag, bereitet also keine Schwierigkeiten. Anders verhält es sich mit der entsprechenden Leistungsfähigkeit der Menschen. Sie ist, wie wir bereits erwähnt haben, verschieden und nicht gleichbleibend. Es gibt keine oder kaum allgemeingültige Normen dafür, an die man sich halten könnte. Auch im Einzelfall fehlt es meistens an einigermaßen exakten Leistungsmessungen. Praktisch ist man daher günstigstenfalls auf mehr oder weniger vage Erfahrungsgrößen angewiesen. In der Mehrzahl der Fälle ist überhaupt nur die Anzahl der Personen bekannt, von denen die in Frage stehende Arbeit bisher erledigt worden ist. Infolgedessen ist ein *Leistungsvergleich zwischen Mensch und Maschine* hier unvermeidlicherweise nur ziemlich grob möglich.

Wesentlich günstiger steht es um den *Leistungsvergleich zwischen verschiedenen Maschinensystemen.* Hier können ohne besondere Schwierigkeiten die Speicherkapazität und die Rechen- sowie die Ausdruckgeschwindigkeit verglichen werden. Soweit es darum geht, ob die in Frage kommenden Arbeiten von der einen oder anderen Datenverarbeitungsanlage erledigt werden können und, was immer mit bedacht werden sollte, ob auch noch eine ausreichende Kapazitätsreserve verfügbar ist, kann also eine ganz eindeutige Feststellung und demnach Entscheidung für eine bestimmte Anlage getroffen werden.

Da die Maschinenkapazität sich aus mehreren Hauptleistungsarten (Speichern, Rechnen und Ausdrucken) zusammensetzt, die im Einzelfall in verschiedenem Umfang beansprucht werden, und noch gewisse Nebenleistungen wie z. B. Datenlesen, Datenübertragen hinzukommen, muß der Leistungsvergleich im Einzelfall auf die jeweilige mengenmäßige *Engpaßleistung* abgestellt werden. Das bedeutet aber, daß bei den anderen Leistungsarten eine Überkapazität vorliegen kann, die im Preis der Anlage oder ihrer Nutzung mitbezahlt werden muß. Hier tritt nun die Frage auf, wie diese freie Kapazität zu bewerten ist. Grundsätzlich hängt das von der Verwertungsmöglichkeit ab, die entweder für eigene Zwecke oder durch Abgabe an den Markt besteht. Die Lohnarbeitssätze der Rechenzentren können dafür einen Anhalt geben. Aber exakte Voraussagen dürften sich dafür im voraus nur sehr selten machen lassen, so daß man hier weitgehend auf die subjektive Einschätzung angewiesen ist.

G. Optimierung der Entscheidung

Zusammenfassend kann man feststellen:

Die Entscheidung über das kostenmäßig günstigste Verfahren der Datenverarbeitung kann rechnerisch weitgehend vorbereitet werden. Praktische Schwierigkeiten bereitet, abgesehen von der Mühe und dem Zeitaufwand für die entsprechenden Kostenermittlungen, lediglich die Unterscheidung zwischen den Kosten des bisherigen und denjenigen eines verbesserten Verfahrens herkömmlicher Art. Sie ist aber notwendig, weil sonst von den kosten- und leistungsmäßigen Vor- und Nachteilen der automatisierten Datenverarbeitung ein falsches Bild entsteht und dann in Wirklichkeit nicht zwischen herkömmlicher und automatisierter Datenverarbeitung entschieden wird.

Solche reinen Kostenvergleiche gehen von der Unterstellung aus, daß die Leistung der automatischen Datenverarbeitungsanlagen mengenmäßig und qualitativ nur gerade den Anforderungen entspräche, welche das bisherige oder ein verbessertes Verfahren stellte. Mit Hilfe dieser Unterstellung läßt sich dann auch die Rentabilität der Verfahren beurteilen. Wenn eine absolute Kostenersparnis erwartet werden kann, dann bedeutet das nämlich zugleich eine entsprechende Rentabilitätsverbesserung und umgekehrt.

Diese Optimierungsüberlegung ist aber begrenzt; denn sie erstreckt sich nur darauf, ob das herkömmliche oder das automatisierte Verfahren günstiger ist. Die automatische Datenverarbeitungsanlage dient jedoch nicht nur der Datenverarbeitung selbst. Wie wir gesehen haben, gibt es eine ganze Reihe von Anlässen für den Einsatz von automatischen Datenverarbeitungsanlagen, deren Leistungseffekt weit über die eigentliche Datenverarbeitung hinausgeht. Das erklärt sich z. T. daraus, daß die Datenverarbeitung zwar nur eine Hilfsaufgabe ist, von ihrer Erfüllung jedoch die Erreichung des Unternehmenszieles und damit die Gesamtrentabilität entscheidend mitbestimmt wird. Während einerseits dieser Einfluß der Art der Datenverarbeitung auf das Gesamtgeschehen im Unternehmen, wenn die erwähnten Anlässe gegeben sind, unverkennbar ist, kann man andererseits keine allgemeingültige und meistens auch im Einzelfall nur schwer eine Aussage über das Gewicht dieses Einflusses, d. h. den zahlenmäßigen Umfang seines Anteils an der Gesamtrentabilität, machen. Die Spannweite dieses Einflusses ist nämlich sehr groß. Sie kann von einer verhältnismäßig unbedeutenden Beeinträchtigung bis zur entscheidenden Bedingung reichen. Das ist eine Feststellung, die für alle Hilfsfunktionen in gleicher Weise gilt. Vielleicht gelingt es der Forschung im Laufe der Zeit, die Korrelationen herauszufinden und zu quantifizieren. Einstweilen muß man aber feststellen, daß wir uns hier noch im Bereich des Nichtquantifizierbaren bewegen. Das bedeutet, daß man für die Beurteilung der Frage, ob der Einsatz automatischer Datenverarbeitungsanlagen für die Gesamtrentabilität günstiger ist als herkömmliche Verfahren, auch im Einzelfall auf Schätzungen angewiesen ist, die notwendigerweise u. U. nur schwach fundiert sind. Daraus ergibt sich, daß diese Entscheidung, sowohl wegen des Ausmaßes der damit verbundenen finanziellen Aufwendungen und strukturellen Veränderungen als auch wegen des Grades der Unsicherheit über ihren Erfolg, eine echte unternehmerische Entscheidung darstellt. Sie kann nur in sehr begrenztem Umfang vorbereitet und muß weitgehend von den Zukunftserwartungen der Unternehmensspitze getragen werden.

Damit kommen wir zu dem Schluß, daß Wirtschaftlichkeitsrechnungen im Bereich des Einsatzes automatischer Datenverarbeitungsanlagen zwar hinsichtlich des wirtschaftlichen Einsatzes der Anlagen selbst, nicht aber im Hinblick auf ihre Bedeutung für das Gesamtunternehmen und seine Rentabilität möglich sind.

Abgrenzung und Verknüpfung operationaler, dispositionaler und strategischer Wirtschaftlichkeitsstufen

Diskussionsbeitrag (Symposium)

Von

Privatdozent Dr. N. Szyperski

Forschungsleiter und stellvertretender Direktor
des Betriebswirtschaftlichen Instituts für Organisation
und Automation an der Universität zu Köln

Inhalt

A. Problemstellung

Neue Anwendungsbedingungen und -bereiche der automatischen Datenverarbeitungsanlagen für dispositive, diagnostische und strategische Aufgaben schärfen den Blick für konzeptimmanente Begrenzungen der Wirtschaftlichkeitsrechnung auf diesem Gebiet. Neben den Schwierigkeiten, die mit der Erfaßbarkeit der Komponentengrößen (Kosten, Aufwand, Leistung, Ertrag oder Nutzen) verbunden sind, müssen weitere Abgrenzungsprobleme beachtet werden. Diese stehen insbesondere im Zusammenhang mit

(a) dem terminologischen Aufbau der verwendeten Beurteilungsfunktionen (Effizienzfunktionen, Bewertungs-, Gestaltungsfunktionen) und

(b) dem strukturellen Aufbau der Gestaltungsprozesse (operationale, dispositionale, strategische Aktivitäten).

Auf die Bedeutung dieser beiden Problemgruppen für die Wirtschaftlichkeitsüberlegungen beim Einsatz automatischer Datenverarbeitungsanlagen soll hier kurz hingewiesen werden.

B. Abriß wirtschaftlicher Beurteilungsfunktionen (Effizienz-, Bewertungs- und Gestaltungsfunktion)

Die Diskussion über die Wirtschaftlichkeit leidet sehr häufig an einer mangelhaften gemeinsamen terminologischen Basis. Wirtschaftlichkeit ist eine besondere Beurteilungsgröße für das zielgerichtete Verhalten eines realen Systems. Dabei werden bewertete Eingangs- und Ausgangsgrößen ($k\epsilon K$ und $l\epsilon L$)[1] als unabhängige Variable in eine Effizienzfunktion (η) eingesetzt, und der Wirtschaftlichkeitsausdruck ($w\epsilon E$) wird mit ihrer Hilfe als abhängige Variable gewonnen. Als Abbildung formuliert:

(1) $\qquad \eta: K \times L \rightarrow W$

Ausgehend von den realen Eingangs- und Ausgangsgrößen, müssen zwei Meßstufen unterschieden werden[2]: Die realen Größen in Form der Eingangsgrößen ($x\epsilon X$) und der Ausgangsgrößen ($y\epsilon Y$) werden erstens durch in der Betriebswirtschaftslehre so genannte nichtökonomische Mengenaus-

---

[1] Um die weiteren Ausführungen zu vereinfachen, wird der Buchstabe 'K' für alle ökonomisch bewerteten Eingangsgrößen verwendet, unabhängig davon, ob es sich im Einzelfall um Kosten oder Aufwendungen handelt. In entsprechender Weise gilt 'L' als Symbol für ökonomisch bewertete Ausgangsgrößen schlechthin, ohne die Differenzierung nach Leistung, Ertrag oder Nutzen hier in der verwendeten Symbolik weiter zu verfolgen.

[2] Vgl. dazu Szyperski, Norbert: Zur Problematik der quantitativen Terminologie in der Betriebswirtschaftslehre. Berlin 1962, S. 124 ff.

4*

drücke als Einsatzmengen ($m_i \epsilon M_i$) und als Ausbringungsmengen ($m_o \epsilon M_o$) abgebildet:

$$(2) \qquad \vartheta_i: X \to M_i$$

$$(3) \qquad \vartheta_o: Y \to M_o$$

In einem zweiten Schritt kommen zu dieser außerökonomischen Meßoperation die ökonomischen Bewertungsfunktionen (β) hinzu; durch sie werden auf indirektem Wege, entsprechend ihrer ökonomischen Bedeutung, z. B. Kosten- und Leistungsausdrücke generiert:

$$(4) \qquad \beta_i: M_i \to K$$

$$(5) \qquad \beta_o: M_o \to L$$

Damit stehen jeweils polare Kategorien quantitativer Maßausdrücke auf zwei Ebenen (Mengen- und Wertebene) zur Verfügung. Mit Hilfe dieser beiden Maßpaare werden die meisten wirtschaftstheoretisch relevanten Funktionen gebildet. Drei Gruppen treten dabei üblicherweise auf:

a) In einer ersten Gruppe wird die wechselseitige Abhängigkeit in einseitige Abhängigkeiten auf gleicher Ebene aufgelöst, so daß je zwei technische und ökonomische Gestaltungsfunktionen formuliert werden können:

    Technische Produktionsfunktion

$$(6) \qquad \varphi_t: M_i \to M_o$$

    Technische Verbrauchsfunktion

$$(7) \qquad \psi_t: M_o \to M_i$$

    Ökonomische Produktionsfunktion

$$(8) \qquad \varphi_w: K \to L$$

    Ökonomische Verbrauchsfunktion

$$(9) \qquad \psi_w: L \to K$$

b) Im Rahmen einer zweiten Gruppe wird die wechselseitige Abhängigkeit in einseitige Relationen aufgelöst, deren Elemente verschiedenen Ebenen angehören; die ökonomischen Größen sind dabei in der Regel die abhängigen Veränderlichen (kreuzweise Effizienzfunktionen):

    Ertrags- bzw. Leistungsfunktion

$$(10) \qquad \lambda: M_i \to L$$

    Kosten- bzw. Aufwandsfunktion

$$(11) \qquad \mu: M_o \to K$$

c) In der dritten Gruppe wird die paarweise Beziehung mit Hilfe einer dritten Größe ausgedrückt, und zwar wiederum auf beiden Ebenen als technische und ökonomische Effizienzfunktion[3]):

---

[3]) Wirtschaftlichkeit ist nur eine besondere Form ökonomischer Effizienzausdrücke; auch Gewinn, Rentabilität, Rate of return usw. gehören zu dieser Kategorie.

Technizitätsfunktion[4])

$$(12) \qquad \tau: M_i \times M_o \to T$$

Wirtschaftlichkeitsfunktion

$$(13) \qquad \eta: K \times L \to W$$

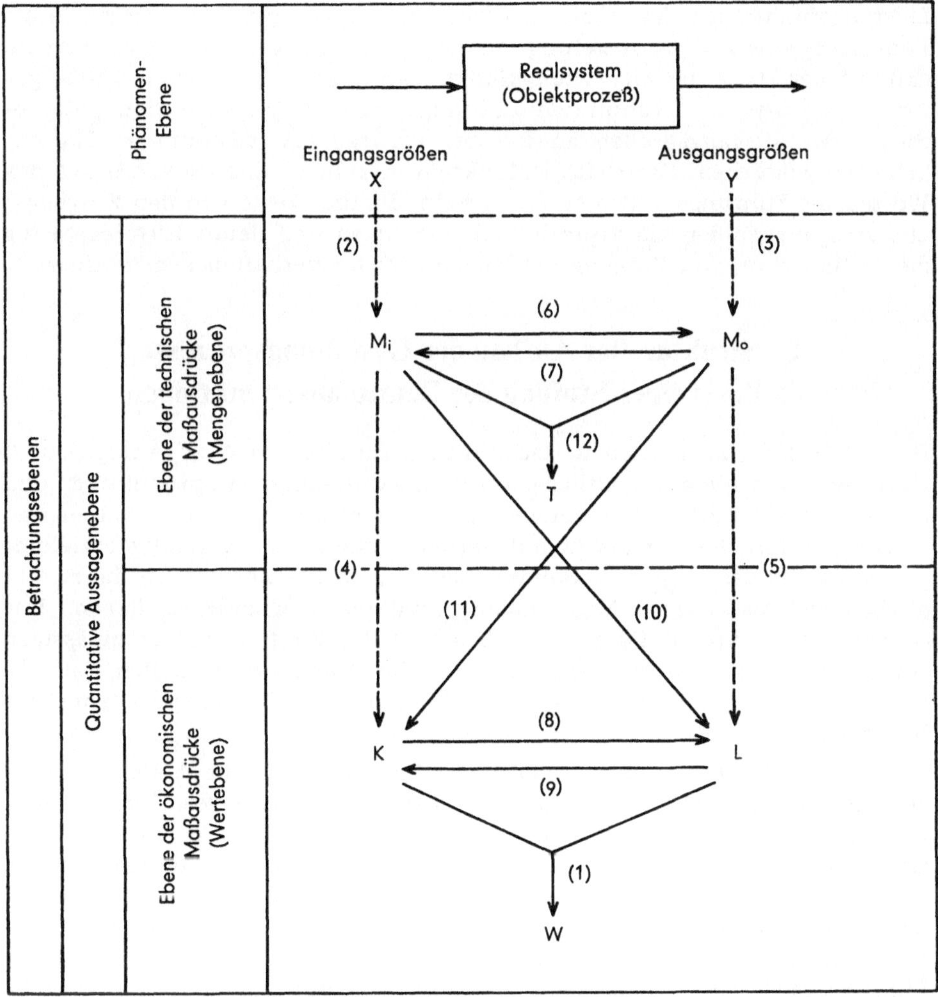

Abb. 1: Terminologischer Aufbau wirtschaftlicher Beurteilungsfunktionen

---

[4]) Kosiol unterscheidet Technizität und Ökonomität, die letztere entspricht hier der ökonomischen Effizienz. Vgl. Kosiol, Erich: Erkenntnisgegenstand und methodologischer Standort der Betriebswirtschaftslehre. In: Zeitschrift für Betriebswirtschaft, 31. Jg., 1961, S. 131 f.

Zusammenhängend bietet sich in graphischer Darstellung der in Abbildung 1 gezeigte Zusammenhang im terminologischen Aufbau von Effizienz-, Bewertungs- und Gestaltungsfunktion dar.

Die Gestaltungsfunktionen (technische und ökonomische Produktions- bzw. Verbrauchsfunktionen) bilden das Verhalten des Objektprozesses ab. Sie sind die Grundlage für alle Gestaltungshandlungen, die das betrachtete Realsystem betreffen.

Mit Hilfe der kreuzweisen Effizienzfunktionen (Kosten- und Ertrags- bzw. Leistungsfunktionen) kann die geplante Eingangs- bzw. Ausgangsgröße als Funktionsgröße für die Regelung des Objektprozesses so bestimmt werden, daß auf der Basis der Gestaltungsfunktionen Werte der Eingangsgröße gefunden werden, die bestimmten Leistungs- bzw. Ertragskriterien entsprechen, bzw. Ausgangsgrößen angestrebt werden, die bestimmten Kostenkriterien gehorchen. Die Effizienzfunktion erlaubt es, insbesondere auf der Wertebene, Führungsgrößen zu entwickeln, die die Werte von den Eingangs- und Ausgangsgrößen als beeinflußbar annehmen und damit Richtwerte für die Optimierung von Eingangsgrößen und Systemverhalten ermöglichen.

C. Struktureller Aufbau der Gestaltungsprozesse als Basis einer Stufung der Beurteilungsfunktionen

Bei der Diskussion um den wirtschaftlichen Einsatz von ADV-Anlagen muß man sich erstens von der althergebrachten Zweiteilung in „produktive" und „unproduktive" Tätigkeiten trennen und zweitens klar vor Augen halten, daß in einer Unternehmung als kompliziertem System von Regelungsbeziehungen nicht nur das korporale Handeln, sondern insbesondere auch die strategischen und dispositiven Maßnahmen gestaltenden Charakter haben. Das Setzen von konkreten Führungsgrößen und das Eingrenzen der zulässigen Aktionsspielräume durch verhaltenspolitische Maßnahmen stellen tatsächliche Gestaltungshandlungen dar, deren Bedeutung im Lenkungssystem sichtbar wird.

Die Wirtschaftlichkeit eines gegebenen Objektprozesses dient als Effizienzaussage zur ökonomischen Steuerung eben dieses Prozesses. Ökonomische Größen sind Beurteilungsgrößen; sie können nicht direkt in das reale Geschehen im Sinne von Stellgrößen eingreifen. Dies bleibt den Maßnahmen eines Prozeßreglers vorbehalten. Die ihm vorgegebenen Führungsgrößen können und sollten zumeist auch das Ergebnis von Wirtschaftlichkeitsüberlegungen auf einer überlagerten Lenkungsebene sein. Die Ermittlung der Führungsgröße auf ökonomischer Basis und die Bestimmung der Stellgröße durch den Regler auf Grund des Systemverhaltens sind dispositive Prozesse. Daß sich der Prozeßregler entsprechend der Führungsgröße verhält und daß die Regelstrecke in ihrem Verhalten der variierenden Stellgröße im gewünschten Maße folgt, sind Durchsetzungsprobleme, die hier ausgeklammert werden sollen.

Beim Einsatz von ADV-Anlagen stehen die Informationsbeziehungen im Vordergrund. Am nachfolgenden Schema sollen sie verdeutlicht werden.

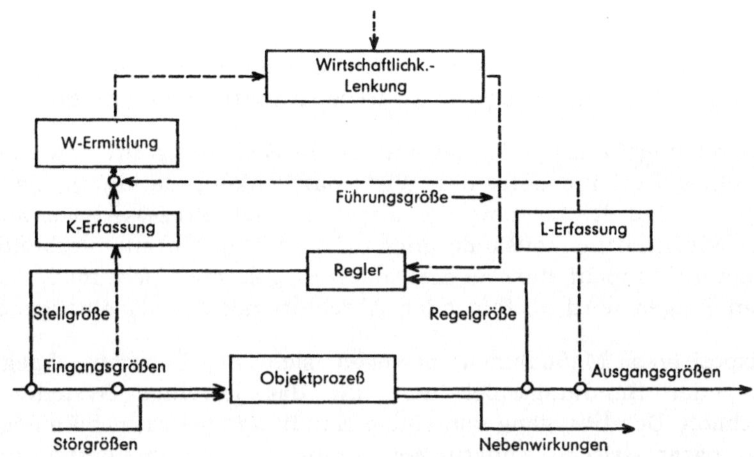

Abb. 2: Prozeßregelung mit überlagerter Lenkung der Wirtschaftlichkeit

Datenverarbeitungsanlagen können im Rahmen der Objektprozesse sowie der Regelungs- und Lenkungsprozesse eingesetzt werden. In beiden Fällen können sie die Wirtschaftlichkeit des Objektprozesses verbessern helfen: einmal direkt durch ein verändertes Ausführungssystem (das findet in einer neuen Produktionsfunktion seinen Ausdruck), zum anderen indirekt durch zeitnahe Führungsgrößen, die über die Bewertungsfunktionen an die wirtschaftlichen Umweltbedingungen und jeweilige ökonomische Zielsetzung angepaßt werden. Die Wirtschaftlichkeit der Objektprozesse ist somit erstens von der Produktionsfunktion der Objektprozesse (φ), zweitens von der wirtschaftlichen Lenkungs- bzw. Dispositionsfunktion (φ'_w) sowie drittens von den entsprechenden Bewertungsfunktionen abhängig.

Die Dispositionsfunktion (φ'_w) ist wie die Produktionsfunktion eine Gestaltungsfunktion, aber eine — wenn man es so ausdrücken will — zweiter Stufe. Die Dispositionsleistung ($l_d \epsilon L_d$) findet ihren wirtschaftlichen Ausdruck im ökonomischen Wert der dispositionsbedingten Veränderung der zugrundeliegenden Objektwirtschaftlichkeit ($w_v \epsilon W_v$), die bei gegebener Produktionsfunktion erzielt werden konnte.

(13) $\varphi'_w: K_d \rightarrow L_d$

Dabei wird der Dispositionsertrag bzw. die Dispositionsleistung durch die Bewertungsfunktion β'_0 bestimmt:

(14) $\beta'_0: W_v \rightarrow L_d$

Die entsprechende Effizienzfunktion (η') bildet auf der Dispositionsebene die Paare „Dispositionskosten und Dispositionsleistung" in die Menge der Wirtschaftlichkeitsausdrücke zweiter Stufe (W') ab:

(15) $\eta': K_d \times L_d \rightarrow W'$

Damit werden auch für die Dispositionsebene die drei Beurteilungsfunktionen (Gestaltungs-, Bewertungs- und Effizienzfunktion) aufgezeigt.

Diese Bewertungsfunktion β'_0 hat eine große Bedeutung für den sinnvollen Aufbau eines Stufenmodells der Wirtschaftlichkeit, da durch sie sichergestellt wird, daß die Leistung der dispositionalen Prozesse zwar einerseits mit der Wirtschaftlichkeitsänderung auf der Objektebene verbunden ist, aber andererseits nicht starr an die Änderung gekoppelt sein muß. Auf diese wichtigen Fragen wird im folgenden Abschnitt noch näher einzugehen sein.

Alle dispositiven Maßnahmen bewegen sich im Rahmen abgegrenzter Aktions- oder Handlungsspielräume, die das jeweilige Systemverhalten kennzeichnen. Der Übergang von einem Handlungsspielraum zu einem anderen setzt parametrische Änderungen voraus. Der Parameteränderung entspricht das betroffene System durch Verhaltensänderung. Die Maßnahmen, die neue Parameterwerte setzen, sind, bezogen auf das sich anpassende System, politischer Art[5]).

Da Parameterwerte im Zielablauf stabiler sind als die Werte einzelner variabler Größen, haben diese Maßnahmen strategischen Charakter. Auch für sie gilt eine Gestaltungsfunktion, die in diesem Falle Strategiefunktion genannt werden kann,

(16) $\varphi''_w: K_s \rightarrow L_s$

sowie eine entsprechende Effizienzfunktion

(17) $\eta'': K_s \times L_s \rightarrow W''$

mit Wirtschaftlichkeitsausdrücken dritter Stufe ($w'' \epsilon W''$). Die dabei betrachtete Strategieleistung findet mit Hilfe der Bewertungsfunktion β''_0 ihren zahlenmäßigen, ökonomischen Ausdruck:

(18) $\beta''_0: W_v \times W'_v \rightarrow L_s$

Strategische Maßnahmen wirken auf die Objektwirtschaftlichkeit (W) und die Dispositionswirtschaftlichkeit (W') ein, da im Rahmen der veränderten Aktions- und Handlungsspielräume sowohl die betrachteten Produktionsprozesse als auch deren wirtschaftliche Lenkung neue Bedingungen vorfinden, die eine Veränderung der betreffenden Wirtschaftlichkeiten erster und

---

[5]) Vgl. dazu Szyperski, Norbert: Wirtschaftliche Aspekte der Durchsetzung und Realisierung von Unternehmungsplänen. Ein Beitrag zur betriebswirtschaftlichen Analyse der Unternehmungspolitik. Habilitationsschrift, Köln 1969 (Druck in Vorbereitung), Abschnitt 16.1. „Abgrenzung unternehmungspolitischer Aktionsparameter".

zweiter Stufe ermöglichen. Folglich können die Veränderungen der Objekt- und die der Dispositionswirtschaftlichkeit ($w_v \epsilon W_v$ und $w'_v \epsilon W'_v$) zusammen die Ausgangsbasis für die Bewertung der strategischen Maßnahmen bilden.

Folgt man dem hier vorgetragenen Ansatz, so muß man bei ADV-bezogenen Wirtschaftlichkeitsüberlegungen die in Tabelle 1 zusammengefaßten neun Beurteilungensfunktionen separat beachten.

	Beurteilungsfunktionen		
	Gestaltungs-funktionen[6])	Beurteilungs-funktionen[7])	Effizienz-funktionen[8])
Objektprozesse	Produktions-funktion φ_w (8)	Operationale Bewertungs-funktion β_0 (5)	Operationale Wirtschaftlich-keitsfunktion η (1)
Dispositions-prozesse	Dispositions-funktion φ_w' (13)	Dispositionale Bewertungs-funktion β_0' (14)	Dispositionale Wirtschaftlich-keitsfunktion η' (15)
Strategieprozesse	Strategie-funktion φ_w'' (16)	Strategische Bewertungs-funktion β_0'' (18)	Strategische Wirtschaftlich-keitsfunktion η'' (17)

Tabelle 1: Zuordnung ökonomischer Beurteilungsfunktionen
zu drei Ebenen wirtschaftlicher Gestaltungsprozesse

Die vorhergehenden Ausführungen sollten zeigen, welche Auswirkungen die Ebenen des Gestaltungsprozesses auf eine notwendige Stufung der Beurteilungsfunktionen haben. Dabei wurden insbesondere drei Stufen der Wirtschaftlichkeit sichtbar, die über die dispositionalen und strategischen Bewertungsfunktionen miteinander verbunden sind. Deren Beziehungen zueinander sollen abschließend noch etwas näher untersucht werden.

---

[6]) Die Gestaltungsfunktionen werden hier nur in ihrer ökonomischen Ausprägung genannt; vgl. die Unterschiede bezüglich der technischen und ökonomischen Produktionsfunktion (Funktion (6) und (8)).

[7]) Da hier die besondere Problematik bei der Bewertung der jeweiligen Ergebnisgrößen betont wird, werden nur die zur jeweiligen Prozeßleistung gehörenden Bewertungsfunktionen genannt.

[8]) Auf die Darstellung der jeweiligen technischen Effizienzfunktion wird in diesem Schema verzichtet.

D. Verknüpfung der einzelnen Wirtschaftlichkeitsstufen

Für die Verknüpfung der dispositionalen und strategischen Wirtschaftlichkeit mit der operationalen oder Objektwirtschaftlichkeit gewinnen die outputorientierten Bewertungsfunktionen zweiter und dritter Stufe (β'_0 und β''_0) besondere Bedeutung[9]). Es soll hier sehr vereinfachend davon ausgegangen werden, daß die Objektwirtschaftlichkeit ermittelt und ihre Veränderungen durch dispositive und / oder strategische Maßnahmen festgestellt werden können. Durch diese Annahme gelingt es, schwerwiegende theoretische und praktische Probleme auszuklammern, um den Blick für die spezifischen Verflechtungen der verschiedenen Wirtschaftlichkeitsstufen freizubekommen.

Die dispositionale Bewertungsfunktion (14) geht von der Veränderung der Objektwirtschaftlichkeit aus. Damit wird erkennbar, daß diese Veränderung der Objektwirtschaftlichkeit für die Ermittlung der ökonomischen Dispositionsleistung nur die Mengenbasis darstellen kann. Die Bewertungsfunktion β'_0 kann, muß sich aber nicht ausschließlich an der mit der geänderten Objektwirtschaftlichkeit verbundenen Leistungs-Kosten-Differenz orientieren. Eine positive Veränderung dieser Differenz würde einer Gewinnmehrung auf Grund der verbesserten Wirtschaftlichkeitslenkung entsprechen. Orientiert man sich nur daran, so kann das zu dem folgenschweren Trugschluß führen, eine computergestützte Lenkung der Wirtschaftlichkeit habe nur dann einen ökonomisch vertretbaren Sinn, wenn dadurch der Gewinn oder Deckungsbeitrag (eines abgegrenzten Prozeßbereiches innerhalb einer bestimmten Abrechnungsperiode) durch die veränderten Lenkungsmethoden und -verfahren erhöht werden kann. Das mag unter manchen Bedingungen bei der Einführung computergestützter ökonomischer Systeme der Fall sein, die Regel ist es aber nicht. Im Gegenteil, es muß davon ausgegangen werden, daß sehr häufig die Dispositionskosten wesentlich steigen, ohne daß die Objektwirtschaftlichkeit im betrachteten Zeitraum entsprechend zu verbessern ist. Das wird insbesondere bei größeren, gut geleiteten Unternehmungen in wirtschaftlich stabilen Zeiten der Fall sein; der sogenannte Rationalisierungseffekt ist dort häufig sehr gering, desgleichen die „mengenmäßige" Komponente des Dispositionseffektes.

Das Ausmaß des Dispositionseffektes computergestützter ökonomischer Lenkungssysteme hängt somit bei gegebenen Umweltbedingungen von dem Grad der schon erreichten Objektwirtschaftlichkeit ab. Ist dieser bereits relativ hoch, so kann trotz hoher ADV-Kosten wenig hinzugenommen werden. Eine sehr aufwendige Verbesserung des Informationssystems erscheint daher bei dieser einseitigen Betrachtung wenig sinnvoll.

Der Wert einer Dispositionsleistung kann aber auch bei einer gegen Null gehenden positiven Veränderung der Objektwirtschaftlichkeit sehr hoch sein, wenn ein hoher Grad an Objektwirtschaftlichkeit bereits erreicht wurde

---

[9]) Die mit der Erfassung der Kosten für operationale, dispositionale und strategische Prozesse verbundenen Probleme werden damit nicht negiert, sondern im Rahmen der vorliegenden Betrachtung nur neutralisiert.

und die gegen diesen hohen Wirtschaftlichkeitsgrad wirksamen ökonomischen Störgrößen stark ausgeprägt sind. Das computergestützte Informations- und Lenkungssystem hilft unter diesen Voraussetzungen, das Risiko einer sinkenden Objektwirtschaftlichkeit zu vermindern. Der Wert der Dispositionsleistungen muß folglich an der ökonomischen Bedeutung des für möglich erachteten Wirtschaftlichkeitsabfalls gemessen werden, der durch das verbesserte System verhindert werden könnte. Damit nehmen die Dispositionskosten den Charakter von Sicherungskosten gegen sinkende Objektwirtschaftlichkeit an. Sicherungskosten kann man aber zur ökonomischen Beurteilung nicht einfach Dispositionswirkungen gegenüberstellen, weil die Bewertungsfunktion (β'_0) unter anderem auch vom Ausmaß der zulässigen Risikobereitschaft in der betroffenen Unternehmung abhängt.

Sicherungsmaßnahmen sollen ein angestrebtes Gleichgewicht stabilisieren. Die durch sie verursachten Kosten sind in „Schönwetterperioden" entbehrliche Gewinnminderungen: Radar ist bei strahlendem Sonnenschein für die zivile Schiffahrt auf dem Meere überflüssig. Vorausschauende, risikobewußte Unternehmungen, die auf Grund ihrer erfolgreichen Tätigkeit wirtschaftlich dazu in der Lage sind, leisten sich solche „informations- und dispositionsmäßigen Unwirtschaftlichkeiten" und wirken gerade dadurch stabilisierend auf ihre ökonomische Effizienz ein.

Die vorangegangenen Überlegungen machten deutlich, daß zwischen der Wirtschaftlichkeit erster und derjenigen zweiter Stufe ein eigenständiges Bewertungsproblem steht, welches sich nicht so ohne weiteres auf einer einfachen Differenzrechnung (Objektwirtschaftlichkeit nach Änderung des wirtschaftlichen Lenkungssystems minus Objektwirtschaftlichkeit vor dieser Änderung) reduzieren läßt. Entsprechendes gilt für die Bewertung strategischer Leistungen, d. h. für die Beziehungen der Wirtschaftlichkeit erster und zweiter Stufe zu der auf der dritten Stufe.

Strategische Maßnahmen einer Unternehmung können für die Objekt- und Dispositionswirtschaftlichkeit weitreichende Folgen haben. Daher müssen die strategischen Kosten vor allem unter dem Aspekt gesehen werden, unzweckmäßige politische Entscheidungen zu vermeiden und bei gegebener Risikobereitschaft die Menge zulässiger Alternativstrategien zu erhöhen. Der Wert dieser Leistungen eines strategischen Informations- und Lenkungssystems hängt wesentlich vom Grad der „Pionierbereitschaft" des Managements ab: Unternehmungen, die zu pionierhaftem Vorgehen bereit sind und dennoch kein hohes Risiko bezüglich möglichen Fehlverhaltens eingehen wollen, werden die Leistungen strategischer Informations- und Lenkungssysteme höher bewerten als solche Unternehmungen, die kein Pionierbewußtsein haben oder ein hohes Risiko nicht scheuen[10]). Die zulässigen

---

[10]) Vermutlich erklärt das, warum in US-Unternehmungen, die sehr effizienzbewußt sind, strategische Informationssysteme sehr stark gefördert werden. Vgl. Günther, Rolf und Rölle, Harald: Entwicklungstendenzen in der Gestaltung von Management-Informationssystemen in den USA. Arbeitsbericht 69/10 des Betriebswirtschaftlichen Instituts für Organisation und Automation an der Universität zu Köln, S. 19.

strategischen Kosten auf dem Gebiet der computergestützten Informationssysteme können unter diesen Bedingungen bei großer Effizienz der Strategiefunktion relativ sehr hoch sein.

Durch die wirtschaftlich relevanten Störungen sind die einzelnen Unternehmungen über die Märkte hinweg miteinander verbunden. Die Art und Weise, in der die einzelne Unternehmung „Schlechtwetterzonen" begegnet, hat nicht nur eine direkte Auswirkung auf die Stabilität der Objektwirtschaftlichkeit. Sie wirkt vielmehr über den wirtschaftlichen Wettbewerb auf Marktpartner und Konkurrenten ein. Folglich bildet sich häufig ein wirtschaftlicher Zwang zur Anpassung der dispositionalen Informations- und Lenkungssysteme heraus. Entsprechendes kann auf der strategischen Ebene beobachtet werden. In solchen Fällen sind auch relativ hohe Kosten hinzunehmen und von der einzelnen Unternehmung wirtschaftlich zu vertreten, obwohl nach erfolgter Anpassung aller marktbestimmenden Unternehmungen keine mehr gegenüber den anderen einen Wettbewerbsvorteil hat und auch nicht immer den Bedürfnissen des Marktpartners dadurch besser entsprochen wird, wohl aber die nicht angepaßten Unternehmungen letztlich aus dem Wettbewerb ausscheiden. Darin wird die ganze Problematik des technischen Fortschritts und der Wirtschaftlichkeitssteuerung auf einzelwirtschaftlicher Basis sichtbar. Dieses Thema stand hier jedoch nicht zur Debatte.

Die vorangegangenen Ausführungen sollten zeigen, daß auf operationaler, dispositionaler und strategischer Ebene sowohl Gestaltungs- als auch Bewertungs- und Effizienzfunktionen formulierbar sind, die zwar über die Ebenen hinweg verknüpft, aber nicht einfach starr miteinander verbunden sind. Die Frage der Wirtschaftlichkeit des Einsatzes computergestützter Systeme muß daher im größeren Zusammenhang gesehen und unter Berücksichtigung der subjektbezogenen Bewertungsfunktionen, um die sich u. a. die literarische Diskussion der Utilitätsfunktionen rankt, beantwortet werden. In Abbildung 3 werden die Stufen der Wirtschaftlichkeit und ihre Verknüpfung durch die genannten Bewertungsfunktionen im Zusammenhang sichtbar gemacht.

Wirtschaftlichkeitsüberlegungen, die sich an ein derartiges Stufenschema anlehnen, können differenzierter gestaltet und damit den sehr komplizierten Zusammenhängen besser gerecht werden. Dieses Schema verdeutlicht zugleich aber auch, wieviel unterschiedliche Bewertungen vorgenommen werden müssen, um brauchbare wirtschaftliche Größen für die Lenkung der Unternehmungsprozesse zu finden. Die bekannten und angebotenen Bewertungsmethoden und -normen können auf dieser Basis daraufhin überprüft werden, für welche Ebene sie anwendbar sind. Der Einsatz automatischer Datenverarbeitungsanlagen auf der dispositionalen und strategischen Ebene bringt eine bewußtere und rationalere Gestaltung dieser Prozesse mit sich. Damit wird aber auch eine intensivere Behandlung der oberen Wirtschaftlichkeitsstufen und ihrer Bewertungsfunktionen einhergehen müssen.

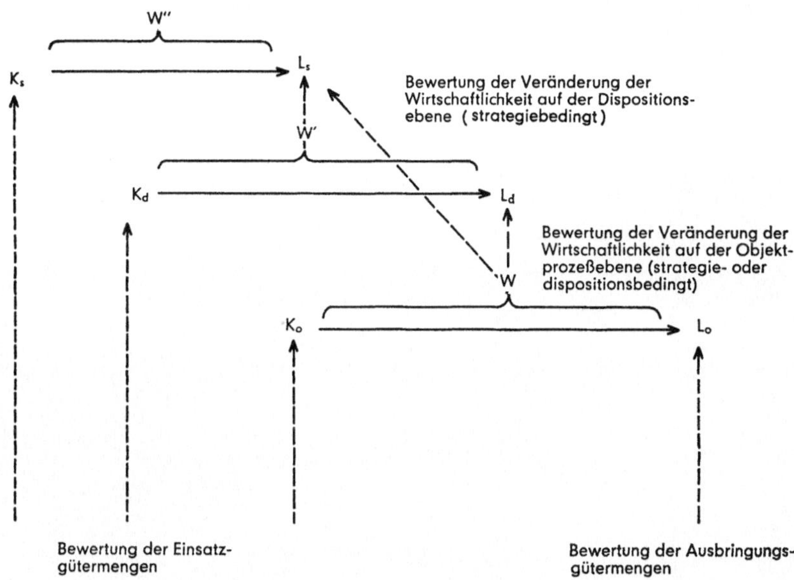

Abb. 3: Stufen der Wirtschaftlichkeit und ihre
bewertungsmäßige Verknüpfung

Die Aufstellung von Kriterien und einschränkenden Bedingungen zur Beurteilung von Leistungsfaktoren

Diskussionsbeitrag (Symposium)

Von

Dr. rer. nat. F. Langers

Chemische Werke Hüls AG, Marl

Die Untersuchungen zu dem Thema sollen davon ausgehen, daß aufgrund einer eingehenden Analyse des organisatorischen Ist-Zustandes und einer sorgfältigen Schätzung der in den nächsten 2—3 Jahren zu erwartenden Anforderungen die wesentlichen Faktoren, die den Einsatz und die Einsatzmöglichkeiten einer automatisierten Datenverarbeitungsanlage (ADVA) bestimmen, erarbeitet und die dafür bereitzustellenden Geldmittel festgelegt wurden. Die Zielsetzungen betreffen die in die ADV einzubeziehenden Arbeitsabläufe, mit sorgfältig ermittelten Angaben oder Schätzungen der zu verarbeitenden, temporär oder permanent zu speichernden und/oder auszudruckenden Datenmengen sowie deren Terminierung. Vorausgesetzt wird ferner, daß auf der Basis dieser Angaben von mehreren Herstellerfirmen Offerten mit angeblich geeigneten Maschinenkonfigurationen vorliegen.

Es soll nunmehr entschieden werden, welches Angebot den gestellten Anforderungen und Zielsetzungen im Rahmen der bereitstehenden Geldmittel am „besten" gerecht wird.

Die Fixierung der notwendigen Kriterien und einschränkenden Bedingungen, die sich zur Lösung dieser recht schwierigen Aufgabe anbieten, soll angestrebt werden.

Die Güte der Beurteilung eines ADV-Systems hängt wesentlich davon ab, inwieweit die benutzten Kriterien die einzelnen Maschinenfunktionen und das Zusammenspiel mehrerer Funktionsglieder oder Funktionseinheiten quantifiziert erfassen. Rein qualitative Betrachtungen oder weitgehend emotionale Beweggründe, auch wenn sie oft bei der Anschaffung von ADV-Systemen Pate stehen, sollten auf keinen Fall ausschlaggebend für die Auswahl einer ADVA oder eines bestimmten Herstellers oder Lieferanten sein, da Renommé, Marktanteil und Reklame des Herstellers einerseits und das eigene Prestige andererseits naturgemäß keine ausreichenden Bewertungskriterien bilden.

Die zahlenmäßige Erfassung der Leistungsfaktoren von ADV-Systemen bereitet allerdings infolge der zunehmenden Komplexität der Hardware und Software große Schwierigkeiten. Jedoch sollte insbesondere von seiten der Hersteller nichts unversucht bleiben, was in dieser Richtung eindeutige und klare Verhältnisse schafft. Die heutzutage enge und vielseitige Verflechtung zwischen Hardware und Software erfordert neben einer sorgfältigen Beurteilung der einzelnen Systemkomponenten zusätzlich eine eingehende Analyse und kritische Studie des Gesamtsystems, insbesondere hinsichtlich der Güte und Effektivität der angebotenen Software.

Auszuarbeiten sind deshalb Kriterien mit einschränkenden Bedingungen für die Bewertung:

(1) der Leistungsfaktoren der einzelnen Systemkomponenten:

    (a) der Zentraleinheit,

    (b) der peripheren Speichermedien (Magnetbänder, Magnetplatten, Magnettrommeln),

    (c) der Ein/Ausgabegeräte für standardisierte Datenträger (Lochkartenleser/stanzer, Lochstreifenleser/stanzer usw.),

    (d) der Drucker zur Ausgabe von Informationen in Klartext;

(2) des Systems als Gesamtkonfiguration aus den unter (1) genannten Komponenten hinsichtlich Leistungsanpassung, Verträglichkeit, Effektivität;

(3) der Standardsoftware:

    (a) der Compiler für die vorgesehenen Programmiersprachen hinsichtlich ihrer Anforderungen an Speicherplatz in der Zentraleinheit und auf externen Medien sowie hinsichtlich ihres Zeitbedarfs,

    (b) der Verbindungsprogramme (Linkage-Editor-Programme) hinsichtlich ihrer Anforderungen an Speicherplatz in der Zentraleinheit und auf externen Medien sowie hinsichtlich ihres Zeitbedarfs,

    (c) der Sortierprogramme und Sortiertechniken hinsichtlich Speicherplatzbedarf in der Zentraleinheit und auf externen Medien sowie hinsichtlich ihres Zeitbedarfs,

    (d) der Dienstprogramme (Utilities) hinsichtlich Verfügbarkeit, hinsichtlich ihrer Anforderungen an Speicherplatz in der Zentraleinheit und auf externen Medien sowie hinsichtlich ihres Zeitbedarfs;

(4) des Betriebssystems hinsichtlich seiner Applikationsmöglichkeiten auf der vorgeschlagenen Maschinenkonfiguration, der Ausnutzung eines einfach zu handhabenden Job-, Task- und Datamanagements, des Multiprogramming zur Beschleunigung des Jobablaufs und zur Erhöhung des Datendurchsatzes und, soweit beabsichtigt, der Möglichkeiten der Online-Verarbeitung, des Time-sharing, des Teleprocessing und des Multiprocessing.

Wirtschaftliche Steuerung des Einsatzes automatischer Datenverarbeitungsanlagen

Referat (Seminar)

Von

Dr. rer. pol. W. Faßbender

Agfa-Gevaert AG, Leverkusen

Inhalt

A. Begriff der Wirtschaftlichkeit im Zusammenhang mit ADV

Alles betriebliche Tun hat dem Leitmotiv der Wirtschaftlichkeit zu folgen, also auch die Datenverarbeitung.

I. Wirtschaftlichkeit im allgemeinen

Ehe die besonderen Fragen der Wirtschaftlichkeit der ADV besprochen werden, ist es zweckmäßig, den Begriff der Wirtschaftlichkeit in seiner allgemeinen Form darzustellen.

Nach Schäfer[1]) hat die Wirtschaftlichkeit zwei Aspekte:

a) Das Minimalprinzip:

Es gilt einen bestimmten Ertrag mit einem Minimum an Aufwand zu erzielen. Es geht also um die Auswahl der zu benutzenden Mittel. Unter diesem Aspekt kann auch vom Sparsamkeitsprinzip gesprochen werden.

b) Das Maximalprinzip:

Es gilt bei gegebenem Aufwand ein Maximum an Ertrag zu erzielen. Das Problem liegt in der günstigsten Verwendung vorhandener Mittel. Dieser Aspekt kann auch Wirksamkeitsprinzip genannt werden.

Während das Minimalprinzip hauptsächlich im Produktionsbereich von Bedeutung ist, gilt das Maximalprinzip mehr im Bereich des Vertriebs oder generell im Bereich der Dienstleistungen.

Um Wirtschaftlichkeit bewußt herbeiführen zu können, muß sie meßbar sein.

Nach vorherrschender Definition ist die Wirtschaftlichkeit eine Beziehungszahl:

$$\text{Wirtschaftlichkeit} = \frac{\text{Summe der Erträge}}{\text{Summe der Aufwendungen}}$$

Ist diese Meßzahl bekannt, läßt sich die Wirtschaftlichkeit beurteilen und damit steuern.

II. Probleme des herkömmlichen Wirtschaftlichkeitsbegriffes bei ADV

Automatisierte Datenverarbeitung ist einerseits Produktion — Produktion von Unterlagen und Informationen — und andererseits, von den Empfängern der Leistung her gesehen, Dienstleistung.

---

[1]) Schäfer, E.: Grundfragen der Betriebswirtschaftslehre. In: Handbuch der Wirtschaftswissenschaften, hrsg. von K. Hax und Th. Wessels, Köln und Opladen 1958, S. 41.

Beide oben erwähnten Aspekte der Wirtschaftlichkeit kommen folglich zum Tragen. Geht es um die Lösung einer einzelnen ADV-Aufgabe, so gilt das Minimalprinzip: Die Aufgabe ist so zu lösen, daß sie ein Minimum an Programmier- und Maschinenkapazität in Anspruch nimmt. Wird hingegen die ADV eines Unternehmens insgesamt betrachtet, so gilt das Maximalprinzip: Mit der vorhandenen Personal- und Maschinenkapazität der ADV, die kurzfristig nicht beliebig verkleinert oder vergrößert werden kann, muß ein Maximum an Ertrag für das Unternehmen erzielt werden.

Wirtschaftlichkeit der ADV bedeutet also günstigste Ausnutzung der vorhandenen ADV-Einrichtungen, indem jede Einzelaufgabe mit einem Minimum an Maschinen- und Personalaufwand erledigt wird[2]).

Wie sieht es nun mit der geforderten Meßbarkeit der Wirtschaftlichkeit im Bereich der ADV aus?

Um die obengenannte Relation zwischen Ertrag und Aufwand für einzelne ADV-Leistungen bilden zu können, müßten diese Größen bekannt sein. Ihre Bestimmung in der Praxis bringt verschiedene Probleme mit sich, die im folgenden näher erörtert werden sollen.

a) Ertrag der ADV-Leistungen

ADV-Leistungen sind bis heute in den meisten Anwendungsfällen innerbetriebliche Leistungen. Sie haben keine echten Erträge im Sinne des betriebswirtschaftlichen Ertragsbegriffes. Sie stehen nicht unmittelbar mit Einnahmen oder Erlösen des Unternehmens in Zusammenhang. Der Ertrag von ADV-Leistungen muß folglich in etwas anderem bestehen. Was kommt hierfür in Betracht? Die Kostenweiterbelastung des Rechenzentrums an die Auftraggeber oder die Ersparnisse der Auftraggeber durch Vergabe einer Aufgabe an das Rechenzentrum oder die von den Auftraggebern aufgrund der erhaltenen Auswertungen erzielbaren Ergebnisverbesserungen? Die Kostenweiterbelastung hat keinen ergebniswirksamen Effekt für das Unternehmen und scheidet aus der Betrachtung aus. Hingegen liegt der Schlüssel zu einer Lösung des Problems darin, daß die Ersparnisse der Auftraggeber und die Ergebnisverbesserung, die sie aufgrund der Auswertungen erzielen können, als Erträge aufgefaßt werden.

Geschieht das und wird damit der eigentliche Ertragsbegriff fallengelassen, so ist immer noch nicht die Schwierigkeit der Feststellung der einzelnen Erträge und ihrer Summe behoben. Nur manche Erträge im oben angeführten Sinne lassen sich wirklich exakt errechnen.

Wird die Frage gestellt: was müßte ein Auftraggeber für die gewünschten Auswertungen bei Selbstausführung aufwenden, so läßt sich das meistens gut beantworten. Dieser Eigenaufwand des Auftraggebers, der als Ersparnis

---

[2]) Maschinen- und Personalaufwand sind die Hauptkostenbestandteile eines jeden Rechenzentrums, ca. 80 %.

anfällt, wenn die Aufgabe von der ADV übernommen wird, kann als realisierbarer Ertrag angesehen werden. Es handelt sich um Personal und Hilfsmittel, die beim Auftraggeber entweder für andere Aufgaben frei werden oder für eine neu auf ihn zukommende Aufgabe nicht beschafft werden müssen.

Im letzten Falle des Nicht-beschaffen-Müssens ist bei der Berechnung der Ersparnisse äußerste Vorsicht geboten. Die Tatsache, daß Computer Aufgaben bewältigen können, die bei Einsatz von Menschen nur sehr schwer oder überhaupt nicht durchführbar sind, kann bei der Ersparniserrechnung zu völlig unsinnigen Ergebnissen, d. h. Scheinerträgen, führen. Als Beispiel sei eine hundertprozentige Belegprüfung angeführt, die zwar einem Computer möglich ist, die aber bei menschlicher Bearbeitung je nach Beleganzahl u. U. Hunderte von Arbeitskräften erfordern würde. Ein weiteres Beispiel ist die Feststellung einer Anzahl bester oder schlechtester Positionen aus einer sehr großen Masse, wie die hundert schlechtesten Artikel im Hinblick auf die Umschlagshäufigkeit oder die hundert bestbezahlten Akkordlöhner. Solche Ergebnisse, die bei einem Computer sozusagen als Abfallprodukt herauskommen, müßten bei menschlicher Bearbeitung mit einem unerhörten Personalaufwand ermittelt werden. Würde dieser Personalaufwand mit in die Einsparungen einbezogen, so würden durch die ADV in all diesen Fällen Riesenerträge entstehen. Allein unter diesem Gesichtspunkt würde jede ADV-mäßige Lösung einer Aufgabe wirtschaftlich werden. Wenn es also um die Ermittlung von Ersparnissen des Auftraggebers geht, so darf nur das in die Betrachtung einbezogen werden, was der Auftraggeber mit Hilfe von menschlichen Mitarbeitern zur Lösung der gestellten Aufgabe auch wirklich realisieren würde. Er würde z. B. keine hundert Mitarbeiter einstellen, um alle Belege vollständig prüfen zu lassen. Er würde auch nicht 20 oder 30 Mitarbeiter einstellen, um täglich die 50 schlechtesten Artikel mit der geringsten Umschlagshäufigkeit zu ermitteln. Folglich können diese bei ADV-mäßiger Lösung nicht benötigten Mitarbeiter auch nicht als Ersparnis angerechnet werden.

Die obengenannten Beispiele waren recht eindeutig. Es ist aber mit sehr vielen Grenzfällen zu rechnen, bei denen nicht ganz sicher festgestellt werden kann, ob der Auftraggeber diesen personellen Aufwand betrieben hätte oder nicht. Die Ertragsgröße einer ADV-Leistung ist also schon im Hinblick auf die Ersparnisseite des Auftraggebers eine mit Unsicherheit behaftete Zahl.

Noch schwieriger wird es mit der Ertragsfeststellung, wenn es sich nicht wie oben um unmittelbar mit der Aufgabenübernahme durch die ADV im Zusammenhang stehende Ersparnisse, sondern um mittelbare Auswirkungen der durch die ADV erstellten Auswertungen handelt. ADV-Auswertungen haben nur in seltenen Fällen unmittelbaren Einfluß auf Kosten oder Erlöse. Zwischen die ADV-Auswertung und eine Kostensenkung oder Erlössteigerung schiebt sich in aller Regel eine menschliche Entscheidung. Ist diese Entscheidung aber wirklich durch die ADV-Auswertung beeinflußt, oder wäre sie vielleicht auch getroffen worden, wenn die ADV-Auswertung nicht vorhanden gewesen wäre? Noch anders gefragt: wäre eine andere Entscheidung getroffen worden, wenn die ADV-Auswertung nicht vorgelegen hätte? Dies sind Fragen, die sich nicht zweifelsfrei beantworten lassen.

Während also unmittelbare Auswirkungen von ADV-Auswertungen, wie z. B. die einer maschinellen Finanzdisposition, gut zu berechnen sind und auch die mittelbaren Auswirkungen von ADV-Auswertungen sich immerhin dann noch beziffern lassen, wenn es sich um die Beeinflussung menschlicher Entscheidungen handelt, so wird es ganz schwierig, wenn es sich um solche Auswirkungen handelt, die das Verhalten der Mitarbeiter betreffen, wie z. B. die Verbesserung der Ordnung und Überschaubarkeit innerhalb eines bestimmten Unternehmensbereichs oder der Sicherheit bei der Erfassung von Informationen oder von bestimmten Abläufen. Auch Auswirkungen, die sich dadurch ergeben, daß eine bessere Kontrolle mit Hilfe des Computers möglich wird, zählen hierzu. Die bessere Kontrolle kann zu einer wahrheitsgetreueren Datenerfassung oder zu einer höheren Arbeitsleistung oder zu einem sparsameren Verhalten bei Anschaffungen und dgl. führen. Wie soll man eine bessere Ordnung, eine größere Sicherheit oder die Auswirkung einer erhöhten Kontrolle in DM quantifizieren?

Gerade dieser sehr wichtige Ertrag solcher ADV-Auswertungen, mit deren Hilfe die Führung des Unternehmens verbessert werden soll, läßt sich also besonders schwer ermitteln, während andererseits, wie oben festgestellt, Ersparnisse, die eintreten, wenn Aufgaben statt mit menschlichen Hilfskräften mit maschinellen Mitteln durchgeführt werden, relativ gut berechenbar sind. Nur nützt die Kenntnis dieser Ersparnisse weniger als die Kenntnis der übrigen mittelbaren Auswirkungen der ADV-Leistungen. Es muß nämlich bedacht werden, daß eine Datenverarbeitungsaufgabe nicht dann schon wirtschaftlich ist, wenn sie maschinell mit geringeren Kosten durchgeführt werden kann als durch menschliche Arbeitskraft. Vielmehr muß zuvor die Frage gestellt werden: Nutzt denn die Durchführung der Aufgabe überhaupt etwas, d. h. haben die gewonnenen Auswertungen einen kostensenkenden oder erlössteigernden Effekt, ganz gleich, ob sie maschinell oder manuell erstellt werden? Denn nur dann hat es Sinn, die Aufgabe auszuführen und die Auswertungen zu erstellen. Kann diese Frage nicht positiv beantwortet werden, muß die Auswertung unterbleiben, auch wenn sie maschinell noch so kostengünstig erstellbar wäre, denn auch der geringe Aufwand ist nutzlos. Es bleibt als bedrückendes Fazit: Ausgerechnet diese mittelbaren Auswirkungen von ADV-Auswertungen, auf die es zur Beurteilung der Wirtschaftlichkeit von ADV-Aufgaben ganz entscheidend ankommt, sind einer Berechnung nur sehr schwer zugänglich.

b) Aufwand für ADV-Leistungen

Die Ermittlung des Ertrages von ADV-Leistungen bietet, wie oben gezeigt wurde, eine Fülle von großen Schwierigkeiten. Wie sieht es aber bei der zweiten Komponente der Wirtschaftlichkeitsrelation, nämlich bei der Bestimmung des Aufwandes, aus?

Der Gesamtaufwand für die ADV in einem Unternehmen läßt sich recht gut feststellen. Selbst die sonst üblichen Einwände gegen die herkömmliche Kostenrechnung lassen sich hier kaum ins Feld führen[3]). Der Löwenanteil der ADV-Kosten läßt sich direkt erfassen. Es bedarf hierzu weder irgendwelcher Umlageverfahren noch irgendeiner anfechtbaren Schlüsselung. Die Anlagenmieten machen knapp 40 % der Gesamtkosten aus, weitere knapp 40 % sind Personalkosten und Personalnebenkosten. Selbst die Personalnebenkosten sind meist noch direkt zuordenbar. Auch bei den übrigen 20—25 % der ADV-Kosten handelt es sich meistens um einen unmittelbaren Verbrauch des Rechenzentrums an Hilfsstoffen wie Lochkarten, Magnetbänder, Endlospapier und dgl. Jede Geschäftsleitung kann also ihren ADV-Leitern leicht vor Augen führen, welchen Aufwand sie verursachen. Um so wichtiger wird es aber, für jede sachliche Diskussion den Effekt zu ermitteln, der diesem Aufwand gegenübersteht.

Zur Ermittlung der Wirtschaftlichkeit einzelner ADV-Aufgaben nützt die Kenntnis des Gesamtaufwandes für die ADV sehr wenig. Es müßten die Kosten für eine einzelne ADV-Aufgabe bekannt sein. Bei dem Versuch, diese Kosten zu ermitteln, wachsen die Schwierigkeiten beträchtlich über das Ausmaß hinaus, das schon bei der Ermittlung des Ertrages einer einzelnen ADV-Aufgabe vorgefunden wurde. Es muß eine echte Unmöglichkeit des Unterfangens festgestellt werden.

Nachstehend sollen die wichtigsten Fakten, die der Kostenermittlung für einzelne ADV-Aufgaben entgegenstehen, erörtert werden. Ein Haupthindernis für eine verursachungsgemäße Kostenzuordnung auf einzelne ADV-Aufgaben ist die organisatorische Integration sowohl bei der Datenerfassung als auch bei der Datenverarbeitung. So dienen beispielsweise die Zahlen auf einem Beleg und damit vielfach auch die Zahlen auf einem Datenträger nicht einer einzigen ADV-Auswertung. Auf einem Lohnbeleg stehen auch Angaben für die Betriebskostenrechnung, für die Produktkalkulation, für Statistiken der Arbeitswirtschaft. Welcher der genannten Auswertungen sollen die Kosten für die Datenerfassung zugeteilt werden und, falls allen oder zumindest mehreren, in welcher Relation? Bei der Datenverarbeitung ist es nicht anders. Viele Auswertungen, welche die ADV-Anlagen verlassen, dienen mehreren Zwecken. Personalabteilung, Betriebsleitung und Rechnungswesen benutzen gleichermaßen die verschiedenen Auswertungen einer Lohnabrechnung. Wie sollen die Kosten für den Gesamtablauf der Lohnabrechnung[4]) auf die einzelnen Empfänger, welche nur ganz bestimmte Teile der einheitlichen Lohnabrechnung benötigen, verteilt werden?

---

[3]) Vgl. hierzu Faßbender, W.: Betriebsindividuelle Kostenerfassung und Kostenauswertung, Frankfurt/Main 1964, S. 22 ff.

[4]) Es bestehen innerhalb des Ablaufes viele für alle Einzelauswertungen gemeinsame Programme.

Neben die rein organisatorische Integration tritt in jüngster Zeit auch die Integration im Rahmen der ADV-mäßigen Datenverwaltung. Die Hauptstichworte sind Datenbanksysteme und Informationssysteme. Im Rahmen solcher Systeme laufen Programmprozeduren ab, wie z. B. eine Standard-Datenersteingabe oder eine Standard-Stammdatenverwaltung, die praktisch für alle Daten und für alle Auswertungen gleichermaßen verwendet werden. Welcher der vielen einzelnen Aufgabenstellungen sollen die Kosten für solche übergeordneten Systeme zugeschlagen werden und gegebenenfalls in welchem Verhältnis? Innerhalb der Datenbank oder des Informationssystems befinden sich Daten, bei denen vielfach noch gar nicht abzusehen ist, für welche Zwecke sie noch benötigt werden können. Unbekannte Aufgaben können aber nicht mit Kosten belastet werden. Das geschilderte Problem bekommt besonders dadurch Gewicht, daß für solche Standardsysteme ein nicht unbeträchtlicher Aufwand anfällt. In aller Regel werden große Direktzugriffsspeicher benötigt. Schon die Miete dieser Geräte ist sehr beachtlich. Da diese Systeme kein Selbstzweck sind und alleine keinen Effekt bringen, sondern nur dienende Funktion im Hinblick auf die Endauswertungen haben, wäre es sicher wünschenswert, die Kosten auf die Auswertungen zu verteilen, deren Vorbereitung sie dienen. Aber leider läßt sich der nicht unerhebliche Aufwand für sie nicht nach dem Kausalprinzip einzelnen Bezugsgrößen zuordnen.

Bei den Datenverarbeitungsanlagen von der sogenannten dritten Generation ab kommt noch ein weiteres Problem hinzu. Um die Anlagen besser auslasten zu können, gibt es für diese Maschinen Organisationsprogramme, die einen Multiprogramming-Betrieb ermöglichen. Die Arbeiten, welche gemeinsam auf der Maschine ablaufen, sind nicht starr miteinander verbunden, sondern können wahlweise zusammen die Maschine belegen. Es liegt eine echte Kuppelproduktion vor, und zwar eine Kuppelproduktion mit variablem Mengenverhältnis. Es hängt einmal vom Geschick der Ablaufplanung ab, wieviel Leistungen in einem bestimmten Zeitraum von der Maschine erbracht werden können. Zum anderen stehen dem Wunsch der Bestausnutzung und der günstigsten Prioritätswahl oftmals die Termingestaltung für die einzelnen ADV-Aufgaben entgegen. Hier ist es wie immer bei echter Kuppelproduktion absolut unmöglich, einzelnen ADV-Aufgaben Kosten zuzuordnen. Die Kosten fallen für alle gleichzeitig ablaufenden Arbeiten gemeinsam an.

Eine weitere Komplizierung kann noch dadurch entstehen, daß die peripheren Geräte im Rahmen des Multiprogrammings zeitweise von einer Zentraleinheit auf die andere umgeschaltet werden. Es ist also noch nicht einmal richtig zu ermitteln, welchen Gesamtkostenwert die jeweils benutzte Anlage[5] im Zeitpunkt einer Aufgabendurchführung wirklich gehabt hat.

---

[5] Zentraleinheit plus gerade angeschlossene Peripherie.

c) ADV-Wirtschaftlichkeit nur theoretische Fiktion?

Die bisherigen Ausführungen haben gezeigt:

(1) Es ist sehr schwierig, Erträge für einzelne ADV-Leistungen zu bestimmen. Immerhin zeigten sich hierfür noch gangbare Lösungsmöglichkeiten.

(2) Das Problem der verursachungsgemäßen Kostenzuordnung auf einzelne ADV-Aufgaben ist unlösbar. Es liegt eine echte Unmöglichkeit vor.

Diese beiden Feststellungen bezüglich Ertrags- und Aufwandserfassung würden aber bedeuten, vor der Aufgabe, die Wirtschaftlichkeit einzelner ADV-Aufgaben zu ermitteln, kapitulieren zu müssen, weil sich die für die Beurteilung gewünschte Relation von Aufwand und Ertrag nicht berechnen läßt. Verhält es sich hier also genauso wie bei einigen anderen betriebswirtschaftlichen Theoremen, z. B. dem Gesamtkostenminimum, dem Betriebsoptimum und dem Gewinnmaximum in der Kostentheorie? Ist auch das Postulat der Wirtschaftlichkeit der ADV nur eine theoretische Fiktion? Muß es als unabwendbar hingenommen werden, daß eine mit Hilfe einer wirklich berechneten Wirtschaftlichkeitsmeßzahl sinnvolle Auswahl der Aufgaben für die ADV nicht möglich ist? Diese Frage ist u. E. nicht zu bejahen. Es gibt Möglichkeiten zur Lösung des Problems, d. h. zur wirtschaftlichen Steuerung des Einsatzes von ADV-Anlagen.

B. Bestimmung der ADV-Wirtschaftlichkeit mit anderen Bezugsgrößen

Wenn Ertrag und Aufwand für einzelne ADV-Aufgaben nicht bzw. nur schwer ermittelbar sind, so gibt es doch andere Größen, die sich zur Berechnung einer Wirtschaftlichkeit eignen.

I. Nutzen statt Ertrag

Wie gezeigt wurde, haben ADV-Aufgaben keine Erträge im Sinne des betriebswirtschaftlichen Ertragsbegriffes. Aber sie haben einen Nutzen für den Auftraggeber bzw. sie sollten einen Nutzen für ihn haben.

Der Begriff Nutzen ist hier nicht im Sinne der Volkswirtschaftslehre zu verstehen, sondern lediglich im Sinne des allgemeinen Sprachgebrauchs. Der Begriff Nutzen im hier gewünschten Sinne läßt sich folgendermaßen formulieren:

Nutzen ist eine in Geldwert ausgedrückte Erwartung eines Vorteils, der bestehen kann:

(1) in Einsparungen an Personal und Betriebsmitteln;

(2) in einer Erlösverbesserung infolge eines mengenmäßigen Mehrausstosses von innerbetrieblichen Leistungen oder Marktleistungen;

(3) in einer wertmäßigen Erhöhung der Marktleistungen.

Die Einsparungen und Erlösverbesserungen können sowohl unmittelbar als auch mittelbar verursacht sein.

a) Erwartungen eines Auftraggebers für ADV-Leistungen

Es ist besonders wichtig zu beachten, daß der Nutzen nicht eine nachträglich ermittelte Größe ist, sondern eine Erwartung. Der Schätzungs-Charakter dieser Zahlengröße muß besonders hervorgehoben werden. Schätzungen lassen sich oft auch bei angeblich nicht oder nur schwer quantifizierbaren Effekten von ADV-Auswertungen durchführen. Bei der Schätzung muß selbstverständlich das Vorsichtsprinzip walten. Lieber den Nutzen zu gering als zu hoch schätzen.

Wie soll bei der Schätzung vorgegangen werden?

Es ist von größter Bedeutung, die verschiedenen Detailargumente auf die Frage, was bringt die gewünschte ADV-Auswertung, herauszukristallisieren. Mit größter Sorgfalt müssen die sachlichen Auswirkungen der Auswertungen erforscht werden, und es muß eine detaillierte Zusammenstellung derselben erfolgen. Zum Beispiel können auf die Frage, was bringt eine maschinelle Fertigungssteuerung, keine unmittelbaren Angaben gemacht werden. Vielmehr müssen zunächst einmal die sachlichen Auswirkungen dieser maschinellen Fertigungssteuerung untersucht werden. Zu findende Argumente könnten sein:

(1) Durch die Verminderung der Wartezeiten, die infolge des Fehlens bestimmter Teile in der Montage vorkommen, kann der Ausstoß bei gleichem Aufwand erhöht werden.

(2) Die Anzahl der Einsteller in der Teilefertigung läßt sich vermindern, wenn die Anzahl der Fertigungslose der Teile durch Zusammenfassung zu größeren Losen vermindert werden kann.

(3) Die Reihenfolge der Fertigung läßt sich so steuern, daß geringere Umrüstzeiten anfallen.

(4) Die Fertigungssteuerung führt dazu, daß die einzelnen Arbeitsplätze gleichmäßiger ausgelastet werden können und dadurch die Anzahl der bisher erforderlichen Überstunden zurückgeht.

Dies sind nur einige Beispiele von Argumenten, wie sie in diesem Falle zusammengetragen werden müßten. Jedes einzelne Argument läßt sich in Mark und Pfennig bewerten, und zwar um so einfacher, je detaillierter die Argumentation ist. Die Summe der Einzelwerte ist der Nutzen der Aufgabe.

Bei wirklich sinnvollen ADV-Aufgaben ergeben sich selbst bei sehr vorsichtigen Nutzenschätzungen beachtliche Resultate in absoluten Zahlen[6]), die das Vorhaben einer maschinellen Durchführung der Aufgabe deutlich befürworten.

Lassen sich keine brauchbaren detaillierten Argumente für sachliche Auswirkungen finden, die als Folge einer Auswertung zu verzeichnen sein sollen, dann ist im allgemeinen auch wirklich kein Nutzen vorhanden. Das nichtigste und am wenigsten brauchbare Argument ist der autoritäre Wunsch eines oberen Führungsorganes. Zum Beispiel ist mit dem Argument „der Vorstand wünscht es" noch lange nicht erwiesen, daß eine ADV-mäßige Bearbeitung der Aufgabe auch wirklich einen Nutzen bringt.

Zu dem autoritären Wunsch muß in jedem Fall die oben geforderte Reihe wirklich sachlicher Argumente für die Rechtfertigung der Aufgabenstellung hinzukommen. Nur dann läßt sich der Nutzen in Werten beziffern.

b) Kontrolle und Korrektur der Erwartungen

Der Schätzungs-Charakter des Nutzens macht es unbedingt notwendig, daß die Nutzenschätzungen kontrolliert und, falls erforderlich, auch korrigiert werden. Die Kontrolle sollte nach Möglichkeit so organisiert werden, daß sie durch eine unparteiische Instanz erfolgt. Wird auf die Kontrolle der Nutzenschätzungen verzichtet, so besteht die Gefahr, daß es sich bei der Nutzenschätzung um eine reine „Märchensammlung" handelt. Die Argumente für die Begründung des Nutzens, die in erster Linie vom Auftraggeber geliefert werden müssen, sollten durch ein sachverständiges Gremium überprüft werden. Der Schätzende, der die Begründungsargumente liefert, sollte immer wissen, daß die Realisierung des von ihm als Erwartung angegebenen Nutzens auch überwacht wird. Dies ist besonders deshalb wichtig, weil oftmals zwischen Nutzenschätzung und Nutzenrealisierung infolge der langen Programmier- und Anlaufzeiten von Programmen eine erhebliche Zeit verstreicht, mitunter sogar Jahre.

Mit Nutzenschätzungen läßt sich nur vernünftig arbeiten, wenn bei allen Beteiligten auch der Mut zur Korrektur einer zunächst zu optimistischen Erwartung vorhanden ist. Es kann sich später herausstellen, daß einzelne Argumente ursprünglich zu hoch bewertet wurden. Eine Nutzenverminderung führt freilich zu einer völlig neuen Beurteilung einer ADV-Aufgabe. Aber gerade das soll durch die Korrektur des Nutzens bewirkt werden, denn der Nutzen ist eine der beiden Größen, welche zur Ermittlung der steuernden Wirtschaftlichkeitsmeßzahl für eine ADV-Leistung beiträgt.

Eine Nutzenkorrektur kann auch aus einem zweiten Grunde erforderlich werden. Bei der Nutzenschätzung können nicht nur am Anfang Schätzfehler

---

[6]) Verbesserungseffekte in der Größenordnung bis 2 %, die sich meist wirklich leicht realisieren lassen.

gemacht werden, sondern es ist eine sachlich bedingte und häufig zu beobachtende Erscheinung, daß der Nutzen von ADV-Leistungen im Laufe der Zeit abnimmt. Oft dienen ADV-Auswertungen dazu, bisher verschwommene und weniger bekannte Unternehmenszusammenhänge zu erkennen und zu übersehen. Auf Grund der gewonnenen Übersicht werden dann Maßnahmen zur Verbesserung in diesem Bereich getroffen. Die Maßnahmen wirken sich oft schon in kurzer Zeit aus. Mit Hilfe der aufklärenden ADV-Auswertungen kann das Wirksamwerden der Maßnahmen noch beobachtet werden. Von einem bestimmten Zeitpunkt an tritt aber häufig keine weitere Verbesserung ein. Es ist ein gewisser optimaler Zustand erreicht. Es wäre dann unsinnig, die ursprünglichen ADV-Auswertungen periodisch, z. B. von Monat zu Monat, weiterlaufen zu lassen, da die Kenntnis der fast unverändert immer wiederkehrenden Zahlen zu keinen weiteren verbessernden Maßnahmen mehr führt. Der Nutzen dieser Auswertungen, der am Anfang sehr hoch war, ist nunmehr praktisch gleich Null. Solche ADV-Leistungen müssen konsequenterweise infolge ihres verlorengegangenen Nutzens eingestellt werden. Zur Überwachung solch geordneter Unternehmensbereiche genügen oft viel gröbere und weniger aufwendige Auswertungen als die ursprünglichen, die den notwendigen Überblick verschafften. Auch hier dient die Nutzenkorrektur eindeutig der wirtschaftlichen Steuerung des ADV-Einsatzes.

II. Preise statt Aufwand

Um eine Wirtschaftlichkeit berechnen zu können, muß dem an die Stelle des Ertrages getretenen Nutzen eine zweite Größe gegenübergestellt werden, die an die Stelle des nicht zu ermittelnden Aufwandes einer einzelnen ADV-Leistung tritt. Wird einmal hypothetisch davon ausgegangen, daß jeder innerbetriebliche Auftraggeber sich mit seiner ADV-Aufgabe genausogut wie an das eigene Rechenzentrum auch an einen fremden ADV-Servicebetrieb wenden könnte, so wäre die Frage der Kostenfindung für die gewünschte ADV-Leistung einfach zu lösen. Die Kosten bestünden in dem von dem Servicebetrieb für die Auswertung in Rechnung gestellten Preis. Warum sollte sich aber ein betriebseigenes Rechenzentrum in dieser Frage nicht genauso wie ein fremder Servicebetrieb verhalten? Kann nicht auch das betriebseigene Rechenzentrum statt der nicht ermittelbaren Kosten einfach Preise für die einzelnen ADV-Leistungen festlegen? Wie kann eine solche innerbetriebliche Preisbildung vor sich gehen?

a) Preisbildung nach strategischen Gesichtspunkten (Marktpreise)

Ein unabhängiger ADV-Servicebetrieb, d. h. also ein selbständiges Unternehmen, kann das gesamte preispolitische Instrumentarium für seine Preisbildung heranziehen.

In der Absicht, seinen Gewinn zu maximieren, sind ihm alle Mittel recht, den Auftragseingang zu steuern. Die Preise eines unabhängigen Servicebetriebes für ADV-Aufgaben werden sich z. B. nach der Beschäftigungslage, nach der Art des Kunden, nach der Art und Qualität des verfügbaren eigenen Personals, nach regionalen Gesichtspunkten, nach Auftragsgröße usw. richten. Würde ein innerbetrieblicher ADV-Servicebetrieb diese preispolitischen Gesichtspunkte anwenden, stünden der Willkür Tür und Tor offen. Er würde jeden Auftrag annehmen, um möglichst vollbeschäftigt zu sein, ohne Rücksicht darauf zu nehmen, ob die einzelnen Arbeiten vom Gesamtunternehmen her gesehen wirtschaftlich sind. Er würde versuchen, nur solche Auftraggeber zu berücksichtigen, die er infolge vorhandener, nur für bestimmte Aufgaben geeigneter Programmierkräfte gut bedienen kann. Aufgaben aus Bereichen, für die er keine geeigneten Mitarbeiter hat, kämen nicht zum Zuge.

Um Operator zu sparen, würde er nach Möglichkeit nur große, langlaufende Arbeiten annehmen, sehr wirkungsvolle, aber kleinere Auswertungen würde er nach Möglichkeit ablehnen.

Verhaltensweisen, die dem selbständigen Unternehmen durchaus nützen, weil es mit ihrer Hilfe seinen Gewinn verbessern kann, wirken sich bei einem innerbetrieblichen ADV-Servicebetrieb negativ aus. Hier geht es nämlich nicht darum, mit dem eigenen Rechenzentrum einen Gewinn zu erzielen, sondern darum, mit dem Rechenzentrum dem Gesamtunternehmen so zu dienen, daß der Gewinn des Gesamtunternehmens verbessert werden kann. Eine innerbetriebliche Preisbildung darf also nicht nach strategischen Gesichtspunkten im Hinblick auf das eigene Rechenzentrum vorgenommen werden, sondern sie sollte von den Auftraggebern her gesehen möglichst neutral sein und sich ausschließlich an den Unternehmenszielen orientieren.

b) Preisbildung nach festen Algorithmen

Eine neutrale Preisbildung liegt nur dann vor, wenn sie nach festen Spielregeln erfolgt, die für jeden von der Preisbildung Betroffenen überprüfbar sind. Es sollen also feste Algorithmen erarbeitet werden, nach denen die Preisbildung vorgenommen wird. Es muß allerdings nochmals ausdrücklich betont werden, daß diese Algorithmen Preisbildungsalgorithmen sind und absolut nichts mit einer Kostenermittlung zu tun haben und schon gar nicht mit einer verursachungsgemäßen Kostenermittlung.

Vom Standpunkt verursachungsgemäßer Kostenermittlung aus ließen sich freilich eine Unmenge Argumente gegen solche Algorithmen ins Feld führen, weil von diesem Standpunkt aus gesehen selbstverständlich durch jeden Algorithmus systembedingte Benachteiligungen und Bevorzugungen zustande kommen. So werden z. B. druckintensive und damit langsamer laufende Programme relativ stärker belastet als kernspeicherintensive Programme, die große Datenmengen bewältigen, wenn bei der Festlegung des Algorithmus beispielsweise von den effektiven Maschinenlaufzeiten ausgegangen wird.

Aber zum zweiten Male sei betont, hierauf kommt es gar nicht an, sondern es kommt nur darauf an, daß ein Verfahren benutzt wird, das jeden Auftraggeber in gleicher Weise behandelt.

Durch diese Vorgehensweise lassen sich sogar die Preise ganz unterschiedlicher ADV-Leistungen untereinander vergleichen. Gerade dieser Vergleich der einzelnen ADV-Leistungen ist oft sehr wichtig, wenn es um die Beurteilung einzelner ADV-Aufgaben im Zusammenhang mit der Maschinenbelegung und Termingestaltung geht.

Die Preisbildung nach festen Algorithmen kommt aber auch dem Budgetdenken sehr entgegen. Betriebe, welche die Budgetierung eingeführt haben, besitzen nunmehr im vorhinein feststehende Werte (Preise) für die einzelnen ADV-Leistungen, die in die einzelnen Budgets der Auftraggeber eingesetzt werden können. Da auch in der Ist-Abrechnung sinnvollerweise mit dem ADV-Preis gerechnet wird, ist auch die Budgetkontrolle sehr gut durchzuführen. Die Soll-Ist-Vergleiche sind aussagefähig. Bei gleicher Inanspruchnahme des Rechenzentrums sind Istwert und Sollwert gleich, während steigende Istwerte eine stärkere Inanspruchnahme des Rechenzentrums kennzeichnen, sinkende Istwerte dagegen eine abnehmende.

III. Preis-Nutzen-Relation als pretiales Steuerungsmittel

Ist nun für eine einzelne ADV-Aufgabe der Nutzen geschätzt und der Preis gebildet worden, so läßt sich aus diesen beiden Größen eine Wirtschaftlichkeitsmeßzahl für diese ADV-Aufgabe bestimmen. Auch eine Gesamtwirtschaftlichkeit der ADV läßt sich berechnen, indem die Nutzensummen und Preissummen zueinander ins Verhältnis gesetzt werden. Für die wirtschaftliche Steuerung der ADV ist aber die Wirtschaftlichkeit der Einzelaufgaben besonders wichtig. Nach diesen Kennzahlen lassen sich nun die einzelnen ADV-Aufgaben ordnen und auch beurteilen.

a) Planung der Personal- und Anlagenkapazität

Ist auf diese Weise ein Katalog der effektvollsten ADV-Aufgaben zusammengestellt, so läßt sich jetzt auch eine vernünftige Planung für das ADV-Personal und für die ADV-Anlagenkapazität durchführen. Bei der Festlegung dieser Kapazität muß nicht mehr über den Daumen gepeilt werden. Die Frage lautet nicht mehr: Wieviel ADV darf es denn, vom Gewinn aus betrachtet, dieses Jahr sein, oder wieviel können wir im Verhältnis zum Umsatz für ADV ausgeben? Die Personal- und Anlagenkapazität der ADV bestimmt sich nunmehr nur noch auf Grund der vorhandenen wirtschaftlichen Aufgaben.

Der Vorteil für die Geschäftsleitung liegt darin, klar zu erkennen, daß der Aufwand für die ADV nicht von irgendwelchen Kriterien wie Gewinn, Umsatz, Firmenprestige, Spieltrieb usw. abhängt, sondern ausschließlich und allein von dem ausgewählten Aufgabenbestand.

Sind diese Aufgaben aber als wirtschaftlich befunden worden, so ist die für die Ausführung erforderliche Personal- und Anlagenkapazität ebenfalls wirtschaftlich.

b) Zuteilung von Personal- und Anlagenkapazität für ADV-Aufgaben

In nur wenigen Anwendungsfällen von ADV wird bei der Beschaffung die Personal- und insbesondere die Anlagenkapazität so ausgelegt, daß sie sogleich 100 %ig ausgelastet ist. Vielmehr wird eine gewisse Kapazitätsreserve mit eingeplant werden. Im nächsten Absatz wird außerdem noch die Rede davon sein, daß bereits belegte Anlagenkapazität auch wieder freigesetzt werden kann. Geplante Reservekapazität und freigesetzte Kapazität stehen für eine neue Zuteilung zur Verfügung. Hat jede zur Bearbeitung anstehende ADV-Aufgabe ihre Wirtschaftlichkeitsmeßzahl, so ist es kein Problem, die ADV insgesamt auch weiterhin wirtschaftlich zu halten, wenn besonders wirtschaftliche ADV-Aufgaben vorrangig programmiert werden und wenn den jeweils wirtschaftlichsten Einzelaufgaben die noch vorhandene freie Anlagenkapazität zugeteilt wird.

c) Effektprüfung bei laufenden ADV-Arbeiten

Es wurde oben bereits darauf hingewiesen, daß eine ADV-Arbeit ihren ursprünglichen Nutzen nicht immer behalten muß. Es scheint also zweckmäßig zu sein, für alle bereits laufenden ADV-Arbeiten von Zeit zu Zeit die Wirtschaftlichkeit neu zu bestimmen und die ADV-Arbeiten von neuem in der richtigen Reihenfolge hinsichtlich ihrer Wirtschaftlichkeit zusammenzustellen. Es dürfte sich dann durchaus der schon erwähnte Fall ergeben, daß ADV-Arbeiten auf Grund zu geringer Wirtschaftlichkeit in Zukunft entfallen können. Heute ist es meist noch üblich, nur neue ADV-Aufgaben auf die ADV-Anlagen zu bringen, aber so gut wie nie alte ADV-Arbeiten von diesen herunterzunehmen. Abgesehen davon, daß das zu einer Unwirtschaftlichkeit der ADV führt, da die Summe des Nutzens im Verhältnis zu der Summe der Preise sinkt, tritt aber auch noch ein sehr unerfreulicher Nebeneffekt für das Unternehmen ein.

Die Nichtbereinigung der laufenden ADV-Arbeiten von nicht mehr benötigten Auswertungen führt zu einer Anhäufung nicht mehr relevanter Informationen im Unternehmen.

Damit wird die Übersicht über das Unternehmensgeschehen schlechter, und die Gefahr von Fehlentscheidungen in den verschiedenen Bereichen wächst. Eine Wirtschaftlichkeit im hier beschriebenen Sinne wird sich für eine einzelne ADV-Aufgabe nur dann ergeben, wenn sie aus einem integriert geplanten Informationssystem stammt. Alles, was nicht mehr zu diesem Informationssystem gehört, wird daher zwangsläufig unwirtschaftlich und muß aus der Bearbeitung verschwinden. Die pretiale Steuerung ist demgemäß auch das adäquate Mittel im Rahmen der Schaffung und Unterhaltung von Informationssystemen, die heute und in Zukunft das sinnvolle Betätigungsfeld der ADV sein werden.

C. „Preis-Nutzen-Wirtschaftlichkeit" in der praktischen Anwendung

Diesem Abschnitt liegt das bei der Agfa-Gevaert AG in Vorbereitung befindliche bzw. zum Teil auch schon realisierte Verfahren zugrunde.

I. ADV-Auftrag

In der Praxis muß die Bestimmung der Wirtschaftlichkeit einer einzelnen ADV-Aufgabe damit beginnen, daß die ADV-Aufgabe selbst erst einmal genau beschrieben wird. Nur wenn die Aufgabe selbst fest umrissen ist, lassen sich Nutzenschätzungen wie auch Preisfestlegungen für sie vornehmen. Es erweist sich als sehr zweckmäßig, jede ADV-Aufgabe in einem schriftlichen Auftrag festzulegen. Im Unternehmen, dessen praktische Erfahrungen hier behandelt werden, wird nicht ein einziger Assembler-Befehl, nicht eine einzige Cobol-Anweisung, nicht eine einzige Steuerkarte für das Betriebssystem ohne Auftrag erstellt. Es könnte dem entgegengehalten werden, daß dies im Hinblick auf die vielen kleinen Arbeiten und Anforderungen in einem Rechenzentrum (im folgenden abgekürzt RZ) zu aufwendig ist. Aber gerade um der Flut dieser angeblich kleinen und belanglosen Dinge Herr zu werden, ist der schriftliche Auftrag das geeignete Mittel. Denn besonders bei diesem täglichen „Kleinkram" ist die Wirtschaftlichkeit der Einzelaufgabe meistens sehr fraglich. Die Masse all dieser kleinen Änderungs- und Ergänzungswünsche kann die Quelle der Unwirtschaftlichkeit der ADV überhaupt werden, wenn das Einschleusen solcher Aufgaben ins RZ unkontrolliert geschieht, wie z. B. meist auf dem Wege der verbalen Verständigung zweier Sachbearbeiter auf unterer Ebene.

a) Realisierbare Arbeitseinsparungen des Auftraggebers

Ehe an einem ADV-Auftrag irgend etwas zu seiner Ausführung geschieht, muß eine Nutzenschätzung erfolgen. Wie bereits oben angeführt, dürfen nur realisierbare Einsparungen des Auftraggebers bei der Nutzenschätzung angesetzt werden. Es geht dabei um die Feststellung der Aufwendungen, die der Auftraggeber gehabt hätte, wenn die Aufgabe ohne ADV ausgeführt worden wäre. Für den Aussagewert der Ersparnisangabe ist es entscheidend, die Aufwendungen so anzugeben, wie sie tatsächlich ohne ADV realisiert worden wären. Es muß dieser Überlegung eine ohne ADV durchführbare Gestaltung zugrunde liegen. Die geplante ADV-mäßige Gestaltung darf wegen der möglichen Scheinerträge (siehe oben) nicht einfach als mit herkömmlichen Verfahren simulierbar betrachtet werden. Ohne ADV müßte eben vieles anders gemacht werden, als es mit ADV gemacht werden kann. Der Unterschied der beiden Verfahren wird sich meist mittelbar zeigen, nämlich im unterschiedlichen Nutzen der zu vergleichenden Auswertungen.

b) Auswertungsabhängige Kostensenkungen bzw. Erlössteigerungen

Für die Beurteilung einer ADV-Aufgabe ist es — wie oben auch schon erwähnt wurde — in erster Linie wichtig festzustellen, was die erstellte Auswertung bringt. Diese Frage ist unbedingt gesondert zu beantworten. Denn wie bereits gezeigt wurde, ist eine ADV-Aufgabe nicht allein dadurch wirtschaftlich, daß die Einsparungen des Auftraggebers höher sind als der Preis, den das RZ für die Arbeit festgelegt hat. Die Durchführung der ADV-Aufgabe ist nur sinnvoll, wenn darüber hinaus auch ein in Geldwert ausdrückbarer Effekt durch die gewonnenen Auswertungen erzielbar ist. Ausnahmen hiervon gibt es nur dann, wenn es sich um die Erfüllung gesetzlicher oder tariflicher Vorschriften handelt.

c) Verantwortung des Auftraggebers für die Realisierung des Nutzens

Die ADV eines Unternehmens stellt ihren Auftraggebern die gewünschten Auswertungen zur Verfügung. Sie hat keinen Einfluß darauf, was der Empfänger mit den Auswertungen macht. Folglich trägt auch nur der Empfänger der Auswertung die Verantwortung für die Realisierung des geschätzten Nutzens und nicht etwa die ADV-Leute, die bei der Durchführung der Aufgabe durch Konzeptberatung und Programmierung geholfen haben und anschließend die Auswertungen liefern. Das Bekanntsein dieser Verantwortung bei den Auftraggebern fördert die Sorgfalt bei den Nutzenschätzungen. Schließlich wird eines Tages gefragt werden, wo z. B. die halbe Million geblieben ist, die laut Nutzenschätzung durch die ADV-Auswertungen gewonnen werden sollte.

d) Preisschätzung, Auftragsgenehmigung und Prioritätsvergabe

Für die einzelne ADV-Aufgabe erfolgt nach der Nutzenschätzung die Preisschätzung seitens des RZ. Ergibt sich durch die Relation dieser beiden Größen eine Wirtschaftlichkeit für die Aufgabe, so wird der Auftrag genehmigt. Der Grad der Wirtschaftlichkeit der einzelnen Aufgaben entscheidet über die Priorität bei der Durchführung. Sofern nicht ein Mangel an Personal- und Anlagenkapazität für bestimmte Aufgaben mit an sich hoher Priorität vorliegt, wird stets die Aufgabe mit der höchsten Wirtschaftlichkeit zuerst angepackt.

6*

II. Preisberechnung und Kostenstellenbelastung

Das nachstehend geschilderte Preisbildungsverfahren ist im besprochenen Unternehmen bereits realisiert. Es hat vor allem Vorzüge in den ziemlich konstanten und sicher feststellbaren Grundlagen der Berechnung und in der relativen Einfachheit seiner Anwendung. Selbstverständlich sind auch andere Preisbildungsalgorithmen vorstellbar, die den gewünschten Zweck in ähnlicher Weise wie das hier beschriebene Verfahren erfüllen.

Für die Beurteilung des gezeigten Verfahrens ist wichtig, daß im nachfolgenden streng unterschieden wird zwischen der reinen Preisbildung und der dann folgenden Kostenstellenbelastung. Die Preisbildung geht streng wie gefordert nach festen Algorithmen vor, während die Kostenstellenbelastung, wie später zu zeigen sein wird, ein beträchtliches Element an Verhandlungsstrategie und -taktik beinhaltet.

Die Preisbildung vollzieht sich in zwei Phasen:

(1) Berechnung eines Grundpreises einschließlich Zuteilung auf Bereiche und Kostenstellen und daran anschließend

(2) Festlegung des eigentlichen Verrechnungspreises je Kostenstelle.

a) Grundpreisermittlung

Für die Grundpreisermittlung wurde eine möglichst unanfechtbare, gut kontrollierbare, aber auch möglichst allgemein gehaltene Basis gesucht. Hierfür boten sich die Maschinenlaufzeiten der Computer an. Bei den großen Anlagen werden die Maschinenlaufzeiten durch das Betriebssystem je geladenes Programm auf die Sekunde genau registriert und ausgegeben. Es lag also nahe, sich diesen Vorteil zunutze zu machen.

Eine Preisberechnung kann für eine ADV-Aufgabe erstmalig erfolgen, wenn die Fertigstellung so weit fortgeschritten ist, daß bereits Testläufe stattgefunden haben. Ein wichtiger Anhaltspunkt für die Preisberechnung sind die Generaltests mit echten Daten.

Handelt es sich nicht um neue ADV-Aufgaben, bei denen vorerst nur die Zeiten des Generaltests für die vorläufige Preisermittlung herangezogen werden können, sondern um bereits laufende Arbeiten, so wird eine durchschnittliche Maschinenlaufzeit je Monat ermittelt. Bei der Durchschnittsbildung wird von dem Zeitraum eines Jahres ausgegangen. Es wird das arithmetische Mittel gebildet. Es kommt hier besonders auf die Ersatzwertfunktion des arithmetischen Mittels an, denn die Frage lautet: Wie lange wäre ein Programm gelaufen, wenn es jeden Monat gleich lang gelaufen wäre? Es geht nicht um typische Werte oder häufigste Werte, sondern um eine gleichmäßige Verteilung auf zwölf Monate.

Bei Programmen, die nicht monatlich laufen, sondern vielleicht nur einmal oder wenige Male im Jahr, wird trotz allem eine Zwölftelung der effektiven

Maschinenlaufzeiten vorgenommen, da ein monatlicher Grundpreis ermittelt werden soll und auch für solche Arbeiten eine monatliche Belastung des Auftraggebers stattfindet.

Die Erfahrung hat gezeigt, daß bei monatlich laufenden Arbeiten und bei Arbeiten, die in noch kürzeren Bearbeitungszyklen gefahren werden (z. B. täglich), die durchschnittliche Laufzeit je Monat nicht sehr weit von den effektiven Monatswerten entfernt liegt, wenn die Arbeiten einzeln auf der Maschine laufen. Schwankungen rühren hier in der Hauptsache nur von der Datenmenge her. Diese ist aber in bestimmten Grenzen konstant. Nur bei solchen Programmen, die im Multiprogammingbetrieb gefahren werden, können größere Schwankungen entstehen. Hier hängt die Laufzeit im einzelnen Monat entscheidend davon ab, mit welchen anderen Programmen ein Programm gleichzeitig gelaufen ist. In diesen Fällen weichen die effektiven Werte unter Umständen erheblich von dem Durchschnittswert ab. Aber gerade hier ist die glättende Wirkung des arithmetischen Mittels erwünscht, denn es berücksichtigt in seinem Mittelwert alle Einflüsse, die während des Beobachtungszeitraumes zum Tragen gekommen sind.

Wenn in einem RZ mehrere unterschiedliche Datenverarbeitungsanlagen zur Verfügung stehen, kann eine ADV-Aufgabe für alle oder wenigstens einige dieser unterschiedlichen Computer programmiert werden. Da die Maschinen eine unterschiedliche Leistungsfähigkeit haben, würde bei Zugrundelegung der reinen Maschinenstunden als Basis für die Preisermittlung und bei dem Bestreben, nur einen Verrechnungspreis zu verwenden, ein und dieselbe Arbeit ganz unterschiedliche Preise haben können, je nachdem, für welche Maschine sie programmiert worden wäre. Die vom RZ getroffene Computerauswahl wäre für den Preis bestimmend, denn der Auftraggeber hat meist keinen Einfluß darauf, für welche Maschine das Programm geschrieben wird. Um für den Auftraggeber Vor- oder Nachteile infolge der möglichen Wahl verschiedener Computer auszuschließen, wird bei dem vorliegenden Preisbildungskonzept davon ausgegangen, daß eine Arbeit nur einen Preis haben darf, ganz gleich, für welche Maschine sie programmiert wird. Um das zu erreichen, wurde in das Preisbildungssystem ein Preis/Leistungsfaktor für die einzelnen ADV-Anlagen eingeführt. Er soll bewirken, daß, unabhängig davon, für welche Maschine ein Programm auch geschrieben wird, im Ergebnis stets der gleiche Preis herauskommt.

Das Produkt von durchschnittlicher Maschinenlaufzeit und Preis/Leistungsfaktor muß bei gleicher Aufgabenstellung für jede Maschine gleich sein. Durchschnittliche Maschinenlaufzeit mal Preis/Leistungsfaktor ergibt eine bestimmte Anzahl von Verrechnungseinheiten.

Der gleiche Effekt wie mit einem Preis/Leistungsfaktor hätte freilich auch über unterschiedliche Stundensätze für die einzelnen Maschinen erreicht werden können. Es ergäbe sich aber wieder eine neue Schwierigkeit. Denn wie sollen sehr viele der im RZ anfallenden Kosten auf einzelne Maschinen zugeordnet werden? Das Bilden unterschiedlicher Stundensätze wäre mit der Anwendung willkürlicher Umlagen und Schlüsselungen verbunden. Außerdem wäre es auch schwieriger zu handhaben als die Preis/Leistungsfaktoren. Stundensätze sind zudem von Wertschwankungen, z. B. Gehalts- und Lohnerhöhungen, betroffen. Sie müßten relativ häufig geändert werden, während der Preis/Leistungsfaktor als eine rein technische Größe sich nicht ändert, solange die Maschinenausstattung konstant bleibt. Die Preis/Leistungsfaktoren müssen also nur geändert werden, wenn sich die Maschinenausrüstung ändert und damit u. U. auch die Bezugsbasen.

Im allgemeinen wird der Hauptrechner als Bezugsbasis für den Preis/Leistungsfaktor der übrigen Maschinen genommen. Für den Hauptrechner ist der Preis/Leistungsfaktor also gleich 1.

Selbstverständlich ist auch die Bestimmung von Preis/Leistungsfaktoren mit einer Reihe von Unsicherheiten behaftet. Das gilt vor allem am Anfang des Einsatzes dieses neuen Preisbildungsverfahrens, wenn über das Leistungsverhältnis der einzelnen Maschinen zueinander noch keine vollständigen Erfahrungen vorliegen, sondern nur die üblichen Herstellerinformationen. Werden aber über die Leistungen der einzelnen Maschinen eingehende Untersuchungen angestellt, so läßt sich der Preis/Leistungsfaktor recht gut ermitteln. Eine besondere Hilfe sind dabei Programme, die im Verhältnis 1 : 1 (d. h. ohne organisatorische Veränderungen) von einer Anlage auf die andere übernommen werden. Der Preis/Leistungsfaktor der neuen Anlage muß, multipliziert mit der durchschnittlichen Laufzeit der neuen Anlage, wieder den alten Preis ergeben. Selbstverständlich kommt bei diesem Ermittlungsverfahren nicht in jedem Einzelfall genau der gleiche Preis/Leistungsfaktor heraus. Es muß aus diesem Grunde ein Durchschnitt aus den auf diese Art ermittelten abweichenden Preis/Leistungsfaktoren genommen werden.

In den Preis/Leistungsfaktor gehen nicht nur Hardware-Daten ein, wie z. B. die mittleren Zugriffszeiten der Speichereinheiten oder die Kernspeicherzykluszeiten und dergleichen. Auch der Gütegrad der internen RZ-Organisation wirkt mitbestimmend.

Wenn im RZ eine geschickte Arbeitsvorbereitung einen hohen Effekt aus der Multiprogramming-Möglichkeit des Operating-Systems herausholt, so wirkt sich das auf den Preis/Leistungsfaktor der betroffenen Anlage aus.

Ein weiteres Argument für die Verwendung des Preis/Leistungsfaktors ist, daß er nicht nur für Preisbildungszwecke herangezogen wird, sondern auch der Kapazitätsbestimmung der einzelnen Maschinen dient. Um eine gute Arbeitsvorbereitung für das RZ durchführen zu können, muß die Kapazitätsbestimmung möglichst exakt durchgeführt werden; sie ist eine wichtige in jedem RZ für planerische Zwecke auf alle Fälle durchzuführende Arbeit. Da dem Preis/Leistungsfaktor also auf Grund seines Doppelzweckes eine hohe Beachtung geschenkt werden muß, kann erwartet werden, daß die mit großer Sorgfalt vorgenommene Ermittlung die wahren Verhältnisse ziemlich genau trifft und der Preis/Leistungsfaktor auf diese Weise für die Preisbildung sehr gut brauchbar ist.

Die aus durchschnittlicher Maschinenlaufzeit und Preis/Leistungsfaktor gebildeten Verrechnungseinheiten machen also im Rahmen des Preisbildungssystems alle Arbeiten vergleichbar. Der große Vorteil besteht darin, daß dieses Verfahren die Möglichkeit bietet, nur einen Verrechnungssatz je Verrechnungseinheit anzuwenden. Die Berechnung eines einheitlichen Verrechnungssatzes je Verrechnungseinheit ist sehr einfach und bereitet keine Schwierigkeiten. Zunächst muß die Anzahl der in einem Monat möglichen Verrechnungseinheiten berechnet werden. Das geschieht, indem der Preis/Leistungsfaktor einer jeden einzelnen Maschine mit der durchschnittlichen Anzahl Lauftage je Monat und mit 24 multipliziert wird[7]). Die Anzahl der Verrechnungseinheiten der einzelnen Maschinen werden dann addiert, und es ergibt sich die Summe aller Verrechnungseinheiten. Bei der Bildung des Verrechnungssatzes muß berücksichtigt werden, daß sich nicht alle möglichen Verrechnungseinheiten produktiv nutzen lassen. Ein Teil der Verrechnungseinheiten geht z. B. durch Programmtests, durch Wartungszeiten, durch Maschinenstörungen und dgl. verloren. Weitere unproduktive Zeiten können z. B. Arbeitswiederholungen auf Grund von Bedienungs- oder technischen Fehlern sein. Die über einen längeren Zeitraum vorliegenden Maschinenbelegungsmeldungen ermöglichen es, zu ermitteln, wieviel Prozent der Gesamtverrechnungseinheiten produktiv nutzbar sind. Ein solcher Wert dürfte etwa bei 60 % liegen. Folglich gehen also nur 60 % aller möglichen Verrechnungseinheiten in die Verrechnungssatz-Berechnung ein. Die zweite Größe, die in die Verrechnungssatz-Bildung eingeht, ist das monatliche Budget des RZ. Es wird mit $^1/_{12}$ des festgelegten Jahresbudgets angenommen.

Die monatliche Budgetsumme des RZ, geteilt durch die Anzahl der produktiven Verrechnungseinheiten, ergibt den Verrechnungssatz je Verrechnungseinheit. Kapazitätsreserven, die noch in der Anlagenausrüstung enthalten sind, werden bei dieser Preisbildung durch Verminderung der produktiven Verrechnungseinheiten berücksichtigt, so daß die Anzahl der Verrechnungseinheiten der im RZ laufenden ADV-Aufgaben, multipliziert mit dem Verrechnungssatz, das Monatsbudget des RZ ergeben muß oder, besser gesagt, ergeben sollte.

Da im Monatsbudget alle RZ-Kosten enthalten sind, deckt der Verrechnungssatz also alle Leistungen des RZ, z. B. auch die Programmierung, das Lochen und Prüfen, die konventionelle Aufbereitung, die Abstimmung usw. Die Überlegungen bei der Festlegung des Preisbildungsverfahrens haben ergeben, daß mit einer gesonderten Berechnung solcher Leistungen wie Lochen und Prüfen oder dgl. kein zusätzlicher Effekt zu erzielen ist.

---

[7]) Anzahl Stunden je Tag bei Drei-Schichten-Betrieb der ADV-Anlagen.

Der Verrechnungssatz ändert sich also nur, wenn die Anzahl der möglichen Verrechnungseinheiten sich ändert oder wenn sich das Monatsbudget des RZ ändert. Da dies nicht häufig geschieht, ist der Verrechnungssatz eine für lange Zeit konstant bleibende Größe.

Der Grundpreis für ein Programm errechnet sich gemäß den bisherigen Ausführungen also aus durchschnittlicher monatlicher Laufzeit mal Preis/Leistungsfaktor mal Verrechnungssatz.

b) Preiskarte je ADV-Aufgabe

Moderne Programmierkonventionen, die größere Aufgabenkomplexe in kleinere Bausteine zerlegen, haben zur Folge, daß eine ADV-Aufgabe durch mehrere Programme bewältigt wird. Den Auftraggebern aber die einzelnen Programme in Rechnung zu stellen wäre unzweckmäßig. Die Auftraggeber müßten sich dann mit irgendwelchen speziellen Fragen der ADV befassen, die sie gar nicht interessieren. Sie haben die Gesamtaufgabe zur Erledigung gegeben, und sie möchten deshalb auch in aller Regel einen Preis für die Gesamtaufgabe genannt bekommen. Folglich wird je ADV-Aufgabe, so wie sie vom Auftraggeber gestellt wurde, eine Preiskarte angelegt. Auf dieser Preiskarte werden alle zur Aufgabendurchführung notwendigen Programme mit ihren Preisbildungsdaten und dem Ergebnis hieraus, dem Grundpreis je Programm, eingetragen. Die Summe der Grundpreise der einzelnen Programme ist gleich dem Grundpreis der Aufgabe. Der je Aufgabe ermittelte Grundpreis wird für ein ganzes Jahr konstant gehalten, d. h. es erfolgt nur einmal jährlich eine Überprüfung des Grundpreises.

Mit der Festlegung des Grundpreises je ADV-Aufgabe ist der algorithmische Teil der Preisbildung abgeschlossen. Nunmehr folgt im Verhandlungswege die Verteilung dieses Grundpreises auf die betroffenen Bereiche und Kostenstellen.

Wie oben schon einmal erwähnt, führt die organisatorische Integration der ADV dazu, daß ein und dieselbe Auswertung mehreren Benutzern dienen kann. Die Benutzer können alle innerhalb des gleichen Unternehmensbereiches liegen; sie können aber auch aus verschiedenen Unternehmensbereichen und innerhalb der Unternehmensbereiche wieder aus verschiedenen Kostenstellen stammen.

Damit ergibt sich vor allem bei Budgetdenken im Sinne von Bereichs- und Stellenverantwortung die Notwendigkeit, die Preise einer ADV-Aufgabe auf mehrere Bereiche und Kostenstellen zu verteilen. Selbstverständlich wird versucht, schon bei der Aufgabenformulierung die einzelnen ADV-Aufgaben so abzugrenzen, daß möglichst wenig Bereiche und Kostenstellen an den Ergebnissen einer ADV-Aufgabe partizipieren. Da jedoch im Rahmen der anzuwendenden Preisbildung in erster Linie logische und nicht formalistische Gesichtspunkte zum Tragen kommen sollen, sind der Aufteilung von ADV-Aufgaben mit dem Ziel, eine möglichst direkte Preiszuordnung zu erreichen, Grenzen gesetzt. Die Zusammenfassung von einzelnen Programmen zu ADV-Aufgaben erfolgt also hauptsächlich nach dem sachlogischen Arbeitsfluß, z. B. Übernahme (von Lochkarte auf Band), Auswertung (Berechnungen, Selektionen), Umgruppierung (Sortieren, Mischen), Ausgabe (Drucken, Stanzen) und schließlich Ergebnisbereitstellung für andere Arbeiten. Auf der Basis dieses Grundprinzips kann versucht werden, durch entsprechende Einschnitte in den sachlogischen Ablauf der Programme dem Prinzip der möglichst direkten Preiszuordnung auf Bereiche Wirkung zu verschaffen. Während die direkte Bereichszuordnung noch relativ oft möglich sein wird, dürften direkte Kostenstellenzuordnungen seltener sein.

Der günstige Fall, daß eine ADV-Aufgabe nur einem Bereich zuzuordnen ist und von diesem Bereich der gesamte Preis allein getragen werden muß, ist bei stark integrierter ADV nicht sehr häufig. Sobald mehrere Bereiche betroffen sind, läßt sich der Anteil für die einzelnen Bereiche nur auf dem Verhandlungswege zwischen den Bereichsleitern festlegen.

Auch wenn dieses Verhandlungsverfahren mit viel Willkür verbunden sein mag, so darf doch nicht übersehen werden, daß das Interesse des einzelnen Verhandlungspartners an einer bestimmten Auswertung seine Grenzen an der von ihm angestellten Nutzenschätzung findet.

Bei der Preisaufteilung auf mehrere Bereiche ist zwar dem Verhandlungsgeschick der einzelnen Partner ein gewisser Spielraum gegeben; überspannt aber einer der Partner den Bogen, so kann es ihm passieren, daß der oder die anderen Partner auf die Auswertung verzichten, da sie nun für sie im Verhältnis zu ihrem eigenen Nutzen zu teuer wird. Der zu sehr auf seinen Vorteil bedachte Partner steht dann vor der Tatsache, daß er den Preis für die Auswertung allein tragen muß. Er erreicht also genau das Gegenteil von dem, was er wollte. Dahin darf er es also nicht kommen lassen. Folglich hat sich in der Praxis bisher noch immer der Weg zu einer Einigung gefunden.

Die Bereichsleiter erkennen den Anteil des Preises, den sie zu übernehmen bereit sind, durch Unterschrift auf der Preiskarte an (siehe Abbildung auf der nächsten Seite). Die Aufteilung des Preisanteiles innerhalb eines Bereiches auf mehrere Kostenstellen geht einfacher vor sich, denn das machen der Bereichsleiter und seine Kostenstellenleiter unter sich aus. Hierbei sind bisher noch niemals Schwierigkeiten aufgetreten. Der Kostenstellenanteil am Gesamtgrundpreis einer ADV-Aufgabe berechnet sich nach folgender Formel:

$$\frac{KPS \cdot BPS}{100} \cdot \frac{GP}{100} = GPK$$

<table>
<tr><td rowspan="2">Preiskarte</td><td colspan="3">Nettolohn
Abrechnung 2. Teil
Std.Statistik Kostenstellen
Arbeitsname</td><td colspan="2">Einmalige Arbeit</td><td>4008
Arbeits-Nr.</td><td>70
Jahr</td></tr>
<tr><td>243.-
Mon.Grundpreis</td><td>2.916.-
Jährl.Grundpreis</td><td>7.582.-
Jährl.Nutzen</td><td>Wiederkehrende Arbeit</td><td>X</td><td>Vorl.Arbeits-Nr.</td><td>1
Seite</td></tr>
</table>

Bereich	%	Bereich	%	Bereich	%	Bereich	%
Pers.Verwaltg.	75	Rechnungswesen	13	Arbeitsvorber.	12		
Unterschrift		*Unterschrift*		*Unterschrift*		*Unterschrift*	

Kostenstelle	%	Kostenstelle	%	Kostenstelle	%	Kostenstelle	%
6210 Pers.Wesen	65	6330 Betr.Buchh.	100	6420 AV	100		
6430 Arb.Stu-diengr.	35						

Vorderseite

Programm	Maschine	Ø Laufzeit	Preis-/Leistungs-Faktor	Verrechnungseinheit	Verrechnungssatz	Grundpreis
NLOAA1	4004/15	0,85	0,27	0,23	715	164.-
NLOAA2	" "	0,40	0,27	0,11	715	79.-

Rückseite

Preiskarte

Die Symbole bedeuten:

KPS = Kostenstellenanteil in vH laut Preiskarte

BPS = Bereichsanteil in vH laut Preiskarte

GP = Grundpreis der ADV-Aufgabe laut Preiskarte

GPK = Grundpreisanteil der Kostenstelle

Wenn jährlich einmal der Preisbildungsprozeß für alle ADV-Aufgaben abgeschlossen ist, dann erhält jeder Bereichsleiter eine Liste, auf der, nach Kostenstellen geordnet, verzeichnet ist, wieviel DM jede Kostenstelle von einer bestimmten ADV-Aufgabe zu übernehmen hat. In der Aufstellung wird pro Kostenstelle eine Summe gebildet, die im Budget der Kostenstelle unter der Bezeichnung „Kosten für empfangene ADV-Leistungen" eingesetzt wird. Ein zusätzliches Problem entsteht noch dadurch, daß während des ganzen Jahres neue ADV-Aufgaben anfallen und daß demzufolge auch während des Jahres Preise zu bilden und Preiskarten zu erstellen sind. Vor allen Dingen werden während eines Jahres auch Änderungen und Ergänzungen an ADV-Aufgaben vorgenommen, die bereits eine Preiskarte haben.

Bei neuen ADV-Aufgaben wird auch während des Jahres nach dem oben beschriebenen Verfahren vorgegangen und eine neue Preiskarte ausgestellt. Die Preissummen der von der neuen ADV-Aufgabe betroffenen Kostenstellen werden dann vom Monat der Inbetriebnahme der neuen Auswertungen an entsprechend erhöht.

Um bei Programmänderungen und -ergänzungen bestehende Preiskarten nicht jedes Mal ändern und um vor allen Dingen auch nicht die Verhandlungen über die Aufteilung des neuen Preises jedes Mal neu aufnehmen zu müssen, werden für alle Änderungen und Ergänzungen von bestehenden ADV-Aufgaben Zusatzpreiskarten erstellt. Sie beziehen sich auf die Preiskarte der ursprünglichen ADV-Aufgabe, die es betrifft; im übrigen stellen sie einen selbständigen, getrennt zu behandelnden Vorgang dar. Das hat den Vorteil, daß die Änderungen und Ergänzungen einen gesonderten Preis haben. Er kann auch negativ sein, wenn die Änderung im Verhältnis zu vorher zu einer geringeren Inanspruchnahme des RZ führt. Es ist ferner vorteilhaft, daß bei der Preisaufteilung für die Änderung bzw. Ergänzung der ADV-Aufgabe zunächst einmal anders verfahren werden kann, als es auf der ursprünglichen Preiskarte angegeben ist. Änderungen und Ergänzungen gehen sehr oft auf den Wunsch nur eines einzelnen oder nur einiger von allen Partnern zurück. Nur der eine Partner oder die Partner, welche die Änderung und Ergänzung veranlaßt haben, müssen auch die Preisänderung tragen. Teilhaber an einer ADV-Auswertung, die mit einer Änderung und Ergänzung nichts zu tun haben, behalten daher für den Rest des Jahres ihren alten Preisanteil in absoluter Höhe. Erst im nächsten Jahr werden die

Zusatzpreiskarten zu einer ADV-Aufgabe mit der Ursprungspreiskarte zusammengefaßt, und es werden dann auch die Preisanteile unter den Partnern wieder neu ausgehandelt.

Das obige Verfahren hat — wie zu erkennen sein wird — einen möglichst geringen Veränderungsdienst zur Folge, und ist daher sehr übersichtlich und leicht zu handhaben. In der Praxis hat sich gezeigt, daß dieses Verfahren der Preisermittlung als Steuerungsinstrument gut brauchbar ist.

c) Auslastungsfaktor des RZ zur Budgetkostendeckung

Es wurde bereits oben gesagt, daß die ganze Preisermittlung so angelegt ist, daß normalerweise eine Budgetkostendeckung für das RZ herauskommen müßte. Da die Grundpreise aber im Laufe eines Jahres nicht geändert werden, kann sich durch Hinzukommen von ADV-Aufgaben oder durch Wegfall von ADV-Aufgaben oder durch bessere Ausnutzung der ADV-Anlagen infolge verbesserter interner RZ-Organisation eine Budgetkostenüber- oder -unterdeckung ergeben. Das Ziel ist aber, die Budgetkosten des RZ zu decken; das RZ soll also weder „Gewinne" noch „Verluste" machen.

In der zweiten Phase der Preisbildung wird aus diesem Grunde noch ein Auslastungsfaktor in die Preisbildung eingefügt. Mit Hilfe dieses Auslastungsfaktors werden die Grundpreise so verändert, daß die Summe aller Grundpreise, multipliziert mit dem Auslastungsfaktor, die monatliche Budgetkostensumme des RZ ergibt. Während also die Grundpreise das ganze Jahr über konstant bleiben, können die für die einzelnen ADV-Aufgaben tatsächlich in Rechnung gestellten Preise infolge einer Veränderung des Auslastungsfaktors von Monat zu Monat variieren. Allerdings geht das Bestreben dahin, auch den Auslastungsfaktor möglichst wenig zu ändern. Er wird also nicht jeden Monat bei Über- oder Unterdeckung der Budgetkosten angepaßt, sondern nur dann, wenn in mehreren Monaten tendenzielle Unterdeckungen oder Überdeckungen auftreten. Die Änderungen des Auslastungsfaktors werden so vorsichtig vorgenommen, daß erst im Verlaufe mehrerer Monate wieder eine Angleichung der verrechneten Preise an die Budgetkosten erfolgt.

Die Anwendung des Auslastungsfaktors hat zur Folge, daß die Preise für die Auftraggeber sinken, wenn das RZ besser ausgelastet wird, und umgekehrt steigen, wenn das RZ schlechter ausgelastet wird. Da die Auslastung des RZ im wesentlichen von den Auftraggebern abhängt, scheint dieser Effekt durchaus sinnvoll zu sein.

Budgetabweichungen des RZ hingegen gehen nicht zu Lasten der Auftraggeber. Überschreitet das RZ beispielsweise sein Budget, so geht das zu Lasten des Unternehmensergebnisses, aber nicht zu Lasten der einzelnen Bereichs- oder Kostenstellenbudgets. Wenn umgekehrt das RZ sein Budget unterschreitet, so bessert das zwar das Unternehmensergebnis auf, aber es tritt keine Entlastung der Budgets der einzelnen Auftraggeber ein. Auch das scheint sinnvoll zu sein, da die Budgetabweichungen durch die Leitung des RZ zu verantworten sind.

III. ADV-Kosten in der Budgetierung

a) Wahl und Überprüfung der ADV-Aufgaben

Bei jeder neuen ADV-Aufgabe, bei jeder Änderung und Ergänzung einer ADV-Aufgabe und einmal jährlich bei allen unverändert laufenden ADV-Aufgaben müssen die Bereichs- und Kostenstellenleiter anläßlich der Erstellung oder Korrektur ihres Budgets die Inanspruchnahme des RZ überprüfen. Sie müssen feststellen, welche von den ADV-Auswertungen, die sie erhalten, noch nützlich sind und welche nicht. Es liegt also ausschließlich in der Hand der Auftraggeber zu entscheiden, welche ADV-Aufgaben weiterhin durchgeführt werden sollen.

b) Teilung der Verantwortung für den ADV-Aufwand

Die bisherigen Ausführungen zeigen: Durch die Berechnung der Wirtschaftlichkeit für die einzelnen ADV-Aufgaben ist der Auftraggeber in der Lage zu beurteilen, ob die Durchführung der ADV-Aufgabe für ihn sinnvoll ist oder nicht, und darüber zu entscheiden, ob eine bestimmte Aufgabe weiterhin durchgeführt werden soll oder nicht. Er trägt damit auch die Verantwortung für den mit der Durchführung verbundenen Aufwand. Die Verantwortung des ausführenden RZ beschränkt sich demnach auf die möglichst günstige Ausführung der von den Auftraggebern gestellten Aufgaben. Das RZ hat für kurze Programmierzeiten, schnell laufende Programme und eine möglichst geringe Kapazitätsinanspruchnahme der Anlagen hinsichtlich Kernspeicher und Peripherie zu sorgen. Wenn das RZ außerdem noch erreicht, daß die Programme wartungs- und änderungsfreundlich sind und durch Verwendung von Standardprogrammen sowie durch weitgehende Normierung möglichst zukunftssicher werden, dann hat es seinen Teil der Verantwortung erfüllt.

Zusammenfassend kann also festgestellt werden: Die Verantwortung für den ADV-Aufwand in einem Unternehmen kann nicht einer einzelnen Stelle, vor allem nicht der Leitung eines RZ zugeschoben werden. Vielmehr trägt das gesamte Top- und Mittelmanagement die Verantwortung für den ADV-Aufwand eines Unternehmens. Die Verantwortung ist so geteilt, daß die Auftraggeber für die richtige Auswahl und das RZ als Dienstleistungsbetrieb für die möglichst günstige Durchführung der ADV-Aufgaben zuständig sind.

c) Erfolgskontrolle für die ADV durch das Management

Wenn die Verantwortung für den Aufwand der ADV so weit gestreut ist, d. h., wie oben dargestellt, über das ganze Unternehmen hinweg, über alle

Auftraggeber und Ausführenden, dann wäre es für das Management ohne geeignete Kontrollmeßzahlen nahezu unmöglich, eine hinreichend wirkungsvolle Kontrolle über die ADV auszuüben, wie es heute leider vielfach auch der Fall ist. Wenn aber für alle ADV-Aufgaben Wirtschaftlichkeitsmeßzahlen errechnet sind und wenn sich diese für sämtliche ADV-Aufgaben leicht zusammenstellen lassen, dann wird das schwierige Problem der Kontrolle des ADV-Aufwandes mit einem Male leicht lösbar. Steigt die Summe aller einzelnen Nutzenschätzungen stärker als das Budget der ADV-Abteilung, so ist die ADV offensichtlich wirtschaftlicher geworden. Umgekehrt, wächst der Aufwand für die ADV stärker als der durch sie hervorgerufene Nutzen, so ist die ADV unwirtschaftlicher geworden.

Auf der Aufwandseite ist diese Zahlenrelation einfach prüfbar, da im Rahmen der Betriebsabrechnung der Gesamt-ADV-Aufwand sehr genau ermittelt werden kann (siehe oben). Bei den Nutzenschätzungen ist es etwas schwieriger. Es wurde bereits an anderer Stelle betont, daß von möglichst unparteiischen Stellen die Realisierung der Nutzenschätzungen überprüft werden muß. Für die Überprüfung der Nutzenschätzungen sollte sich das Management einen Kontrollplan erarbeiten. Schon bei Inangriffnahme einzelner ADV-Aufgaben sollten die in der Nutzenschätzung festgehaltenen Größen registriert werden, und es sollte im voraus festgelegt werden, an der Entwicklung welcher Betriebsabrechnungszahlen der Eintritt des vorgestellten Effektes kontrolliert werden kann. Geschieht das, dann müssen als nächstes diese Größen bestimmter Erlöse oder Aufwendungen vor dem Zeitpunkt des Anlaufens der neuen ADV-Programme festgehalten werden. Sie sind nach einer gewissen Zeit mit den dann vorliegenden neuen Zahlen zu vergleichen, die hoffentlich den Eintritt des gewünschten Effekts beweisen.

Während heute die Kontrolle der ADV durch das Management sich schwerpunktmäßig auf den Aufwand bezieht, müßte in Zukunft ein Umdenken erfolgen. Die Kontrolle müßte sich viel stärker als bisher und vor allen Dingen systematisch und geplant auf die Kontrolle der Nutzen-Realisierung richten. Die Überwachung der Nutzenschätzungen ist für die Steuerung der Wirtschaftlichkeit der ADV weitaus wichtiger als die Kostenüberwachung.

D. Die Bedeutung der ADV-Wirtschaftlichkeit in der Zukunft

Die Verbesserung der Datenverarbeitungsanlagen und der Anwendungssprachen führt dazu, daß Datenverarbeitungsanlagen in immer stärkerem Maße für immer mehr Aufgaben eingesetzt werden können. Die ADV-Anlagen werden dazu beitragen, daß sehr viele Abläufe und Einzelvorgänge in den Unternehmen automatisiert werden können. Es muß damit gerechnet werden, daß durch die Zunahme der ADV-Einrichtungen innerhalb eines Betriebes der Anteil der ADV-Kosten an den gesamten Kosten im Verhältnis zu heute steigen wird.

Während heute die ADV eine meist noch recht gut zu den anderen Unternehmensbereichen hin abgegrenzte Dienstleistungsfunktion ist, muß in Zukunft damit gerechnet werden, daß sich die ADV-Einrichtungen und ihre organisatorischen Folgewirkungen im gesamten Unternehmensablauf mehr und mehr verflechten. Der gesamte Betriebsablauf wird in Zukunft von ADV-Einrichtungen und ADV-abhängigen Organisationsformen durchzogen sein.

Während die ADV-Anlagen in der Vergangenheit hauptsächlich dazu dienten, Masse-Routinearbeiten zu rationalisieren, dringen sie seit neuestem immer stärker in den Bereich der Entscheidungsfindung ein. Die ADV rüstet sich dazu, Informationssysteme selbst für die Entscheidungen der Unternehmensleitungen verfügbar zu machen. Die ADV wird im Laufe der kommenden Jahre immer mehr Einfluß auf die unternehmerischen Entscheidungen und damit auf die Unternehmensführung überhaupt nehmen.

Wenn aber, wie an diesen drei Punkten gezeigt, die Bedeutung der ADV immer stärker wächst, so wird es unbedingt notwendig, sie hinsichtlich ihrer Wirtschaftlichkeit zu überwachen, d. h. wirklich in den Griff zu bekommen. Das Thema der Wirtschaftlichkeit der ADV, das heute unter den verschiedensten Gesichtspunkten zwar häufig diskutiert und besprochen wird, dessen praktische Lösung aber in vielen Betrieben noch aussteht, muß zukünftig in der Praxis eines jeden Unternehmens gelöst werden, weil der Erfolg des Unternehmens davon abhängen wird.

Dieses Referat wollte zeigen, daß es Methoden zur Beurteilung der ADV-Wirtschaftlichkeit gibt, die sich mit Erfolg anwenden lassen. Es besteht deshalb nicht die Gefahr, wie heute manche Skeptiker meinen, daß die Fahrt in die Zukunft mit der ADV eine Fahrt ins Ungewisse wird. Es kann als Gewißheit gelten, daß das Hineinwachsen der Unternehmen in das Zeitalter der elektronischen Steuerung genauso gut beherrscht werden wird wie die Unternehmensentwicklung in der Vergangenheit.

Wirtschaftliche Vor- und Nachteile von Teilnehmersystemen

Vortrag (Fachtagung)

Von

Dr. O. H. Poensgen

o. Professor der Betriebswirtschaftslehre an der Universität des Saarlandes,
Saarbrücken

Inhalt

A. Ausdehnung und Entwicklung von Teilnehmersystemen

Von den Fachzeitschriften zur elektronischen Datenverarbeitung erscheint heute fast keine Ausgabe, ohne daß auch Teilnehmersysteme erwähnt werden, sei es, daß sich ein ganzer Aufsatz mit einem Teilproblem hieraus befaßt, sei es, daß unter den Abschnitten „Neuigkeiten" oder „Neue Produkte" Nachrichten über die steigende Verbreitung in Service-Büros und Privatfirmen wiedergegeben werden, sei es, daß neue Systeme oder neue Peripheriegeräte vorgestellt werden. Auch in führenden Zeitschriften der Betriebswirtschaft und Unternehmensführung befaßt man sich mit dem Problem, sei es unter dem Stichwort „Teilnehmersysteme", „Time-Sharing", „Message Switching" oder „Remote Batch Processing". Selbst die Herald Tribune berichtet von den Ergebnissen einer Umfrage, die von der Auerbach Corporation durchgeführt wurde. Ergebnis dieser Untersuchung war die Erkenntnis, daß der Markt für Time-Sharing-Services, der im Jahre 1968 70 Mill. Dollar betrug, sich 1969 verdoppeln wird und 1970 von 140 auf 240 Mill. Dollar ansteigen wird. Die Auerbach-Gruppe, deren Bericht von der Herald Tribune zusammengefaßt wurde, sagt einen Milliarden-Dollar-Markt innerhalb der nächsten 5 Jahre voraus[1]).

Data Processing Magazine[2]) berichtet, daß zwar gegenwärtig nur einige Tausend Konsolen bestehen, die an gemeinsam benutzte Computer angeschlossen sind, daß jedoch erwartet wird, daß sich ihre Zahl bis 1982 auf etwa 300 000 erhöht. Nach Burroughs Clearing House[3]) wurden vor etwa einem Jahr von 37 000 Computern in den USA nur 1 % auf Time-Sharing-Basis benutzt. Es wird jedoch geschätzt, daß es im Jahre 1980 300 000 Computer geben wird und 70—90 % von ihnen Time-Sharing-Fähigkeiten haben werden mit 25 Mill. an die Zentraleinheit angeschlossenen Konsolen.

Ende 1968 boten 41 Dienstleistungsunternehmen Time-Sharing auf 121 Zentraleinheiten an. Die Zahlen für Ende 1966 und Ende 1967 sind 19 und 54 Zentraleinheiten. „1968 will stand as one of the most significant years in the developing history of time-sharing. In the present year emphasis is shifting from the academic to the practical world. Timesharing is going to work."[4])

---

[1]) New York, Herald Tribune, 19. Februar 1969.

[2]) Vgl. Data Processing Magazine, Vol. 10, 1968, No. 8, S. 8.

[3]) Vgl. Burroughs Clearing House, March 1968, S. 44, 45, zitiert nach: Data Processing Digest, Vol. 14, 1968, No. 5, S. 30.

[4]) Bueschel, T.: Timesharing Today. In: Data Processing Digest, Vol. 14, No. 5, S. 18—21, hier S. 18, 19. Weitere Angaben zur Verbreitung des Time-Sharing finden sich in Mertens, P.: Zur neueren Entwicklung des Time-Sharing. In: Bürotechnik und Automation, 9. Jg. 1968, S. 556—566, hier S. 558.

B. Die Zweifel an der Notwendigkeit von Teilnehmersystemen für die Industrie

Andererseits betrachtet John Dearden von der Harvard Business School, der als Autor eines Buches über Management Information Systems zusammen mit McFarlan hervorgetreten ist, das Realtime-Management-Information-System mit Konsolen als Modeerscheinung als weder praktikabel noch nützlich bei der Lösung kritischer Probleme, selbst wenn sie eingeführt werden könnten[5].

Dearden sieht keinen Nutzen in einem Echtzeit-Teilnehmersystem für die Überwachung von Zeitplänen und Budgets oder für strategische Personalplanung, die Personalplanung oder die Koordination und ist der Ansicht, daß auch die laufende Überwachung besser durch einen Untergebenen vorgenommen wird. Russell Ackoff hat die Grundlagen in Frage gezogen, von denen diejenigen ausgehen, die Management-Information-Systeme entwerfen. Er bezweifelt,

(1) daß der Mangel, der für leitende Angestellte kritisch ist, das Fehlen relevanter Information ist,

(2) daß der leitende Angestellte tatsächlich die Information braucht, die er haben will,

(3) daß der Entscheidungsprozeß sich verbessern wird, wenn der leitende Angestellte die Information hat, die er anscheinend benötigt,

(4) daß eine bessere Kommunikation zwischen den Managern die Leistung der Organisation verbessert,

(5) daß ein Manager nicht zu verstehen braucht, wie das Informations-System arbeitet, sondern nur, wie es zu benutzen ist[6].

„Wenn, wie ich vermute, die herausfordernden Bemerkungen von Prof. Ackoff wohlplaciert sind, ist es dann ein Wunder, daß Manager schaudern, wenn die Lieferanten von Informationssystemen versuchen, sie mit mehr von etwas zu versorgen, von dem sie nicht wissen, was sie damit anfangen sollen?"[7] fragt ein Mitglied einer führenden Beratungsfirma und Experte der elektronischen Datenverarbeitung. Campbell[8] meint, es habe noch nie-

---

[5] Vgl. Dearden, J.: Myth of Real-Time Management Information. In: Harvard Business Review, Vol. 44, 1966, No. 3, S. 123—132, siehe hier S. 123. Als Beispiel für eine Entgegnung sei Head, V.: Real-Time Management Information? Let's Not Be Silly. In: Datamation, Vol. 12, 1966, No. 8, S. 124—125 angeführt.

[6] Vgl. Ackoff, R. L.: Management Misinformation Systems. In: Management Science, Vol. 14, 1967, No. 4, S. 147—156.

[7] Glaser, G.: Computer in the World of Real People. In: Datamation, Vol. 14, 1963, No. 12, S. 47—56, hier: S. 50.

[8] Vgl. Campbell, S.: Beyond Symbolism. Imagery and the Imagination. In: Computer Graphics, 1966, zitiert nach Glaser, G., a. a. O., S. 50.

mand die Folgen einer sofortigen und genauen Versorgung mit Informationen für den Entscheidenden untersucht.

Ein Dilemma, in dem sich derjenige, der über die wirtschaftlichen Vor- und Nachteile von Teilnehmersystemen spricht, befindet, ist von Glaser[9] treffend mit der alten Maxime charakterisiert worden: „Es ist besser für eine Frau, schön zu sein als klug zu sein, weil die Männer soviel besser sehen als denken können." Die vorhandene oder nicht vorhandene, jedenfalls deutlich sichtbare Schönheit einer Frau kann mit den niedrigen oder hohen Kosten eines Teilnehmersystems verglichen werden. Mit den Vorteilen geht es dagegen wie mit der Klugheit: Wir sind noch nicht weit genug, um sie quantitativ gut erfassen zu können.

Hinzu kommt noch, daß die Komponenten eines Systems vielfach vorhanden sind und ein Marktpreis dafür existiert. Die Vorteile dagegen sind firmenindividuell. Eine Behauptung, für eine Firma mit 1000 Beschäftigten in der XYZ-Branche seien die realisierbaren wirtschaftlichen Vorteile bei Einführung eines Teilnehmersystems 3,5 Mill. DM pro Jahr, brächte ihren Autor in den Ruf eines Scharlatans. Dennoch läßt sich mehr sagen als der Gemeinplatz, man müsse jeden Fall auf seine Meriten prüfen und mehr geben als die Beruhigungspille, daß Teilnehmersysteme zwar eine große Zukunft haben, aber die Kosten gegenwärtig für die meisten Unternehmen zu hoch sind, um ein solches zu rechtfertigen. Dies ist übrigens eine recht anzweifelbare Behauptung.

C. Betriebsformen von Teilnehmersystemen

Grenzen wir zunächst die verschiedenen Niveaus und Funktionen der Teilnehmersysteme voneinader ab, um dann auf die Anwendungsmöglichkeiten, ihre Vor- und Nachteile zu sprechen zu kommen. Als Oberbegriff könnte man vielleicht „gemeinsame Computerbenutzung" wählen und dabei den Fall, daß mehrere Benutzer von dem Computer über dieselben Ein- und Ausgabevorrichtungen Gebrauch machen, etwa indem sie ihre Eingabedaten physisch, d. h. mit dem Datenträger, zum Verarbeitungszentrum transportieren und Ausgabedaten ebenso wieder abholen, von einem zweiten, technisch fortgeschritteneren Fall unterscheiden, bei dem der Datenträger nicht mehr über größere Strecken transportiert werden muß, d. h. wo verschiedene Benutzer über verschiedene Ein- und Ausgabevorrichtungen mit dem Computer in Verbindung treten. Dabei ist diese Verbindung ebenso lang wie die Entfernung vom Computer zum jeweiligen Arbeitsplatz. In der Praxis hat sich der Terminus „gemeinsame Computerbenutzung" ausschließlich für den ersten Fall eingebürgert; bei sog. „Teilnehmersystemen" ist sowieso klar, daß ein oder mehrere Computer *gemeinsam* benutzt werden. Wozu kann nun ein solches Teilnehmersystem technisch gesehen benutzt werden?

---

[9] Glaser, G.: Computer in the World of Real People, a. a. O., S. 50.

I. Datensammlung

Die Daten werden an einem Punkt gesammelt und zu einem zweiten, zentralen Punkt übermittelt. Der Datenfluß verläuft in einer Richtung, nämlich von multiplen, entfernten Eingabestationen zum Zentralprozessor.

Ein Beispiel hierfür wären die Datenverarbeitungssysteme, die bemannte Satelliten überwachen. Von verschiedenen Punkten innerhalb und außerhalb des Satelliten werden Informationen über Temperatur, Feuchtigkeit, Schnelligkeit der Atmung, des Herzschlags usw. an den Computer durchgegeben. Ein Datenfluß in Richtung Temperaturmeßvorrichtung, Herzschlagzähler usw. findet nicht statt. (Die Übermittlung von Nachrichten an den Astronauten erfolgt von einem zweiten Computer aus oder per Sprechfunk.)

Unter Datensammlung könnte man auch das Remote Batch Processing (Stapelfernverarbeitung) einbeziehen. Bei einem Time-Sharing-System, das auch die Fähigkeiten der weiter unten genannten Stufen hat, bezeichnet man diesen Verarbeitungsmodus als „foreground to background mode".

Wird der physische Datenträger ans Datenzentrum angegliedert, werden aber die Rechenergebnisse auf entfernt stehenden Konsolen ausgedruckt, so spricht man von „background to foreground operating mode" (siehe Abschnitt II).

II. Datenverteilung

Daten, die zentral ermittelt und verarbeitet werden, werden an verschiedene entfernt liegende Orte ausgegeben. Auch hier verläuft der Datenfluß in einer Richtung. Anwendungen, bei denen nur der Computer Zeitpunkt und Inhalt der Informationen bestimmt, dürften rar sein. Warneinrichtungen bei Prozeßsteuerung und im militärischen Bereich sind denkbar.

Die Übermittlung von Börsenkursen auf Eintippen des Symbols für ein Wertpapier von einer vom Computer entfernt gelegenen Stelle aus ist ein Beispiel der oben definierten Datenverteilung. Zur Zentrale hin fließen lediglich Angaben, welche Informationen benötigt werden (explizit) und wann (implizit).

III. Auskunftssystem (inquiry response)

Nachrichten *und* Fragen werden von einem außerhalb des Datenverarbeitungssystems gelegenen Punkt zur Zentrale übermittelt bzw. beantwortet. Der Datenfluß erfolgt also in beiden Richtungen. Insofern ist „Auskunftssystem" eine unvollständige Kennzeichnung.

Ein Beispiel hierfür sind die Platzreservierungssysteme von Luftlinien und Hotels, die bei der Entwicklung des Time-Sharing Pate gestanden haben.

IV. Nachrichtenübermittlung

Nachrichtenübermittlung (message switching) liegt vor, wenn zu den bisher angegebenen Möglichkeiten noch hinzutritt, daß die verschiedenen Konsolen, die mit der Zentrale verbunden sind, auch einander über das Datenzentrum Nachrichten übermitteln. In der Zentrale mögen Code-Umwandlungen geschehen, oder es kann ebenfalls eine inhaltliche Verarbeitung eintreten, etwa indem festgestellt wird, wer berechtigt ist, eine bestimmte Nachricht zu empfangen, und danach die Nachrichten entsprechend weitergeleitet werden.

V. Benutzerorientiertes Time-Sharing
(Dialog-Time-Sharing oder Time-Sharing im engeren Sinne)

Dieses kann so ablaufen, daß der Benutzer Daten und Programmschritte eingibt und dann sozusagen die Maschine fragt, ob die Programmschritte gemäß den Regeln der Benutzersprache geschrieben worden sind, oder daß der Benutzer fragt, welchen Effekt eine bestimmte Größe oder die Veränderung der Größe eines Parameters hat, etwa bei der Simulation (what if game). Oder umgekehrt kann der Computer an den Benutzer Fragen richten, und zwar so lange, bis die Daten für das gespeicherte Programm vollständig sind, z. B. wenn eine Angebotskalkulation erstellt werden soll. De facto gehen diese beiden Möglichkeiten, einmal, daß der Computer der Fragende ist und der Mensch antwortet, zum zweiten, daß der Mensch der Fragende ist und der Computer antwortet, ineinander über.

Die sofortige Ausführung der Rechnung und Ausgabe der Antwort unterscheidet dieses Verfahren von der Stapelfernverarbeitung[10]).

VI. Zusammenarbeit verschiedener Benutzer

Die Benutzer arbeiten von ihren Standorten aus gemeinsam an der Lösung eines Problems. So mögen Verkaufs-, Produktions- und Einkaufsleiter zu-

---

[10]) Vgl. Haeckel, S. H.: Teilnehmerbetrieb und Teilnehmersysteme. In: IBM-Nachrichten, 18. Jg. 1968, S. 152—154. Haeckel unterscheidet die folgenden Klassen I bis IV: Job-Job-Fernverarbeitung (stapelweise Ein/Ausgabe und Ausführung), Dialog-Job-Verarbeitung (schrittweise Ein/Ausgabe, stapelweise Ausführung), programmkontrollierte Dialog-Verarbeitung (schrittweise Ein/Ausgabe, stapelweise Ausführung mit Ein- und Ausgabe über Station) und schließlich benutzerkontrollierte Dialog-Verarbeitung (schrittweise Ein/Ausgabe und Verarbeitung). „Fortschreitend von Klasse I zu Klasse IV beobachtet man:

zunehmend raschere Antworten auf Benutzeranforderungen;

zunehmend höheren Grad der Dialogfähigkeit;

potentielle Anwendungsgebiete, die zunehmend von der herkömmlichen Technik der Stapelverarbeitung wegführen;

Programmierung, d. h. eine Orientierung zum ‚Endverbrauch‘ hin statt zum Rechnerfachmann.

Hinsichtlich der verwendeten Sprachen zeigt sich, daß die Klassen I und II mit anweisungsorientierten Programmiersprachen arbeiten; Klasse III arbeitet mit Programmiersprachen (die der Verfasser von Anwendungsprogrammen benutzt) und mit Anwendungssprachen (die der Anwender benutzt); Klasse IV arbeitet mit Sprachen zur Problemlösung, wobei Programmiersprachen einen Sonderfall darstellen." (S. 154)

sammen ein Angebot ausarbeiten, oder Produktions- und Absatzbereich mögen zusammen eine Produktionslagerhaltungs- und Verkaufsplanung erstellen, wobei die Benutzer an ihren Standorten bleiben oder sich zusammen vor einen Fernsehschirm, der als Ausgabevorrichtung dient, setzen. In diesem Fall muß das System alle technischen Möglichkeiten bieten, die schon für die weiter oben erwähnten Stadien notwendig waren.

D. Kosten von und Bedenken gegen Time-Sharing-Systeme

Dieser Beitrag soll sich hauptsächlich mit der Brauchbarkeit von Teilnehmersystemen für betriebswirtschaftliche Anwendungen auseinandersetzen. Einerseits sind die Kosten der Geräte, die bei Teilnehmersystemen zusätzlich zu den Kosten für eine Stapelverarbeitungsanlage notwendig werden, von den Herstellern zu erfahren, andererseits gibt es schon zu viele Systeme, als daß diese hier ohne beträchtliche Erweiterung des Aufsatzes gebracht werden könnten. Es wird jedoch öfters geschätzt, daß die Erledigung einer Aufgabe im Time-Sharing-Betrieb anderthalbmal bis doppelt soviel kostet wie bei der Erledigung im Stapelbetrieb, immer vorausgesetzt, daß die Aufgabe auf beiderlei Weise bearbeitet werden kann. Um diese Schätzung plausibel zu machen, sei kurz auf die Unterschiede zwischen einem stapelverarbeitenden und einem Teilnehmersystem hingewiesen.

I. Kanäle

An den Computer sollten mehrere Datenkanäle anschließbar sein. Da die tatsächliche und mögliche Eingabegeschwindigkeit über die meisten Kanäle, bei moderneren Großrechenzentraleinheiten sogar bei allen Kanälen, wesentlich geringer als die mögliche Verarbeitungsgeschwindigkeit ist, wird man im allgemeinen die Ein- und Ausgabeeinrichtungen nicht direkt mit dem Computer verbinden, sondern über Selektoren und noch häufiger über Multiplexoren leiten. Diese werden, wenn sie komplizierter Art sind, auch „Kanalkontrollcomputer" genannt. Bei umfangreichen Systemen mag ein kleineres Mitglied der Familie der Zentralprozessoren eingesetzt werden. Teilnehmersysteme haben mehr Ein- und Ausgabeeinheiten als normale Systeme, es muß daher ein höherer Aufwand für Kanäle und Kanalkontrollcomputer getrieben werden. Die Kosten mögen in den Größenordnungen von 5000 $ bis 100 000 $ liegen, bei verwendbaren (eigentlichen) Zentraleinheiten noch eine Zehnerpotenz höher.

II. Nachrichtenübermittlungswege

Hierzu gehören öffentliche Fernsprechwege, überlassene Fernsprechwege, private Fernsprechwege, Radio. Die Kosten hängen von der Entfernung und der Informationsdichte — gemessen in bits pro Sekunde —, der Tageszeit und dem Wochentag der Benutzung ab.

III. Konsolen (terminals)

Die beträchtlich vermehrte Zahl der Eingabe- und Ausgabevorrichtungen ist natürlich das typische Kennzeichen von Teilnehmersystemen. Die Kosten pro Konsole liegen zwischen 75 $ im Monat und einmaligen Ausgaben von 75 000 $ je nach der vorhandenen oder nichtvorhandenen graphischen Fähigkeit.

Manche, aber keineswegs alle Geräte haben die Möglichkeit, eine hard copy herzustellen. Dies kann auf verschiedene Weise und in verschiedenem Umfang verwirklicht werden. Zunächst einmal kann verlangt werden, daß jeder Zwischenschritt während der Rechnung, soweit der Benutzer daran beteiligt war, festgehalten wird. Dies geschieht automatisch bei Benutzung eines fernschreiberähnlichen Gerätes; ist jedoch ein Bildschirmgerät angeschlossen, so bedarf man entweder noch eines Fernschreibers oder eines Druckers oder man muß häufig mit der Kamera Aufnahmen machen. Zum zweiten ist es möglich, nur das Endergebnis zu erhalten. In diesem Fall kann man sich häufig damit begnügen, ein foreground to background command zu geben, d. h. eine Instruktion, die veranlaßt, daß das Ergebnis in der Zentrale oder irgendeinem anderen Anschlußgerät als dem gerade benutzten ausgedruckt wird und dem Benutzer später physisch zugeleitet wird.

IV. Echtzeituhr

Eine vom Computer abfragbare Uhr wird primär zur Zuteilung der knappen Resource-„Zeit" unter die Teilnehmer benötigt. Die Anschaffungskosten mögen in der Größenordnung von 4000 $ liegen.

V. Zusätzlicher Kernspeicher

Bei einer mittelgroßen Anlage dürften allein 15 K Worte, d. h. ungefähr 64 000 $, nötig sein, um die Supervisor-Programme unterzubringen.

VI. Zusätzlicher Platz auf Trommel- und anderen Speichern

Auf diesem werden Programme im Wartestatus bzw. Programme und Daten, die z. Z. nicht benutzt werden, aber kurzfristig abrufbar sein müssen, gespeichert.

VII. Größerer Zentralrechner

Zur Durchführung eines gegebenen Arbeitsvolumens pro Zeiteinheit ist beim Time-Sharing ein größerer Zentralprozessor nötig als bei Stapelverarbeitung, um Warteschlangen zu vermeiden und um den Aufwand auszugleichen, der durch Benutzung der im Time-Sharing notwendigen Dienstleistungsprogramme entsteht (Belegungsplanung, Abrechnung, häufiges Zu- und Abspeichern des gleichen Programms zum und vom Computer).

VIII. Ersatzgeräte und Ersatzcomputer (stand-by circuits, stand-by equipment)

Für manche Anlagen werden diese gefordert, um die Verläßlichkeit zu erhöhen. Dies mag wünschenswert sein, weil von einer Unterbrechung mehr
Benutzer als normalerweise betroffen werden oder weil eine Unterbrechung
oder ein Datenverlust wegen der Wichtigkeit der Daten oder des kontinuier-
lichen Betriebs nicht akzeptabel ist.

Dies kann auch bei konventionellen Systemen gegeben sein, dürfte dort aber
von den Charakteristiken der Aufgaben her, die im Stapelbetrieb verarbeitet
werden können, weniger häufig der Fall sein als bei Time-Sharing-Systemen,
bei denen es oft — wie bei militärischen Systemen oder Platzbelegungs-
systemen — auf ununterbrochene Echtzeitverarbeitung ankommt.

IX. Verschiedene zusätzliche Hardwarevorrichtungen

Zusätzliche Hardwarevorrichtungen, wie protection registers zum Schutze
von Daten und Programmen Dritter und zum Schutze des Supervisors,
relocation registers zur Ermöglichung von Multiprogrammingunterbrechun-
gen über Eingabe- und Ausgabevorrichtung durch Programm- oder Daten-
zustand, seien erwähnt, aber nicht diskutiert[11]). Diese Funktionen können
auch durch Software verwirklicht werden.

X. Das Betriebssystem

Das Betriebssystem ist für Teilnehmersysteme ganz erheblich komplizierter
als für konventionelle Systeme mit Stapelverarbeitung. Es muß einen komplizierten Mechanismus enthalten, der die Priorität unter den gleichzeitig
auftretenden Anforderungen festsetzt und die Maschinenbelegung von
Sekunde zu Sekunde plant. Ein Buchführungssystem muß feststellen, ob ein
potentieller Benutzer zum Zutritt berechtigt ist, ob er noch Zeit übrig hat,
wie hoch er zu belasten ist usw. Solange hauptsächlich vom Hersteller angebotene Betriebssysteme benutzt werden und dieser dafür nichts gesondert
berechnet, macht sich das komplizierte Betriebssystem nur indirekt bemerk-
bar, nämlich über den Preis der Geräte, den erhöhten Bedarf an Speichern
zu seiner Aufnahme, die notwendige Vergrößerung des Zentralrechners und
dergleichen.

Der technische Aufwand ist nicht nur eine Funktion der Zahl der Teilnehmer
und der Programme und des Anfalls der Datenmengen, sondern ebenso eine
Funktion der Stufe des Systems.

Für remote entry batch processing-operation (Ferneingabe — Stapelverarbeitung) kann das Betriebssystem recht einfach sein, was wiederum bedeutet,
daß man keinen erheblichen zusätzlichen Kernspeicherbedarf hat als den,

---

[11]) Zur Erläuterung dieser und anderer, hier nicht definierter Begriffe sei hingewiesen auf
Löbel, G.; Schmid, H.: Lexikon der Datenverarbeitung. München 1969.

der für die normale Stapelverarbeitung notwendig ist. Bei Auskunftssystemen, wie bei den Platzreservierungssystemen von Luftlinien und Hotels, braucht man dagegen ein einigermaßen umfangreiches Betriebssystem und ein recht großes Anwendungsprogramm, das im Kernspeicher sein muß. Weiterhin benötigt man einen sehr großen Sekundärspeicher mit verhältnismäßig schnellem Zugriff. Die Leistungsfähigkeit des Zentralprozessors kann dagegen im Verhältnis zum großen Kernspeicher noch verhältnismäßig gering sein.

Soll der Computer außer Stapelverarbeitung nur zur Nachrichtenübermittlung dienen, so mag man wieder mit einem verhältnismäßig kleinen Betriebssystem auskommen, man wird aber einen Kanalkontrollcomputer oder, wenn auch eine inhaltliche Verarbeitung von Nachrichten in Frage kommt, einen kleineren Computer zwischen den Teilnehmer und den großen Computer schalten. Der Hauptcomputer mag dann normalerweise von der Nachrichtenübermittlung gar nicht betroffen werden.

Wenn ein Unternehmen der Vielzweck-Informationssysteme bedarf, die in den letzten Stufen geschildert wurden, mag es notwendig sein, ein kompliziertes Betriebssystem, das seinerseits zusätzlichen Kernspeicher verlangt, noch zusätzlich zum Kanalkontrollcomputer zu haben.

Abschließend sei noch erwähnt, daß die dem Autor bekannten Kosten pro Stunde Anschlußzeit für einen Benutzer zwischen 170 DM und 7 DM pro Stunde liegen, je nach Alter der Anlage, technischen Anforderungen, Zahl der Benutzerstunden pro Tag, Zentralprozessorzeit pro Anschlußstunde und Einschätzung der Marktsituation durch den Verkäufer von Time-Sharing-Dienstleistungen oder -Anlagen.

Als Nachteil wird neben erhöhten Kosten und der Möglichkeit, daß für viele Benutzer gleichzeitig die Datenverarbeitung ausfällt, oft die Möglichkeit der Systemsaturierung angeführt. Wenn gleichzeitig zu viele Benutzer zugelassen werden, mag die Bedienung der einzelnen Benutzer sich stark verlangsamen. Der einzelne Benutzer kommt entweder weniger häufig an die Reihe, oder die Zeit, die ihm bei einem Durchgang gewährt wird, wird verringert; in diesem Fall verschlechtert sich das Verhältnis von Nutzzeit zu der Zeit, die das Betriebssystem benötigt, insbesondere für Programm- und Datenübertragung zwischen Primär- und Sekundärspeicher (swapping).

Dieses Argument ist bei einem gut ausgelegten System nicht sehr ernst zu nehmen. Man kann dafür sorgen, daß Arbeiten, die ihre Rechenzeit erfordern, nicht im Time-Sharing-Modus ausgeführt werden, sondern auf Zeiten geringer Nachfrage verlegt werden. Hierfür kann das Betriebssystem sorgen. Wie schon vorne ausgeführt, kann die swap-time mit Rechenzeit stark überlappt werden. Wenn die Bedienung auch noch unter diesen Umständen langsam ist, so wäre diese sicher ebenso langsam bei gleich starkem Andrang unter Stapelverarbeitung.

E. Die Struktur betriebswirtschaftlicher Anwendungen

I. Vorteile von Teilnehmersystemen

a) Bessere Nutzung der Zentraleinheit

Als erster Vorteil sei die bessere Nutzung der Zentraleinheit bei Programmen genannt, bei denen die Eingabegeschwindigkeit im Verhältnis zur möglichen Verarbeitungsgeschwindigkeit recht gering ist. Der Dialog wird wirtschaftlich, insbesondere der benutzerkontrollierte Dialog, bei dem der Schritt n vom Ergebnis des Schrittes n-1 abhängt. Es kommt zu einer quasi-simultanen Bedienung mehrerer Benutzer.

Das alternative Verfahren wäre, Eingabe und Ausgabe über einen kleineren Off-line-Computer vorzunehmen, und zwar vom und zum Band. Dieses Band wird dann in eine Bandeinheit on-line aufgebracht, die höhere Übertragungsraten erlaubt als die langsame Konsole.

Bei dieser alternativen Stapelverarbeitung ergeben sich lange Umschlagzeiten (turn around time). Diese sind überall dort von Nachteil, wo es eben auf Schnelligkeit der Erledigung von der Sache her ankommt, wo eine geringe Umschlagshäufigkeit immer neue Einarbeitungszeiten erfordert oder wo eine geringe Umschlagshäufigkeit dazu führt, daß in iterativen Verfahren weniger Schritte gemacht werden und der Benutzer sich also mit einer dem Optimum nicht so nahekommenden Lösung zufrieden gibt.

Auch der programmkontrollierte Dialog, bei dem der Computer vom Benutzer die zur Programmdurchführung notwendige Information erfragt und anschließend das Programm im Stapel verarbeitet, wird durch das Teilnehmersystem gefördert, da die Information häufiger und schneller eingegeben wird, wenn das Terminal in der Nähe des Benutzers steht, als wenn — wie bei der normalen Stapelverarbeitung — der physische Datenträger erst zum EDV-Zentrum transportiert werden muß.

b) Information über andere Funktionen des Unternehmens wird zugänglich gemacht

Z B. kann sich der Verkäufer bei der Terminzusage über die Maschinenbelegung informieren. Dies resultiert aus der gemeinschaftlichen Datenbasis, die dem sekundären Benutzer im Gegensatz zur üblichen Datenverarbeitung beinahe ebenso leicht zugänglich ist wie dem primären Benutzer. Eine gemeinsame Datenbasis läßt sich zwar auch ohne Terminals verwirklichen; jedoch bedeutet es für den potentiellen Benutzer ein Hindernis, wenn er sich erst zum Datenverarbeitungszentrum begeben muß, dort die Information spezifiziert, die er haben möchte, und dann nach einiger Zeit die Information erhält. Beim Teilnehmersystem wird sowohl die Distanz wie die Zeit kupiert.

c) Ersparnis von Verarbeitungsschritten durch simultane Erledigung (integrierte Datenverarbeitung)

Auch diese ist bei der Stapelverarbeitung denkbar. Sie wird jedoch durch Datenstationen beim Benutzer erheblich erleichtert, man denke nur an das management by exception. Dieses ist zweifellos leichter durchführbar, wenn die Information sozusagen ins Haus geliefert wird und nicht beim Rechenzentrum periodisch abzuholen ist.

II. Die Charakteristiken von Time-Sharing-Systemen im Zusammenhang mit den Anwendungen

Betrachten wir als nächstes die Anwendungen im Zusammenhang mit den Charakteristiken und Möglichkeiten von Teilnehmersystemen, um daraus einige Hinweise zu bekommen,

(1) ob ein Teilnehmersystem sich lohnt,

(2) welche Eigenschaften ein Teilnehmersystem haben muß,

(3) wann es sich empfiehlt, ein Teilnehmersystem einzuführen.

Die Anwendungen in industriellen Firmen sollen nach den Funktionen Produktion, Marketing, Distribution, d. h. Güterverteilung, kurzfristige Planung und Kontrolle, langfristige Planung, Finanzen und Verwaltung, Forschung, Entwicklung, Konstruktion und schließlich, davon getrennt, Programmierung gegliedert werden.

a) Produktion

Zu den denkbaren und vorgeschlagenen Anwendungen im Bereich der Produktion gehört

— die Maschinenbelegungsplanung (besonders solche, die viele Abteilungen oder Firmen und viele Teilprodukte oder Leistungen formulieren),

— die Planung von Projekten,

— die Produktionsplanung,

— die Lagerhaltung.

Es fällt zunächst auf, daß diese Anwendungen mit dem Bereich von Verteilung und Marketing verbunden sind. Es sind Bereiche, die im Amerikanischen häufig als operating areas (in etwa „Linienabteilung") zusammengefaßt werden im Gegensatz zu Forschung und Entwicklung, Planung, Kontrolle, Finanzen und Verwaltung. Lediglich zum Personalwesen besteht noch eine Verbindung, nämlich bei der Projektplanung, bei der es auch darauf ankommen kann, das vorhandene Personal mit seinen Fähigkeiten optimal einzusetzen. Hierzu ist ein sogenanntes skills inventory nötig, und es wäre eine Erleichterung bei der Planung, falls dieses in maschinell leicht zugänglicher Form bestünde. Es sei vorweg jedoch schon bemerkt, daß es beim Personalwesen weniger als bei den meisten anderen Unternehmensfunktionen darauf ankommt, dieses auf elektronische Datenverarbeitung oder gar auf Time-Sharing umzustellen, und es ist fraglich, ob sich die Einbeziehung des skills inventory in die Datenbasis des Computers lohnt. Die Antwort wird zum guten Teil davon abhängen, wie oft Personal auf neue Projekte umgesetzt wird.

Maschinenbelegungsplanung, Projektplanung und Absatzplanung gehen meist — zumindest heute — nicht in der Weise vor sich, daß eine Reihe von fest vorgegebenen Eingangsdaten, etwa über Maschinenkapazität mit erwartetem Absatz, eingegeben werden und der Computer dann ein fertiges Produktions- und Absatzprogramm ausdruckt, das auch anschließend verwirklicht wird. In der Praxis geschieht diese Planung bisher überhaupt ohne Computer durch Probieren. Man beginnt etwa mit dem geschätzten Absatz in den verschiedenen Produktkategorien, fragt sich, inwieweit man den Absatz aus dem vorhandenen Lager befriedigen kann, welches Lager man am Ende zu haben wünscht und was sich daraus für die Produktion ergibt, insbesondere, ob die Produktion nachkommt, ob vernünftige Losgrößen erzielbar sind. Danach wird man sich vielleicht fragen, welche Umlenkung von Werbeanstrengungen oder welche Veränderung des Lagers zu einer Verbesserung der Produktion führen könnte. Es wird so lange experimentiert, bis eine einigermaßen zufriedenstellende Lösung gefunden ist.

Dieser Prozeß wird im einzelnen von Michael Scott Morton beschrieben, und zwar für den Fall von Westinghouse, einer Firma aus der amerikanischen Elektrokonsumgüterindustrie[12]).

Bei der Umstellung dieses Produktions- und Absatzplanungsprozesses bei dieser Firma durch den genannten Autor haben sich außerordentlich große Vorteile ergeben. Auf dieses System sei nur kurz eingegangen, weil es eine Pionierarbeit bei der Einrichtung eines Teils eines umfassenden Management-Information-Systems mit Hilfe des Time-Sharing ist. Bisher verlief die Planung von Absatz und Lagerhaltung in den verschiedenen Lagerhäusern der Firma in den USA und der Produktion wie folgt: Nach einer Grobplanung durch den Marketing Manager und des Produktion und Absatz koordinierenden Marketing Planning Managers fanden Sitzungen der beiden Herren mit dem Production Manager statt. Dabei wurden die Forderungen des Marketing Managers nach sofortiger Lieferbarkeit und vollständigem Sortiment in jedem Lager und die Forderungen des Production Managers nach gleichmäßiger Beschäftigung und großen Losen in einem Kompromiß abgestimmt. Insbesondere wurde der Planungsprozeß für eine Vierteljahresperiode von 21 auf einen halben Tag reduziert. Die Planungsperiode war deshalb so lang, weil zwischen der Erörterung von Alternativen umfang-

---

[12]) Vgl. Morton, M. S.: Management Decision Systems. Unveröffentlichtes Manuskript. Harvard 1968.

reiche, wenn auch einfache Rechnungen lagen, die von unteren Büroangestellten durchgeführt werden mußten. Morton berichtet, daß jedesmal, wenn wieder eine Alternative diskussionsreif war, wesentlich mehr als 50 % der Zeit dafür verlorenging, sich wieder einzuarbeiten und zu dem Punkt zu gelangen, an dem beim letzten Mal die Sitzung abgebrochen wurde. Diese wiederholte Einarbeitungszeit entfällt (70 %). Die Zeit, an der die leitenden Angestellten aus Produktion und Absatz tatsächlich an der Planung arbeiten, wurde von sechs Tagen auf einen halben Tag reduziert. Zusätzliche Ersparnisse ergaben sich daraus, daß die Datenbasis nicht mit hohen Kosten über die drei Wochen auf dem laufenden gehalten werden muß. Hinzu kommt, daß die leitenden Angestellten nicht durch irgendwelche Pausen ihre eigenen Gedankengänge vergaßen und in inkonsistenter Weise den Planungsprozeß fortsetzten. Schließlich wurden an dem halben Tag, der nach Umstellung auf die elektronische Datenverarbeitung nötig wurde, mehr Lösungen betrachtet als vorher, wo man sich mit einer durchführbaren Lösung begnügte. Es liegen noch nicht genug Erfahrungen vor, um zu beurteilen, ob hierdurch erhebliche Verbesserungen eingetreten sind. Jedenfalls ist das Vertrauen in die Güte der schließlich angenommenen Lösung gestiegen.

Wenn wir dieses Verfahren unter dem Aspekt der durch das Time-Sharing ermöglichten Vorteile betrachten, so fällt auf — und darauf hat auch Morton hingewiesen —,

(1) daß dem Planungsprozeß eine große Datenbasis zugrunde liegt,

(2) daß ein erhebliches Datenvolumen in einfachen Rechnungen manipuliert werden muß,

(3) daß das System von einer Firma eingeführt wurde, die die große Datenbasis bereits hatte. Weil diese aber in unbefriedigendem Format vorlag, wurden die ganzen Daten aufs neue abgelocht. Trotzdem lohnte sich das Verfahren. Das ist wesentlich und bedeutet, daß eine leicht zugängliche Datenbasis nicht eine conditio sine qua non für die Umstellung auf ein Teilnehmersystem ist;

(4) daß die benutzten Programme einen mäßigen Programmieraufwand in der Größenordnung von 2 Arbeitsjahren erforderten. Für neu hinzukommende Firmen dürfte dieser Aufwand geringer sein, da die Programme zum Teil übernommen werden können oder man sich wenigstens an ihre Struktur anlehnen kann;

(5) daß die verwendeten Programme verhältnismäßig einfach waren, insbesondere wurden schwierige Operations-Research-Techniken weder vorausgesetzt noch benutzt. Das einzige derartige Programm, das übernommen wurde, war ein Verfahren zur einfachen exponentiellen Trendvoraussage. Wichtig ist noch, daß das Programm im wesentlichen mit graphischen Darstellungen und sogenannter Leuchtschrift arbeitete. Die Einarbeitungszeit betrug für die Benutzer, die mit dem Computer nicht

vertraut waren, etwa zwei Stunden. Es sei bemerkt, daß das System nicht von oben aufoktroyiert und gehalten wurde.

(6) daß die Daten — und dies ist wesentlich — nicht den Erfordernissen eines Echtzeitsystems zu entsprechen brauchen, d. h. sie dürfen nicht nur Minuten, sondern sogar Tage alt sein, mit anderen Worten, das beschriebene System ist zu verwirklichen, auch wenn die Dateneingabe nicht über ein Teilnehmersystem erfolgt;

(7) daß während des Planungsprozesses weiterhin menschliches Urteilsvermögen notwendig ist, insbesondere weil das Problem vieldimensional ist, d. h. daß so verschiedene Faktoren wie Gewinn, Nachteil eines leeren Lagers und Überlastung der Produktionsabteilung nach wie vor von dem leitenden Angestellten gegeneinander abgewogen werden;

(8) Bei der Planung entwickelt sich ein Dialog zwischen den Menschen und der Maschine, der verschiedentlich als „what if game" charakterisiert worden ist. Die für Produktions- und Absatzplanung verantwortlichen Abteilungsleiter überlegen sich eine Alternative und erfahren vom Computer die Konsequenzen. Morton berichtet, daß dieses Verfahren auch den Dialog zwischen den Abteilungsleitern gefördert habe. Es war einem Abteilungsleiter möglich, mit Hilfe der Antwort der Maschine dem anderen die Richtigkeit seiner Argumente darzulegen oder den Fehler im Argument eines anderen (oder dessen Richtigkeit) noch zu unterstreichen.

Dies wirft die Frage auf, ob für das hier geschilderte System ein Teilnehmersystem überhaupt unerläßlich ist. Vom technischen Standpunkt her dürfte diese Frage zu verneinen sein. Dessen Vorteil liegt darin, daß die Arbeitskapazität des Computers während dieses halben Tages wahrscheinlich zu weniger als 1 % ausgenutzt ist. Die Ersparnisse an Rechenaufwand der Büroangestellten und des Aufwandes an Zeit der leitenden Angestellten und die Vorteile sind jedoch so erheblich, daß das hier beschriebene System selbst dann von Vorteil sein mag, wenn man aus anderen Gründen kein Teilnehmersystem einführt. Die Vorteile werden natürlich erheblich vergrößert, wenn aus anderen Gründen, etwa wie dies bei der beschriebenen Firma der Fall ist, im Interesse der Zugänglichkeit von Informationen über den status quo im ganzen Lande Datenstationen zu finden sind.

b) Marketing

Marketing ist z. T. schon in dem oben erwähnten integrierten System behandelt worden. Weitere Teilprobleme des Marketing, wo Teilnehmersysteme mit Nutzen eingesetzt werden können, sind:

— Prognose-Mikroverfahren,

— Simulation,

— Statusinformation und Vorkalkulation.

Beim Mikroverfahren der Prognose werden von unten her, d.h. von den Verkäufern her, Prognoseinformationen abgegeben. Diese werden von Computerprogrammen auf Konsistenz miteinander und mit der Vergangenheit überprüft. Ebenso werden Daten aus der volkswirtschaftlichen Gesamtrechnung, die durch Makroverfahren ermittelt wurden, zum Vergleich herangezogen. Im allgemeinen wird weder die Datenbasis besonders umfangreich sein — es sei denn, es besteht eine gemeinsame Datenbasis mit anderen Funktionen des Unternehmens — noch ist Echtzeit erforderlich, noch ist der Dialog eine conditio sine qua non. Mit anderen Worten, es ist zweifelhaft, ob von der Erstellung der Prognose im Time-Sharing-Verfahren große Vorteile zu erwarten sind, es sei denn, es findet zugleich eine Integration mit der Werbepolitik, der Distribution und der Produktionsplanung statt.

Bei der Simulation geht man einen Schritt weiter und fragt nach dem erzielbaren Absatz in Abhängigkeit z. B. von der Wahl der Werbemedien und -methoden sowie dem Werbeaufwand. Selbstverständlich müssen die Prognosedaten auch vorliegen. Es gelten im wesentlichen die Argumente, die bei der integrierten Produktions- und Absatzplanung gebraucht wurden, d. h. der Hauptvorteil des Time-Sharing liegt in der kurzen Umschlagszeit und damit verbunden in der Möglichkeit, sich durch viele Lösungen näher an das Optimum heranzutasten.

Das Problem, Information über den Status zu erhalten, bietet zahlreiche Anwendungsmöglichkeiten. So mag ein Verkäufer anfragen, innerhalb welcher Zeit ein bestimmtes Produkt lieferbar ist oder wo es auf Lager liegt, welche Transportkosten entstehen, ob eine erhebliche Nachfrage nach dem Produkt besteht und dgl. Dies dürfte besonders bei der Fertigung auf Lager und der Verteilung auf einen geographisch großen Raum von Nutzen sein, etwa bei der Fertigung von langlebigen Konsumgütern. Da es nur auf eine schnelle Antwort ankommt, wird das Betriebssystem im allgemeinen verhältnismäßig einfach sein können. Der Hauptvorteil liegt in der schnellen Bedienung des Kunden. Ein derartiges System läßt sich jedoch leicht mit einem Warnungssystem der Planung und Kontrolle koppeln. Die Anforderungen hinsichtlich Echtzeit sind in diesem Fall um einiges strenger. Wie streng sie sind, hängt von den Folgen einer Fehlinformation ab. Diese mag im Fall der Platzzusage in einem Flugzeug unangenehm sein, bei Konsumgütern dagegen weniger tragisch.

Vom gleichen Autor, der für eine Firma das Produktions- und Absatzplanungssystem entworfen hat, stammt zusammen mit einem anderen Autor, McCosh, ein System zur Vorkalkulation[13]). Die Vorteile sind die gleichen wie bei der Abfragbarkeit von Informationen, mit dem Unterschied, daß nicht nur Informationen weitergegeben, sondern auch in einfacher Weise verarbeitet werden. Das System dürfte sich besonders dort eignen, wo nicht

---

[13]) Vgl. Morton, M. S.; McCosh, A. M.: Terminal Costing for Better Decisions. In: Harvard Business Review, Vol. 46, 1968, No. 3, S. 147—156.

Stapelgüter innerhalb eines geographisch großen Raumes abgesetzt werden, sondern wo auf Auftrag gefertigt und ebenfalls in einem großen Raum abgesetzt wird, wieder vorausgesetzt, daß eine schnelle Antwort an den Kunden ein gutes Verkaufsargument ist. Das System dürfte sich besonders dann rentieren, wenn es mit dem Planungs- und Kontrollsystem integriert wird, etwa indem die tatsächlichen Kosten mit denen der Vorkalkulation verglichen werden[14]).

c) Kurzfristige Planung und Kontrolle

Als Anwendungsgebiete für das Time-Sharing werden hier gelegentlich die Budgetplanung und das management by exception erwähnt.

Bei der Budgetplanung dürften sich Vorteile in der gleichen Art wie bei der Produktions- und Absatzplanung ergeben. Wieder ist die Echtzeitplanung keineswegs von besonderer Bedeutung. Wiederum hat aber das Planungsverfahren eine Reihe von Zyklen: diesmal unter Beteiligung der Finanzabteilung, der Vertriebsabteilung, der Produktionsabteilung, des Konstruktionsbüros möglicherweise und der Unternehmensleitung. Oft beginnt der Zyklus mit dem Einholen von Prognosedaten durch die Vertriebsabteilung oder durch ihre Erstellung in der volkswirtschaftlichen Abteilung. Auf Grund dieser Daten nimmt dann die Produktionsabteilung die Produktions- und Lagerplanung für Rohmaterial und Zwischenprodukte vor. Ferner macht sie auf Grund dessen Investitionsvorschläge. Die Finanzabteilung hat eine Umrechnung von Erlösen und Aufwand auf Zahlungsreihen vorzunehmen und die Zahlungsreihen zu ergänzen durch Rückzahlung von Anleihen, Dividendenzahlungen und dgl. und schließlich eine projektierte Bilanz und Gewinn- und Verlustrechnung zu erstellen. Wenn sich Schwierigkeiten ergeben, beginnt der Zyklus von neuem, möglicherweise unter Zwischenschaltung der Unternehmensleitung. Bei vielen Unternehmen braucht man dazu für das kommende Jahr 4 Monate, während deren natürlich die an dem Planungszyklus beteiligten Personen nur gelegentlich sich mit der Information auseinandersetzen. Dieser Zyklus könnte wahrscheinlich auf eine Woche oder weniger verkürzt werden, wenn der Computer die Zwischenrechnungen sofort vornehmen würde. Es würde dadurch erhebliche Einarbeitungszeit bei jedem neuen Zyklus entfallen, und die Prognosedaten könnten wesentlich neuer sein als bei dem gegenwärtig üblichen Verfahren. Es mag bezweifelt werden, ob sich aus diesem Grund allein ein Time-Sharing lohnt, wenn das Budget nur in großen Zügen aufgestellt wird. Jedoch mag die Umstellung dieses Prozesses sehr lohnend sein, wenn eine Integration mit einer detail-

---

[14]) Schon in den 50er Jahren erlangte ein Unternehmen gegenüber seinen Konkurrenten einen erheblichen Vorteil durch ein recht kompliziertes und genaues Verfahren zur Vorkalkulation von Dampfturbinen. Die zweite Firma hatte dagegen nur ein überschlägiges Kalkulationsprogramm. Die Folge davon war, daß das erste Unternehmen die Aufträge bekam, bei denen das andere zu hohe Kosten angenommen hatte; das zweite erhielt fast nur Aufträge, die tatsächlich höhere Kosten als veranschlagt machten. Es hat vor einigen Jahren die Dampfturbinenerzeugung aufgegeben.

lierten Absatz- und Produktionsplanung stattfindet und zu anderen Zwekken ein Teilnehmersystem angeschafft wird.

Das management by exception weist einige Ähnlichkeit zur Vorkalkulation und zur Statusinformation auf. Die Datenverarbeitung und Informationserstellung erfolgt nicht in regelmäßiger Weise, sondern nur aus gegebenen Anlässen. Bei den erstbehandelten Anwendungen kam der Anlaß von außen, der Benutzer wandte sich an die Maschine mit einer Bitte um Auskunft oder um eine Rechnung. In diesem Fall nimmt der Computer die Rechnung selbständig vor und liefert das Ergebnis, falls es außerhalb gewisser Grenzen liegt, an einen leitenden Angestellten; dies kommt einer schweigenden Aufforderung des Computers an diesen gleich, etwas zu unternehmen, und sei es nur, eine Überlegung anzustellen, ob ein Eingreifen nötig ist. Beispielhafte Situationen, bei denen der Computer in Aktion treten würde, sind:

— Nichteinhaltung des Produktionsplans;

— Ausbleiben von Lieferungen an Rohmaterial oder fremdbezogenen Teilen;

— Überziehen eines Kundenkredits oder des Ziels durch den Kunden;

— Senken der Liquidität unter einen Warnpunkt.

Auch hier ist wieder festzuhalten, daß ein einzelnes Warnsystem ein Teilnehmersystem keineswegs notwendig machen würde. Es ist immer möglich, den zentralgelegenen Computer diese Informationen ausdrucken zu lassen und sie anschließend dem betroffenen Abteilungsleiter durch Boten zu überbringen. Nur in den wenigsten Fällen dürften einige Minuten oder auch Stunden einen Unterschied machen, der sich auf Gewinn und Verlust der Unternehmen auswirkt. Festzuhalten ist auch, daß ein solches System eine umfassende Datenbasis voraussetzt. Diese dürfte sich für ein Warnsystem allein nicht lohnen, wohl dagegen, falls das Unternehmen die Daten für den Bereich, in dem management by exception verwirklicht wird, auch für andere Zwecke, etwa die der Planung, benötigt. Das System ließe sich, wie angedeutet, stückweise, d. h. innerhalb eines Bereichs, verwirklichen, bedarf also nicht unbedingt der Integration über einen Bereich hinaus.

d) Langfristige Planung, Finanzen und Verwaltung

Die Anwendungen, die in diesem Bereich auftauchen, scheinen heute recht gering zu sein. Es sei jedoch schon angemerkt, daß die Anwendungen für konventionelle Computersysteme gerade im Bereich der Finanzen und der Verwaltung lagen, nämlich Fakturierung und Lohnabrechnung.

e) Forschung, Entwicklung, Konstruktion

Hier sind Anwendungen des Time-Sharing längst in Betrieb. Verbreitete Beispiele sind:

8*

— das verbundene Datensammeln, -auswerten und -hochrechnen;

— die Simulation von technischen Vorgängen;

— die Datenauswertung mit Programmänderungen;

— der Entwurf von Konstruktionszeichnungen[15]).

Diesen vier Anwendungen ist gemeinsam, daß weder Verflechtungen zu den anderen Unternehmensfunktionen in bedeutendem Umfange bestehen noch eine Verflechtung der vier Funktionen untereinander.

Dies hat bedeutende Folgen. Da die zu verarbeitenden Daten nicht aus einer gemeinsamen Datenbasis des Unternehmens kommen, ist es möglich, ein Teilnehmersystem für diese Probleme getrennt zu errichten und möglicherweise auf wissenschaftliche Anwendungen besonders zuzuschneiden oder sich an einem fremden System zu beteiligen. Hier handelt es sich in fast allen Fällen um ein benutzerorientiertes Dialogsystem im Gegensatz zu reinen Antwortsystemen oder programmorientierten Dialogsystemen. Innerhalb der einzelnen Gruppen mag jedoch in erheblichem Umfang eine gemeinsame Software bestehen. Programme zur Datendarstellung in Tabellen und Diagrammen, zur Statistik und Mathematik seien als Beispiel genannt. Hinzu treten noch die Programme und Daten der einzelnen Benutzer. Aus den Charakteristiken des benutzerorientierten Dialogs und der gemeinsamen Software, zu der noch spezielle Programme und Daten treten, wird klar,

---

[15]) Es sei noch kurz erklärt, was mit den einzelnen Punkten gemeint ist:

Unter verbundenem Datensammeln, -auswerten und -hochrechnen versteht man, daß die Ergebnisse ausgewertet und anschließend hochgerechnet oder extrapoliert werden. Häufig bedarf man dazu eines hybriden Prozeßkontrollrechners, der jedoch keineswegs mit dem Experiment ausgelastet ist. Um seinen Einsatz zu rechtfertigen, sollten über Konsolen weitere Aufträge in den Computer geleitet werden, die in den Intervallen ausgeführt werden, während deren keine Rechnung für den Prozeß anzufertigen ist. Da eine zeitliche Verzahnung zwischen Prozeßrechnen und normalem Rechnen besteht, ist ein verhältnismäßig kompliziertes Supervisorsystem notwendig.

Bei der Simulation wird ein physikalischer Prozeß simuliert, „abgebildet", was den Vorteil hat, daß man den Aufwand spart, der mit dem physikalischen Prozeß verbunden ist. Außerdem wird der Ablauf im Computer wesentlich schneller als in der Wirklichkeit für die meisten Prozesse.

Bei der Datenauswertung mit Programmänderungen ist an die Auswertung einer gegebenen Datenmenge mit verschiedenen statistischen Techniken gedacht. Der Vorteil des Teilnehmersystems liegt in einer kürzeren Umschlagszeit und dem damit verbundenen Ersparen häufiger Einarbeitungszeit oder von Leerzeit bei dem Wissenschaftler. Als Folge kann in allen drei vorgenannten Fällen mehr experimentiert werden.

Dies gilt auch für die letzte Anwendung: die Konstruktion, den Entwurf mit Hilfe eines Bildschirms. Wünschenswerte und bereits realisierte Fähigkeiten sind das scheinbare Drehen von Maschinen und Maschinenteilen auf dem Bildschirm, das automatische Begradigen von Linien, die von Hand gezogen worden sind, oder selbst die Ermittlung des Radius, dessen zugehöriger Kreisbogen am besten einer von Hand gezogenen Kurve entspricht, das Sichtbarmachen und Korrigieren von Teilen innerhalb einer Maschine, die durch die Veränderung eines anderen Teils betroffen sind. Natürlich ist der Bildschirm hier unbedingt notwendig; die Programme sind verhältnismäßig aufwendig. Aber der Computer wird nicht voll ausgelastet mit dieser graphischen Tätigkeit. Diese sollte deshalb im Time-Sharing betrieben werden. Auch hier würde sich eine Stapelverarbeitung nicht empfehlen, weil der Konstrukteur dann nicht an einer Arbeit bleiben könnte.

daß das Betriebssystem recht kompliziert sein wird. Dies ist wohl von dem Project MAC her bekannt. Nur wenn man die gemeinsame Software erheblich beschränkt, einschließlich der zur Verfügung stehenden Sprachen, kommt man zu einfachen und billigen Systemen.

Im Gegensatz zu den Anwendungen im betriebswirtschaftlichen Bereich kommt es hier mit Ausnahme der letzten Anwendung weniger auf das Vorhandensein eines Bildschirmes an. Eine „hard copy", die den Prozeß wiedergibt und nicht nur sein Ergebnis, ist jedoch wieder im Gegensatz zu den betriebswirtschaftlichen Anwendungen von Bedeutung.

f) Das Programmieren

Seit der Erfindung des Time-Sharing ist mit seiner Hilfe programmiert worden. Die Gründe sind offensichtlich. Die Eingabe geschieht relativ langsam, sie erfolgt ja meist von Hand über eine Schreibmaschine. Die Verarbeitungszeit ist dagegen sehr gering. Deshalb scheint es sich zu empfehlen, viele Benutzer gleichzeitig abzufertigen. Der Vorteil gegenüber einer kleinen unabhängigen Maschine ist, daß die große Maschine umfangreiche Diagnoseprogramme gespeichert haben kann, die vielen Benutzern zugänglich gemacht werden. Der Vorteil gegenüber der Stapelverarbeitung ist wiederum, daß der Programmierer an der Arbeit bleiben kann. Die Charakteristiken sind also, um es zusammenzufassen, eine benutzerorientierte Dialogverarbeitung mit gemeinsamer Software und verhältnismäßig kompliziertem Betriebssystem.

Der Nachteil, der bei den zwei letzten Anwendungen (Forschung, Entwicklung, Konstruktion sowie Programmierung) nach Ansicht mancher Experten auftritt, ist, daß zuviel mit dem Computer gearbeitet wird, ohne nachzudenken, daß man zwar schneller vorankommt, aber auf solchen Umwegen, daß der Gesamtfortschritt in einer gegebenen Zeiteinheit, etwa in einem Tag, durch das Time-Sharing nicht vergrößert wird (fussing without thinking). Die Daten, die aus Experimenten hierzu vorliegen, sind jedoch recht dürftig[16]).

F. Schlußfolgerungen

I. Aufgabenstellungen

(1) Die Hauptanwendungen des Time-Sharing liegen in zwei großen Gebieten:

    (a) bei den Linienabteilungen Produktion, Marketing und Distribution und bei der diese unterstützenden und überwachenden kurzfristigen Planung und Kontrolle;

---

[16]) Eine kurze Darstellung von Studien hierzu findet sich in Mertens, P.: Zur neueren Entwicklung des Time-Sharing, a. a. O., S. 560 f.

(b) im Bereich von Forschung, Entwicklung und Konstruktion, Programmierung.

Die beiden großen Teilbereiche können unabhängig voneinander umgestellt werden, möglicherweise auf verschiedenen Maschinen; dies dürfte sich infolge der Vorteile von großen Rechnern jedoch nur für sehr große Firmen lohnen. Nur geringe Vorteile ergeben sich aus dem Time-Sharing im Bereich der langfristigen Planung sowie in den Bereichen der Finanzen und der Verwaltung.

(2) Die Vorteile scheinen weniger in der schnellen Übermittlung der Information zu liegen — mit einigen wesentlichen Ausnahmen — als vielmehr in der Reduktion der Arbeit, die dadurch zustande kommt, daß das Problem in einer Sitzung erledigt werden kann und nicht immer wieder Einarbeitungszeit wie bei Stapelverarbeitung oder manueller Verarbeitung anfällt.

(3) Ein weiterer Vorteil, der sich daraus ergibt, ist die Untersuchung mehrerer Lösungen. Dies wurde von Morton bestätigt. Herbert A. Simon[17] hatte behauptet, daß sich der leitende Angestellte, wenn nicht der Mensch überhaupt, mit einer „zufriedenstellenden" (satisficing) Lösung zufrieden gebe. Cyert und March[18] hatten dagegen behauptet, leitende Angestellte oder Menschen allgemein optimierten unter Einschluß der Informationserfassungs- und Verarbeitungskosten, und nur bei Auslassen dieser Kosten ergebe sich das Bild des „satisficing". Morton scheint die Hypothese von Cyert und March bestätigt zu haben.

II. Anforderungen an Teilnehmersysteme

(1) Echtzeitverarbeitung scheint für die wenigsten Anwendungen unabdingbar zu sein.

(2) Wohl aber erscheint die volle Dialogfähigkeit wünschenswert.

(3) Die meisten Anwendungen setzen eine große, der Maschine zugängliche Datenbasis voraus, die sich ihrerseits nur dann lohnt, wenn die Datenverarbeitung integriert wird, d. h. wenn die gleichen Daten für mehrere Anwendungen benutzt werden. Also:

(4) Ein Teilnehmersystem für eine einzige Art der Anwendung scheint sich selten zu lohnen. Die rasche Ausdehnung der Anwendung nach Einführung eines Teilnehmersystems empfiehlt sich, schon weil weitere Vorteile mit weit geringeren Kosten realisierbar scheinen.

---

[17] Vgl. z. B. Simon, H. A.: Administrative Behavior. 2. Aufl., New York 1961, S. 16.
[18] Vgl. Cyert, R. M.; March, J. G.: Behavioral Theory of the Firm. Englewood Cliffs 1963.

(5) Wohl aber kann das Charakteristikum der Dialogfähigkeit allein (wie bei Project MAC) oder das der möglichen schnellen Ausgabe von Echtzeitinformation allein (wie bei den American Airlines) Time-Sharing lohnend machen.

III. Zeitliche Reihenfolge

Aus Aufsätzen von Garrity, von Taylor und Dean, von Dean und von Mc Kinsey & Company, Inc. geht hervor[19]), daß die Hauptanwendung sowohl für die einzelne Firma wie für die Anwender als Gesamtheit im Anfang nach Einführung des Computers ganz wesentlich in den Bereichen Finanz- und Rechnungswesen liegt, wobei mit ganz erheblichem Abstand Produktion, Marketing, Distribution, Forschung und Entwicklung, Konstruktion sowie Planung und Kontrolle folgen, daß jedoch der Anteil von Finanz- und Rechnungswesen im Begriffe ist, erheblich zu schrumpfen zugunsten der Anwendung, Produktion, Marketing, Distribution, Forschung und Entwicklung und Konstruktion und schließlich Planung und Kontrolle.

In weit stärkerem Maße, als dies mit dem Finanz- und Rechnungswesen im Unternehmen der Fall ist, sind jedoch die Unternehmensfunktionen Produktion, Distribution, Marketing, Planung und Kontrolle miteinander verflochten. Weiterhin und damit verbunden läßt sich sagen, daß die Programme in diesen Sektoren weit schwieriger zu erstellen sind und der Nutzen weit schwerer abzuschätzen ist als im Finanz- und Rechnungswesen, wo man sich an der Reduktion des Personalbestandes die erfolgte oder nicht erfolgte Kostensenkung ausrechnen kann. Aus diesen Gründen dürfte auch die Umstellung auf elektronische Datenverarbeitung im Bereich des Finanz- und Rechnungswesens begonnen haben.

Die genannten Autoren haben jedoch eine Korrelation festgestellt zwischen Erfolg der Firma überhaupt, Erfolg der Firma mit dem Computer und dem Eindringen des Computers in Gebiete außerhalb von Finanz- und Rechnungswesen. Sie haben weiterhin festgestellt, daß gerade die erfolgreichen Firmen dieses Eindringen in neue Gebiete beschleunigt fortsetzen werden, selbst wenn der Aufwand für Computer, gemessen am Umsatz, dabei weiterhin steigt und nicht etwa nach dem Aufwand zu Beginn der Einführung wieder abfällt. Soweit die Praxis erfolgreicher Unternehmer Aussagewert hat, folgt daraus: Es bedarf des schnellen Eindringens des Computers in die Bereiche, in denen Time-Sharing am meisten verspricht: Produktion, Marketing, Planung und Kontrolle.

---

[19]) Vgl. Garrity, J. T.: Top Management and Computer Profits. In: Harvard Business Review, Vol. 41, 1963, No. 4, S. 6—12; McKinsey & Company, Inc.: Der optimale Einsatz elektronischer Datenverarbeitungsanlagen. In: Zeitschrift für Betriebswirtschaft, 34. Jg. 1964, S. 172—174; Taylor, J. W.; Dean, N. J.: Managing to Manage the Computer. In: Harvard Business Review, Vol. 44, 1966, No. 5, S. 98—110; Dean, N. J.: The Computer Comes of Age. In: Harvard Business Review, Vol. 46, 1968, No. 1, S. 83—91.

Neben dem bekannten GIGO-Syndrom ist für den Computer das EINO-Syndrom — everything in, nothing out — geprägt worden. Es besagt, daß es für eine Firma, die bisher keine EDV hatte, gefährlich ist, sich sofort an einem „totalen Management-Information-System" zu versuchen.

Schließlich zieht der Verfasser die folgenden Schlüsse:

(1) Ob eine Firma ein Time-Sharing-System einführt oder nicht, hängt durchaus nicht nur von den computerunabhängigen Gegebenheiten für diese Firma ab, es hängt auch nicht oder nur in zweiter Linie davon ab, wie teuer Time-Sharing-Hardware in Anschaffung oder Betrieb ist oder wie teuer die Erstellung von Software ist, sondern davon, zu welchem Zeitpunkt die Firma begonnen hat, auf elektronische Datenverarbeitung überzugehen.

(2) Zusammengenommen mit der vorigen Ziffer und mit der Bemerkung, daß gerade das Eindringen in Anwendungen, die außerhalb vom konventionellen Finanz- und Rechnungswesen liegen, gewinnbringend ist, folgt, daß ein Unternehmen, das bisher keine EDV hatte, für das aber die EDV nach bisherigen Erfahrungen vergleichbarer Unternehmen wirtschaftlich lohnend erscheint, rasch, aber nicht gleichzeitig mit allen anderen Bereichen das Finanz- und Rechnungswesen auf elektronische Datenverarbeitung umstellen sollte, dann Produktion, Distribution, Marketing, kurzfristige Planung und Kontrolle integrieren und auf elektronische Datenverarbeitung umstellen sollte und schließlich während der Integrationsphase ernsthaft Time-Sharing als nächste Phase in Erwägung ziehen sollte. Dabei müßte jedoch immer noch ausdrücklich in Frage gestellt werden, ob dieses im aufwendigen Echtzeitmodus betrieben werden sollte.

Die gemeinschaftliche Benutzung von Software als Weg zur Wirtschaftlichkeitssteigerung

Vortrag (Fachtagung)

Von Dr. rer. pol. P. Mertens

o. Professor der Betriebswirtschaft an der Hochschule für Sozial- und Wirtschaftswissenschaften in Linz/Österreich

Inhalt

A. Einleitung

Es ist in den vergangenen Jahren sehr viel über die gemeinschaftliche Benutzung von Rechenanlagen diskutiert worden, der Begriff der „Datenverarbeitung außer Haus" ist bekannt. Nun ist aber der Zugang zu einer Rechenanlage nur ein Teil der Voraussetzungen zur Nutzung der Computertechnik für betriebswirtschaftliche Zwecke. Viele weitere Voraussetzungen müssen erfüllt sein, bevor es zur wirksamen Anwendung der elektronischen Datenverarbeitung kommt. Vor allem müssen leistungsfähige Programme — Software — vorhanden sein.

Es ist ein deutlicher Trend dahin zu erkennen, daß die Kosten zur Erarbeitung dieser Programme einen immer größeren Anteil an den gesamten EDV-Kosten ausmachen, wohingegen die relativen Kosten der Computermiete oder des Computerkaufes rückläufig sind.

In Anbetracht dieser Tatsachen liegt es nahe, die Frage zu stellen, ob ähnlich wie die Kooperation bei der Benutzung einer EDV-Anlage auch die Kooperation bei der Software vorteilhaft sein kann. In den USA begegnet man in diesem Zusammenhang dem Wort „Software-Sharing", das in Anlehnung an „Time-Sharing" gebildet wurde.

In diesem Referat möchte ich Vor- und Nachteile der gemeinschaftlichen Benutzung von Software erörtern und — nicht zuletzt mit Hilfe einiger Beispiele aus der Praxis — zur Beantwortung der Frage beizutragen versuchen, inwieweit durch gemeinschaftliche Softwarebenutzung ein Weg zur Wirtschaftlichkeitssteigerung aufgezeigt ist.

Dabei soll einerseits der Begriff der Gemeinschaftssoftware weit gefaßt sein und jegliche Software umfassen, die von mehreren Unternehmen genutzt wird, ohne Rücksicht darauf, wer die Software hergestellt hat.

Da die Lieferung von sogenannter Systemsoftware, etwa Betriebssystemen oder Compilern, durch die Computerhersteller heute fast eine Selbstverständlichkeit geworden ist, sei es andererseits gestattet, eine Einschränkung des Themas dahin vorzunehmen, daß im folgenden nur über anwendungsorientierte Software gesprochen wird und hierbei wieder über betriebswirtschaftliche Anwendungen.

B. Die wachsende Bedeutung des Themas

Aus den folgenden Gründen wird das angesprochene Thema stets wichtiger:

(1) Die Softwarekosten nehmen einen immer größeren Teil der gesamten EDV-Kosten in Anspruch.

(2) Programme, die die anspruchsvolleren Aufgaben, wie z. B. Optimierungsmodelle in der Datenverarbeitung oder automatische Führungsinformation, lösen können, stellen hohe Anforderungen bei der Konzeption und Programmierung und setzen in besonderem Maße Erfahrungen aus mehreren Unternehmen voraus. Die Kosten einer individuellen Entwicklung derartiger Programme sind sehr hoch.

Das gilt insbesondere für die Optimierungsmodelle, und daher haben z. B. Lagerhaltungssysteme, die Operations-Research-Modelle enthalten (Berechnung von optimalen Bestellmengen unter Berücksichtigung von Sammelbestellungen und Rabatten, optimalen Bestellzeitpunkten und optimalen Sicherheitsbeständen und Prognosen), sehr zur Popularisierung des Gedankens der vorgefertigten Programme beigetragen. Das IMPACT-System der IBM z. B. ist bereits über hundertmal installiert.

(3) Die individuelle Entwicklung anspruchsvoller Programme dauert lange, und so kommt es immer wieder vor, daß die im Hinblick auf elegante Anwendungsmöglichkeiten angemieteten, hochausgerüsteten und mithin teuren Computer lange Zeit nur mit Massenarbeiten ausgenutzt werden und infolgedessen nicht wirtschaftlich arbeiten.

(4) Das qualifizierte Personal, das für die Konzeption und Programmierung derartiger Systeme erforderlich ist, wird immer knapper. So wird der Ausspruch verständlich, den kürzlich der Organisationsleiter der Ersten Österreichischen Sparkasse in Wien machte: „Die Umstellung, in der wir uns jetzt befinden (Einsatz eines Echtzeitsystems, der Verf.), ist die letzte in einer langen Serie der Umstellungen seit der ersten Einführung der Datenverarbeitung, die wir noch ohne Kooperation auf dem Software-Sektor bewältigen können."

(5) Die größeren Computer, insbesondere die größeren Internspeicher, ermöglichen die Verwendung sogenannter Modularprogramme, baukastenförmiger Programme; dadurch wird die Herstellung von Gemeinschaftsprogrammen erleichtert.

(6) Die zunehmende Verwendungsmöglichkeit problemorientierter Sprachen erleichtert den Einsatz von Gemeinschaftsprogrammen, denn man wird vom verwandten Computertyp unabhängiger, wenn auch (nach dem heutigen Stand der Dinge) bei weitem nicht vollkommen unabhängig. Die zunehmende Ähnlichkeit der Hardware im Bereich mittlerer EDV-Anlagen wirkt ebenfalls in diese Richtung.

C. Formen der Gemeinschaftssoftware

Zur Zeit sind die folgenden Formen der Herstellung und Benutzung von Gemeinschaftssoftware bekannt:

(1) Ein EDV-Hersteller produziert Software, die für seine Maschine gedacht ist und allen Benutzern dieses Maschinentyps zur Verfügung steht. Sieht

man einmal von Sonderfällen ab (z. B. verkauft der US-amerikanische Hersteller Scientific Data Systems seine COBOL-Compiler getrennt von der Hardware), so steht die Hersteller-Software scheinbar unentgeltlich zur Verfügung, *scheinbar* unentgeltlich deshalb, weil der Hersteller die Software in die Hardwarekosten hineinkalkuliert hat.

(2) Ein Dienstleistungs- oder Gemeinschafts-Rechenzentrum bietet die Benutzung seiner Rechenanlage zusammen mit Gemeinschaftsprogrammen an. Diese Variante gewinnt vor allem mit der zunehmenden Verbreitung von Rechenzentren auf Time-Sharing-Basis an Bedeutung. Wir haben dann ein kombiniertes Time-Sharing — Software-Sharing vor uns. In der Bundesrepublik gibt es Ansätze, z. B. das Rechenzentrum der Interchoc in Krefeld für Süßwarengroßhändler oder die Anlagenberatung für Kreditinstitute, die BULL-GE zusammen mit Time-Sharing-Dienstleistungen anbieten. Es wurde mir in den USA gesagt, daß viele Service-Zentren, die mit Time-Sharing arbeiten, ihre Erfolge gerade auf dieses kombinierte Angebot zurückführen.

(3) Verbandsinstitutionen erarbeiten für ihre Mitglieder Standardprogramme.

(4) Software-Hersteller verkaufen oder vermieten fertige Software.

(5) Mehrere Unternehmen gründen einen Entwicklungsring für Software, das Produkt dieser Entwicklungsarbeiten setzt man gemeinsam ein.

(6) Benutzerorganisationen errichten einen Programm-Pool.

(7) Als letztes sei der seltenere Fall erwähnt, daß ein individueller Benutzer ein für sich hergestelltes Programm einem anderen Benutzer entgeltlich oder unentgeltlich anbietet; zum Beispiel offeriert die Sulzer AG, ein schweizerisches Unternehmen des Großmaschinenbaus, ein System von Netzplanprogrammen.

D. Vor- und Nachteile der gemeinschaftlichen Softwarebenutzung

Im folgenden sollen die Vor- und Nachteile der Benutzung von Gemeinschaftssoftware einander gegenübergestellt werden, wobei zunächst die allgemeinen Vor- und Nachteile genannt werden sollen; anschließend sollen dann die Vor- und Nachteile der einzelnen Varianten gemeinschaftlicher Softwarebenutzung diskutiert werden.

I. Vorteile der gemeinschaftlichen Softwarebenutzung

In den folgenden Betrachtungen zu den Vorteilen der gemeinschaftlichen Softwarebenutzung sollen die Kosten- und Wirtschaftlichkeitsfragen zunächst außerhalb der Betrachtung gelassen werden, weil sie anschließend an Hand von Beispielen etwas näher betrachtet werden.

Neben den Wirtschaftlichkeitsvorteilen bestehen die folgenden weiteren Vorzüge:

a) Es vergeht oft nur eine sehr kurze Zeit vom Kaufentscheid bis zur vollzogenen Umstellung. In der Zeitschrift Datamation vom Oktober 1968 findet sich eine Umfrage unter Benutzern von vorgefertigten Programmen. Soweit dort Realisierungszeiten angegeben sind, liegen diese nur in einem Fall (einem System, das EDV-Arbeiten im Zusammenhang mit dem langfristigen Kreditgeschäft einer Bank übernimmt) über einem Jahr. Ein Verkehrsunternehmen, das ein betriebliches Datenbanksystem kaufte, konnte dieses in wenig mehr als sechs Monaten installieren. Ein von einem Chicagoer Kaufhausunternehmen gemietetes Lohn- und Gehaltsprogramm wurde in sechs Monaten nach der Lieferung zum Laufen gebracht. Eine andere von Datamation befragte Bank realisierte ein gekauftes System für das langfristige Kreditgeschäft sogar binnen drei Monaten. (Vgl. auch die Beispiele in Abschnitt F.)

b) In die vorgefertigten Programme fließen meist die Erfahrungen aus einem oder mehreren anderen Unternehmen ein. Ähnlich wie die meisten EDV-Hersteller ihre Anwendungsprogramme durch Generalisierung von Arbeiten in Pionierunternehmen und zuweilen in ihrem eigenen Hause gewinnen, so entstehen auch die vorgefertigten Programme von Softwareherstellern oder von entsprechenden Verbandsinstitutionen unter Berücksichtigung der Erfahrungen aus mehreren Installationen. Insoweit werden mit einer gewissen Wahrscheinlichkeit bei der Benutzung von Gemeinschaftssoftware gleichzeitig auch die positiven Effekte der Unternehmensberatung erzielt. Für den Benutzer wird dadurch auch die Gefahr vermieden, daß ein selbstgefertigtes EDV-Programm zu stark die im Unternehmen angetroffenen organisatorischen Abläufe abbildet, ohne wirklich die durch die EDV gegebenen Verbesserungsmöglichkeiten zu nutzen.

c) Gemeinschaftsprogramme werden oft von besonders qualifizierten Systemspezialisten konzipiert und von besonders guten Programmierern programmiert. So schreibt der bekannte US-amerikanische EDV-Fachmann Canning in seinem EDP Analyzer im November 1967 in einer Untersuchung über solche Software-Produzenten, die von den EDV-Herstellern unabhängig sind, daß diese jüngeren Unternehmen eine ganz besondere Anziehungskraft auf die Elite unter den EDV-Fachleuten ausgeübt haben.

d) Der Aufwand für die Installierung eines vorgefertigten Programms ist weit besser kalkulierbar als der zur individuellen Herstellung eines eigenen Programms.

II. Nachteile der gemeinschaftlichen Softwarebenutzung

a) Der bedeutendste Nachteil liegt darin, daß es schwer ist, ein Anwendungsprogramm zu finden, das genau die anstehenden Probleme des potentiellen Benutzers löst. Oft sind entweder Erweiterungen oder Änderungen notwendig, oder man muß mit der eigenen Grundorganisation dem Gemeinschaftsprogramm entgegenkommen. Die Bereitschaft zu letzterem ist zwar in den letzten Jahren gestiegen, es bestehen aber noch Vorurteile dagegen.

Im einzelnen können z. B. die folgenden Schwierigkeiten bestehen:

(1) Die Formate der Eingabedaten und der Datenspeicherung entsprechen nicht den bis dahin benutzten. Zum Beispiel möge ein käufliches Standardprogramm dreihundertstellige Kundenstammsätze voraussetzen, wohingegen bis dahin nur zweihundertstellige Kundenstammsätze benutzt wurden.

(2) Die Standardprogramme setzen voraus, daß bestimmte andere EDV-Programme bereits installiert sind, die für das Gemeinschaftsprogramm Daten aufbereiten und beistellen, die aber im potentiellen Benutzer-Unternehmen noch nicht vorhanden sind. Beispielsweise verlangen Führungsinformationssysteme im Vertriebssektor, daß die Kundenauftragserfassung und -prüfung und/oder die Fakturierung bereits elektronisch erfolgen.

(3) Die Gemeinschaftsprogramme sind zu stark verfeinert und erfordern zuviel Rechenzeit.

(4) Die Gemeinschaftsprogramme sind zuwenig verfeinert, z. B. mögen einem Kreditinstitut die programmierten Abstimmungen nicht ausreichen.

(5) In einigen Fällen begegnet man auch Widerständen von potentiellen Ausdrucksempfängern gegen einige Besonderheiten der Gestaltung von Ausgabeformularen.

b) Ein anderer, recht verbreiteter Nachteil kann darin liegen, daß das Standardprogramm auf eine andere Maschinenkonfiguration abgestellt ist, als sie zur Verfügung steht.

c) Es besteht die Gefahr, daß später Anpassungen oder Erweiterungen nicht gut vorgenommen werden können, weil im benutzenden Unternehmen niemand „so tief im Programm steckt". Allerdings existiert in Anbetracht der hohen Fluktuation, die in vielen Programmierabteilungen üblich ist, dieses Problem auch bei individuellen Programmen.

d) Einige innerbetriebliche EDV-Leute fühlen sich beleidigt, wenn man ihnen die Entwicklung eleganter EDV-Anwendungen nicht überträgt.

e) Man wird unter Umständen zu Anpassungen gezwungen, wenn der Software-Hersteller das Programm ändert.

f) In problemorientierten Sprachen geschriebene Gemeinschaftsprogramme nutzen unter Umständen nicht alle Möglichkeiten der Rechenanlage aus.

g) Es ist zuweilen nicht sichergestellt, ob später die Integration der einzelnen Modularprogramme zu einem geschlossenen System gelingt.

III. Vor- und Nachteile einzelner Formen der Gemeinschaftssoftware

In der folgenden Aufstellung sind die charakteristischen Vor- und Nachteile von einzelnen Formen der Gemeinschaftssoftware aufgeführt. Im Einzelfall können sich allerdings beträchtliche Abweichungen von den allgemeinen Beobachtungen ergeben.

Herstellungsart	Wichtigste Vorteile	Wichtigste Nachteile
EDV-Hersteller	Kostenlos (direkte Kosten Null). Internationale Auswahl.	Individuelle Zurichtung erfolgt meist nur bei „Schaufensterunternehmen" — z. Z. sehr allgemein (wenig Berücksichtigung branchenindividueller Probleme). Maschinengebunden.
Rechenzentrum	Kostengünstig.	Nur im Zusammenhang mit Datenverarbeitung außer Haus möglich.
Verbandsinstitution	Wenig Kosten (direkte Kosten etwa Null). Einflußnahme auf Entwicklung teilweise möglich.	Nur allgemein interessierende Aufgaben werden in Angriff genommen.
Software-Hersteller	Zurichtung wird meist übernommen, allerdings gegen Bezahlung.	Nur allgemein interessante Aufgaben werden in Angriff genommen. Oft teuer.
Entwicklungsring	Einflußnahme auf Entwicklung ist möglich. Individualität am höchsten, Zurichtung meist nicht nötig, Maschinenunterschiede können bei Entwicklung berücksichtigt werden. Es können auch recht spezielle Aufgaben in Angriff genommen werden.	Kosten nicht ganz so niedrig wie bei anderen Formen.
Pool	Kostenlos.	Wahrscheinlichkeit, ein geeignetes Programm zu finden, ist im betriebswirtschaftlichen Bereich gering. Zurichtung muß selbst durchgeführt werden.
Anderes Unternehmen	Oft sehr preiswert.	Unterstützung bei Zurichtung und Einführung minimal.

E. Die Eignung von betriebswirtschaftlichen Aufgaben zur Bearbeitung mit Gemeinschaftssoftware

Die folgenden Aufgaben lassen sich in der Regel gut in Gemeinschaftsprogramme fassen:

(1) Fakturierung

(2) Führungsinformationssysteme, insbesondere im Vertriebsbereich

(3) Lagerhaltungssysteme im Großhandel und bedingt in der Industrie, Bestellwesen im Filialhandel

(4) Kosten- und Erfolgsrechnungssysteme[1])

(5) Dokumentation, Datenbankabfragesysteme

(6) Prognosemodelle bei einfachen Verläufen

(7) Schalterarbeiten, Sparverkehr, Zahlungsverkehr, Kontokorrentverkehr, Effektenverkehr in Kreditinstituten

(8) Mahnwesen in Versicherungen

(9) Aufgaben, bei denen von der Gesetzgebung her eine Vereinheitlichung geboten ist (z. B. Mahnwesen im Finanzamt, Statistische Landesämter)

Für die folgenden Aufgaben sind Gemeinschaftsprogramme schwieriger zu erstellen, es sei denn, man erstrebt eine Vereinheitlichung nur für bestimmte genauer definierte Branchen und Betriebsgrößen:

(1) Prognosemodelle für komplizierte Verläufe (etwa Zusammentreffen von saisonalen Verläufen und stoßweisem Bedarf)

(2) Stücklistenspeicherung

(3) Stücklistenauflösung bei nicht zu starkem Integrationsgrad

(4) Produktionsplanung

(5) Lohn und Gehalt

(6) Bestelldisposition und Lieferantenwahl

F. Einige Beispiele

I. Studiengesellschaft für Sparkassen-Automation

Die Studiengesellschaft für Sparkassen-Automation ist eine Gründung des Hauptverbandes der österreichischen Sparkassen in der Rechtsform eines Vereins. Sie hat den Auftrag, die Einführung moderner Datenverarbeitungssysteme in den Mitgliedsunternehmen zu fördern, insbesondere durch Unter-

---

[1]) Hier wurde schon vor Jahrzehnten durch Einheitskontenrahmen und -kalkulationsvorschriften Pionierarbeit geleistet.

9 Grochla, Wirtschaftlichkeit

stützung bei der Systemplanung und Programmierung. Die Voraussetzungen der Benutzung von Gemeinschaftssoftware sind hier recht gut, weil aus gesetzlichen und revisionstechnischen Gründen kein großer Spielraum für die banktechnischen Abwicklungen gegeben ist und daher individuelle Lösungen wenig Vorteile bringen können.

Die Politik bei der Bereitstellung der Software kann wie folgt formuliert werden: Es werden allgemein interessierende Standardkonzeptionen und Standardprogramme (gegenwärtig sind es vor allem die Bearbeitung des Giro- und des Spargeschäftes sowie der Daueraufträge) erarbeitet, in der Regel in Zusammenarbeit mit „Schlüsselunternehmen". Allen anderen interessierten Unternehmen, insbesondere auch den Benutzern von Verbands-Rechenzentren, bietet man die Standardkonzeption und Standardprogramme kostenlos an. Die Interessenten können auf einzelne Teile der Konzeption und Programme verzichten. Wünschen sie jedoch Änderungen oder Ergänzungen zu dem Standardsystem, so werden diese zum Selbstkostenpreis in Rechnung gestellt. Wir haben hier den Fall vor uns, daß die Software als solche kostenlos ist, wenn auch ihre Herstellung indirekt über die Mitgliedsbeiträge an den Verband finanziert wird.

Zusätzliche Kosten entstehen für das Schlüsselunternehmen durch die Mitwirkung bei der Erarbeitung der Konzeption. Die folgenden Benutzer haben diesen Aufwand nicht, dafür aber auch nicht die Chance, ihre Wünsche in die Konzeption und in die Programmierung einfließen zu lassen.

Der Versuch einer strengen Quantifizierung der Leistungen der Studiengesellschaft ist dort unternommen worden, wurde jedoch dadurch behindert, daß es einfach nicht gelang, die Arbeitsersparnisse zu bewerten, die dadurch entstanden, daß die Studiengesellschaft einige erfahrene Fachleute der Bankautomation einstellen konnte, die viele Fehler von vornherein zu verhüten und die Konzeption sehr schnell zu erarbeiten vermochten. Entscheidende Hinweise erhält man jedoch aus der Aussage, daß in den geplanten Verbandsrechenzentren (Graz, Linz, Innsbruck und bedingt Klagenfurt) überhaupt nur im Vergleich zu konventionellen Organisationsmitteln erträgliche Preise für die Massendatenverarbeitung (z. B. pro Buchungsposten) erreicht werden konnten, indem man in ganz Österreich einheitliche Konzeptionen und Programme verwendet, die nicht stets neu erarbeitet werden müssen. Die Maschinenkosten machen in diesen Zentren nur ein Drittel der Gesamtkosten aus, obwohl die Datenerfassung bei den teilnehmenden Sparkassen durchgeführt wird und infolgedessen im Rechenzentrum Datenerfassungskosten nicht anfallen.

Als weiterer wesentlicher Vorteil des Software-Sharing wurde die Tatsache genannt, daß die mittleren Sparkassen schon personalpolitisch die Besonderheiten im Arbeitsstil und bei der Bezahlung von qualifizierten EDV-Fachleuten, die man für die Herstellung individueller Programme hätte einstellen müssen, nicht verkraftet hätten.

Zusammenfassend läßt sich aus diesem Beispiel ableiten, daß vor allem mittlere und in Zukunft auch kleinere Unternehmen aus dem Software-Sharing Nutzen ziehen können.

II. Gesellschaft für Datenverarbeitung und betriebswirtschaftliche Organisation

Die Vorgehensweise der Gesellschaft für Datenverarbeitung und betriebswirtschaftliche Organisation, in der Folge mit DbO abgekürzt, erscheint typisch für Entwicklungsringe bei der gemeinschaftlichen Softwarebenutzung.

Die Gesellschaft faßt jeweils mehrere, in der Regel 3—5 Unternehmen mit gleichartigen Datenverarbeitungsproblemen zu Entwicklungsringen zusammen. Dann werden Kernkonzeptionen entwickelt, die für alle am Ring beteiligten Unternehmen gleich sind, und Zusatzkonzeptionen, durch die individuelle Wünsche der Teilnehmer berücksichtigt werden. Darauf aufbauend entstehen die Programme.

Als Beispiel diene ein Führungsinformationssystem für den Vertrieb. Es analysiert die aus der Auftragserfassung bzw. aus der Fakturierung stammenden Daten. Ausgabe sind Führungsunterlagen für die einzelnen Verantwortungsträger. Auf den einzelnen Hierarchiestufen erhalten die Verantwortungsträger Informationen über die Vertriebserfolge, die so verdichtet sind, wie es ihrem Verantwortungsbereich entspricht. Spitzenmanager bekommen also Daten über einen großen Gesichtskreis, die aber wenig detailliert sind. Führungskräften auf den unteren und mittleren Ebenen werden Detailinformationen aus ihren begrenzten Verantwortungsbereichen gezeigt. Das Datenmaterial wird elektronisch umfangreichen Analysen unterzogen, und auf Grund dieser Analysen werden Verbalaussagen und besondere Detailblätter gedruckt, die Verantwortungsträger auf besondere positive oder negative Entwicklungen im eigenen Bereich und im Verantwortungsbereich der rangniedrigeren Mitarbeiter aufmerksam machen. Es handelt sich also um eine anspruchsvolle Aufgabe der elektronischen Datenverarbeitung, bei der der Teufel im Detail steckt und zu deren Konzeption beachtliche Erfahrung erforderlich ist. Hinzu kommt, daß derartige Konzeptionen, vor allem bei mittelgroßen Datenverarbeitungsanlagen, wie etwa der IBM 360/30, der Siemens 4004/35 oder der UNIVAC 9300, leicht zu Programmen führen, die sehr lange laufen. Daher braucht es eine sehr sorgfältige Programmierung in Abstimmung mit der Konzeption, um unnötige Speicherbelegungen und Sortierläufe zu vermeiden.

Ein solches System verlangt bei individueller Herstellung durch das benutzende Unternehmen nach meiner Schätzung 1,0—1,5 Jahre Arbeit zweier hochqualifizierter Systemspezialisten und 2,5—3,0 Mannjahre Programmierung, ebenfalls für hochqualifizierte Programmierer. Bewertet man die Systemspezialisten mit 40 000 DM pro Arbeitsjahr einschließlich Arbeitsplatz- und Weiterbildungskosten, die Programmierer mit 30 000 DM und bewertet man die bei individueller Herstellung anfallenden zusätzlichen Testkosten mit 5000 DM, so resultiert für das individuelle System ein Gesamtkostenaufwand von

1,0—1,5 Jahre × 2 Leute × 40 000	=	80 000 — 120 000 DM
+ 2,5—3,0 Mannjahre × 30 000	=	75 000 — 90 000 DM
+ Testkosten	=	5 000 — 5 000 DM
		160 000 — 215 000 DM

DbO fordert vom Teilnehmer am Entwicklungsring 60 000 DM, so daß ein Ersparnisfaktor von 2,7—3,6 resultiert.

Dabei sind nun die anderen Vor- und Nachteile, die bereits erörtert wurden, nicht quantifiziert und sozusagen stillschweigend gegeneinander saldiert. Diese Vorgehensweise erscheint, will man die Vorteilhaftigkeit der Entwicklungsringe nachweisen, eher noch zu vorsichtig.

III. Süddeutsche Bremsen-AG

Für den Einsatz von Hersteller-Standardprogrammen ist die Süddeutsche Bremsen-AG ein Beispiel, obwohl sie nicht als stellvertretend für alle anderen Fälle betrachtet werden kann, weil hier in der Anfangszeit des Einsatzes von Standardprogrammen noch Pionierarbeit geleistet werden mußte. Trotzdem erscheint dieses Beispiel aus einer Reihe von Gründen sehr interessant, insbesondere weil es sich um Programme aus dem Produktionssektor handelt, deren Standardisierung vielfach für nicht möglich gehalten wird.

Bei der Südbremse hat man am 1. Juni 1967 eine IBM/360/30 installiert. Einen Monat später sind die IBM-Programme BOMP, MOSCOR und MINCOS (es handelt sich dabei um Programme zur Verwaltung von Teilestammsätzen und Stücklisten, die Stücklistenauflösung mit Nettobedarfsermittlung sowie die Lagerbestandsführung und Disposition) auf der Anlage zum Laufen gebracht worden, teilweise jedoch noch mit nicht brauchbaren Ergebnissen (z. B. errechnete das Programm die wirtschaftliche Losgröße falsch, der Grund war ein Programmfehler — MINCOS war in einer nicht freigegebenen Vorab-Version eingesetzt worden). Die endgültige Einführung dieser Programme in die betriebliche Praxis erfolgte bis Ende des Jahres 1967. (Die erste Begegnung mit den Programmen BOMP und MOSCOR hatte man bei der Südbremse nur 3 Monate vor Lieferung der Anlage, das MINCOS war ein Jahr vorher bekannt.)

Aus Wirtschaftlichkeitsgründen sind bei der Südbremse die Hersteller-Standardprogramme möglichst unverändert eingesetzt worden. Zu deren Integration mußten Verbindungsprogramme geschrieben werden, die einerseits die betrieblichen Gegebenheiten auf die programmtechnischen Erfordernisse maschinenintern umformen und die andererseits die Kopplung der Programme untereinander übernehmen. Letzteres ist notwendig geworden, da das MINCOS als Bandversion vorlag, BOMP und MOSCOR jedoch Plattenversionen sind. Diese Verbindung wurde in den ersten Versuchsläufen über Lochkarten als Zwischenspeichermedien hergestellt. Parallel dazu wurde eine Reihe von eigenen Programmen entwickelt (Bestellschreibung, Schreiben von Mahnungen und Wareneingangsscheinen, Bereitstellung der Fertigungspapiere). In der anschließenden Konsolidierungsphase wurden die Standardprogramme und die eigenen Programme zu drei Job Streams zusammengefaßt. Hierdurch wurde auf dem Sektor der Materialwirtschaft im weiteren Sinne eine echte Integration erreicht, wie es sie vielleicht heute in der BRD auch in Unternehmen mit individueller Konzeption nur wenig gibt.

Man hat, bestärkt durch die guten Erfahrungen, dann auch das schwierigste Problem in Angriff genommen, nämlich die Fertigungssteuerung, und dazu das in Deutschland von Kraus entwickelte Kapazitätsterminierungsprogramm (das inzwischen den Namen CLASS erhielt) herangezogen. Im Juni 1968 wurde dazu der Beschluß gefaßt, im Oktober 1968 fanden die ersten Läufe statt, und 1969 wurde die letzte Umstellungsphase vollzogen.

Der Aufwand an Konzipierungs- und Programmierungsarbeit zum Einsatz der Standardsysteme ist, wie man aus den kurzen Anlaufzeiten ersehen kann, verhältnismäßig gering. Um die Wirtschaftlichkeit weiter beurteilen zu können, muß man daher die Frage anschließen, welche Nachteile der Standardisierung man dafür in Kauf genommen hat. Bei Hersteller-Standardprogrammen, die für einen sehr weiten Anwenderbereich konzipiert worden sind, liegt es nahe, diese Nachteile darin zu vermuten, daß man sich mit der Grundorganisation zu sehr an die wenig individuellen Programme anzupassen hatte.

In diesem Fall wurde eine differenzierte Antwort gegeben:

Bei den Grundprodukten der Südbremse AG, z. B. einfacheren Maschinenelementen, bestehen überhaupt keine Probleme bei der Benutzung der IBM-Programme, individuellere Programme könnten hier auch keine Vorteile bringen.

Bei den komplizierten Teilen des Produktionsprogramms, es handelt sich dabei vor allem um Motoren, die in einem flexiblen Baukastensystem mit vielen individuellen Änderungen gefertigt werden, treten hingegen Probleme auf, die man mit einem individuellen Programm hätte vermeiden können. Zum Beispiel erlaubt BOMP nur die Speicherung und Verwaltung eines Änderungszustandes. Da man es bei Südbremse aber oft mit mehr als einem Änderungszustand zu tun hat, muß man zu Tricks greifen, etwa den zweiten Änderungszustand als separate Sachnummer definieren, wodurch aber in der Grundorganisation das Nummernsystem wieder geändert werden muß. Die Folge sind zusätzliche manuelle Verwaltungsoperationen. Gegenwärtig arbeiten in der Grundorganisation in Zusammenhang mit der Verwaltung des Systems 8 bis 9 Personen in der Umstellungsgruppe, 2 Personen in der Zeichnungsabteilung für die Zeichnungsumstellung und 2 Personen im Änderungsdienst. Man schätzt, daß von diesen insgesamt 12 Personen ein Drittel, also 4, eingespart werden könnten, wenn das EDV-System genau auf die Bedürfnisse der Süddeutsche Bremsen AG zugeschnitten wäre. Dieser Mehraufwand ist aber in voller Höhe nur während der Umstellungsphase erforderlich, die sich alles in allem auf etwa drei Jahre erstrecken dürfte. Die Einsparungsmöglichkeiten betragen daher 4 $\times$ 3 = 12 Mannjahre. Da es sich dabei aber um Mitarbeiter handelt, die etwa nur halb so teuer sind wie die Systemanalytiker, die zum Entwurf eines eigenen Systems notwendig wären, kann man sagen, daß sechs Systemanalytiker-Mannjahre eingespart werden könnten. Es bedarf kaum der Erwähnung, daß man ein entsprechendes System mit sechs Systemanalytiker-Mannjahren, vom Programmier- und Testaufwand ganz zu schweigen, nicht zum Laufen bringen könnte.

Die weiteren Nachteile, die genannt wurden, betreffen im wesentlichen die üblichen Probleme bei Übergang auf EDV, die unabhängig von der Entscheidung für Standard- oder individuelle Programme sind, wie z. B. vereinzelt auftauchende Fehler in der Software oder die plötzliche Feststellung, daß der im System enthaltene Werkskalender nur dreistellig ist und bei 1000 auf Null springt, womit vorher niemand gerechnet hatte.

Man besitzt bei Südbremse eine sehr gute Vergleichsmöglichkeit. Bei der Schwestergesellschaft Motorenwerke Mannheim hatte man sich für eine individuelle Lösung im Fertigungssektor entschieden und arbeitet seit etwa zwei Jahren mit einer etwa gleich großen Mannschaft wie bei Südbremse an einem individuellen Modell, jedoch hat man bisher noch keine Umstellung vollziehen können. Allerdings wird man mit großer Wahrscheinlichkeit nach Fertigstellung dieses System die komplizierten Probleme des Motorenbaus ohne die oben angedeuteten Umwege lösen können.

G. Schlußbemerkung

Insgesamt kann man feststellen, daß in vielen Fällen die Benutzung von Gemeinschaftssoftware vom Wirtschaftlichkeitsaspekt interessant ist und auch sonst eine Reihe interessanter Vorteile bringt, die den Nachteilen zumindest die Waage halten dürften.

Selbstverständlich ist aus diesem Ergebnis nicht zu schließen, daß jedes Unternehmen seine Programmierer zum nächsten Ersten in die Wüste schicken kann. Für Aufgaben jedoch, die einigermaßen standardisierbar sind und für die auf dem Software-Markt Programme angeboten werden, ist das Software-Sharing eine intensive Prüfung wert. Vor jeder Entscheidung, eigene Teilsysteme zu entwickeln, sollte daher auch eine Beschaffungsmarktforschung des Softwaremarktes erfolgen.

Überwachung der Wirtschaftlichkeit der automatisierten Datenverarbeitung durch die Unternehmensleitung

Vortrag (Fachtagung)

Von U. B. Hoffmann, M. S.

Booz, Allen & Hamilton Internationaal N. V., Düsseldorf

Inhalt

A. Einleitung

Ein erfolgreicher Einsatz der automatisierten Datenverarbeitung (ADV) ist von großer Bedeutung für die Wirtschaftlichkeit des Unternehmens von morgen, für seine Rentabilität und damit für seine Lebensfähigkeit. Daher muß sich die Unternehmensleitung in zunehmendem Maße damit befassen, die Wirtschaftlichkeit der ADV sicherzustellen.

Die Unternehmensleitung von heute ist jedoch oft noch recht ungenügend darauf vorbereitet, anstehende Entscheidungen über den Einsatz der automatisierten Datenverarbeitung wirksam zu treffen. Sie widmet der ADV oft nicht die Aufmerksamkeit und Zeit, die eigentlich im Hinblick auf ihre Bedeutung für die Rentabilität des Unternehmens erforderlich sind. Die Unternehmensleitung überläßt es dann im Grunde den ADV-Fachleuten, wo und wie die Datenverarbeitung im Unternehmen eingesetzt werden soll. So verbleibt der Unternehmensleitung meist nur die wenig befriedigende Aufgabe, den Herren von der Datenverarbeitung von Jahr zu Jahr höhere Budgets zu genehmigen.

Allenfalls kann es auch vorkommen, daß ein Vorstandsmitglied bei der Lektüre oder bei Gesprächen mit den leitenden Herren anderer Unternehmen feststellt: Bei der Firma Sowieso wird die ADV auch für die Aufgabe XY eingesetzt. Oder — dort bedient man sich der Alpha-Beta-Gamma-Technik. Das scheint fortschrittlich zu sein. Dann ergeht an die ADV-Fachleute im Unternehmen die Frage: Machen wir das eigentlich auch so? Je nachdem, wie die Antwort ausfällt, bekommt die ADV-Abteilung dann einen Pluspunkt oder einen Minuspunkt, und damit endet häufig das Eingreifen der Unternehmensleitung.

Für den wirtschaftlichen Einsatz der Datenverarbeitung im Unternehmen kann es jedoch tatsächlich ausschlaggebend sein, daß die Unternehmensleitung auf diesem Gebiet eine wirklich unternehmerisch lenkende Rolle spielt. Hierfür gibt es zahlreiche Anhaltspunkte und Beweise. Zum Beispiel zeigte eine Untersuchung der Unternehmensberatung McKinsey im Jahre 1963, daß von 27 amerikanischen Großunternehmen, die im Einsatz der Datenverarbeitung beträchtliche Erfahrung aufwiesen, in Wirklichkeit nur neun Unternehmen einen nennenswerten Nutzen aus diesem Einsatz erzielen konnten. Als einer der entscheidenden Faktoren für den Erfolg bei diesen neun Firmen wurde die aktive Beteiligung der Unternehmensleitung (executive leadership) bei der Lenkung der Datenverarbeitung genannt.

Wie sieht nun eine solche aktive Beteiligung der Unternehmensleitung in der Praxis aus? Auch dazu gibt es Anhaltspunkte aus den USA. Die Unternehmensberatung Booz, Allen & Hamilton führte dort in den letzten Jahren zwei Untersuchungen zu dem Thema durch: Wie organisieren und lenken erfolgreiche Industrieunternehmen den Einsatz der Datenverarbeitung?

Die erste Untersuchung, die 33 erfolgreiche Unternehmen der Fertigungsindustrie umfaßte, ergab folgendes:

Diese Firmen ließen fast alle die Wirtschaftlichkeit ihrer Datenverarbeitung in regelmäßigen Abständen durchleuchten, woran sich das Management bis hinauf zur höchsten Ebene aktiv beteiligte. Dort, wo diese regelmäßige Überwachung entweder gar nicht oder nur unzulänglich erfolgte, waren auch die wirtschaftlichen Ergebnisse der Datenverarbeitung nicht optimal.

Die zweite derartige Untersuchung umfaßte 108 Unternehmen, die zu den erfolgreichsten ihrer Branche gehörten. Auch hier wurde festgestellt: Bei zwei Dritteln dieser Unternehmen überprüft das Management regelmäßig die Leistungen und Kosten der automatisierten Datenverarbeitung. Besonders die größeren Unternehmen neigten dazu, auf diesem Wege sicherzustellen, daß die Datenverarbeitung erfolgreich eingesetzt wird.

Die unternehmerische Einstellung zur Datenverarbeitung geht recht treffend aus folgender Bemerkung eines Vorstandsmitglieds hervor: „Letzten Endes kommt es uns darauf an, daß der Computer bei uns einen größeren Nutzen abwirft als bei der Konkurrenz."

B. Warum Wirtschaftlichkeitsüberwachung?

Stellen wir nun die Frage: Warum ist gerade die regelmäßige Überwachung der Leistungen und Kosten durch das Management ein bewährtes Mittel, den wirtschaftlich erfolgreichen Einsatz der Datenverarbeitung im Unternehmen zu fördern?

Überwachung bedeutet einen Vergleich des erzielten Ergebnisses mit einem geplanten Ergebnis. Es wird also im nachhinein festgestellt, was eigentlich bei einer bestimmten Anwendung der Datenverarbeitung herausgekommen ist. Man begnügt sich nicht damit, ein Projekt der Datenverarbeitung *vor* der Verwirklichung auf die zu erwartenden Vorteile und Kosten zu untersuchen, sondern man stellt auch *nach* der Verwirklichung fest, ob und inwieweit die erwarteten Vorteile tatsächlich erreicht und die Kosten eingehalten wurden.

Eine solche Nachprüfung von Kosten und Leistungen ist heute zwar im Erzeugungsbereich eines Unternehmens die Regel. Aber bei der automatisierten Datenverarbeitung ist sie durchaus noch keine Selbstverständlichkeit, ja eher sogar die Ausnahme. Der Vergleich zwischen Erwartung und Wirklichkeit kann freilich manchmal recht ernüchternd wirken, aber er ist notwendig, wenn der Einsatz der ADV auf die Unternehmensziele ausgerichtet bleiben soll.

Er schließt nämlich den Rückkopplungskreis, der mit der Entscheidung beginnt und über die Durchführung der Entscheidung und weiter über die Prüfung der Ergebnisse und die Ermittlung von Abweichungen zurück zu einer neuen Entscheidungsphase führt, wo Änderungen und Ergänzungen vorgenommen werden können, und zwar anhand konkreter Informationen über die beobachteten Ergebnisse des neu eingeführten Systems.

Ein weiterer Vorteil einer solchen im Kreislauf eingebauten Überprüfungsphase liegt darin, daß sie sich unter gewissen Voraussetzungen nicht nur *nach* der Einführung des neuen Systems korrigierend auswirkt, sondern unter Umständen auch schon früher. Wenn nämlich die mit der Vorbereitung der Entscheidung betrauten Personen (also ADV-Fachleute und Mitarbeiter der Fachabteilungen) von Anfang an wissen, daß nach der Einführung eine Überwachung stattfindet, hat die Überprüfungstätigkeit auch einen vorwärtswirkenden Effekt.

Das Bewußtsein, daß die geschätzten Kosten und Vorteile nach Abschluß eines Projekts geprüft werden, fördert schon an sich eine realistischere, auf Wirtschaftlichkeit ausgerichtete Projektauswahl und Projektplanung. Auch bei der Durchführung des Projekts wird man dann die Aufmerksamkeit mehr auf Leistung und Kosten des einzuführenden Systems richten als auf computertechnische Eleganz.

C. Warum die Unternehmensleitung einschalten?

Warum ist es nun vorteilhaft, Mitglieder der Unternehmensleitung zu dieser Überwachungstätigkeit heranzuziehen? Hierfür gibt es mancherlei Gründe.

(1) Die Unternehmensleitung kann am besten überblicken, wie sich ein geplanter Einsatz der Datenverarbeitung auf die wesentlichen Gesamtziele und -probleme des Unternehmens auswirken wird. Sie ist primär nicht an der Technik der Datenverarbeitung interessiert, sondern an deren konkreten Auswirkungen auf das Betriebsgeschehen.

(2) Mitglieder der obersten Führungsgruppe sind meist stärker unternehmensorientiert als die Ressort- und Abteilungsleiter. Sie wissen das Gesamtinteresse des Unternehmens über die Teilinteressen der Fachressorts zu stellen und erkennen am ehesten die Notwendigkeit, die oft hindernden Grenzen der Fachressorts zu durchbrechen.

(3) Allein die Unternehmensleitung besitzt die letzte Autorität, eventuelle Konflikte zwischen den Fachressorts beizulegen und organisatorische und personelle Änderungen zu veranlassen.

(4) Von den Mitgliedern des Managements kann man erwarten, daß sie die Überwachungsfunktion weitgehend objektiv und unabhängig wahrneh-

men, wohingegen das Personal der Datenverarbeitung wie auch die direkten „Kunden" der Datenverarbeitung naturgemäß einer gewissen Subjektivität unterliegen.

Die anfänglich erwähnten Untersuchungen haben übrigens auch ergeben, daß die Führungskräfte durch die Beschäftigung mit Fragen der Datenverarbeitung in Form regelmäßiger Überwachungstätigkeit ihre Sachkenntnisse und ihr Verständnis für die Datenverarbeitung vertiefen konnten. Hier wirkt auch das natürliche Interesse an der Sache mit, das sich einstellt, wenn man sich ein Urteil über Dinge bilden muß, denen man noch relativ fremd gegenübersteht.

D. Was ist zu tun?

Aus diesen Überlegungen zur Frage „Warum Überwachung der Wirtschaftlichkeit durch die Unternehmensleitung?" ergeben sich schon einige Gesichtspunkte für die praktische Vorgehensweise bei der Überwachung.

Überwachung besteht, wie schon gesagt, im wesentlichen aus der Ermittlung der tatsächlichen Leistungen und Kosten der ADV *nach* der erfolgten Einführung eines neuen Systems, dem Vergleich der erzielten mit den geplanten Ergebnissen, dem Ziehen von Schlußfolgerungen und dem Umsetzen dieser Schlußfolgerungen in neue Entscheidungen.

Es müssen also erstens einmal Vorstellungen darüber bestehen — und zwar schriftlich fixiert —, was eine geplante Anwendung der ADV kosten und welche Ergebnisse und Leistungen sie bringen soll. Zweitens müssen diese erwarteten Kosten und Leistungen den entsprechenden gegenwärtigen Kosten und betrieblichen Ergebnissen gegenübergestellt werden. Aus dieser Gegenüberstellung geht die erwartete Änderung der Kosten und Leistungen hervor.

Um nun tatsächlich eingetretene Änderungen möglichst realistisch zu erfassen, muß man die gegenwärtigen Kosten und Leistungen, die der Erwartung nach durch das neue System beeinflußt werden, laufend verfolgen und messend beobachten. Und zwar muß man damit beginnen, noch ehe die Einführung des neuen Systems in Angriff genommen wird. Nach erfolgter Einführung muß diese Verfolgung und Messung dann in der gleichen Weise auf längere Zeit weitergeführt werden, um Fakten verfügbar zu haben, mit denen ein Vergleich des Zustandes vorher und nachher auch tatsächlich möglich ist.

Dafür ein kurzes Beispiel. Mit Hilfe der ADV soll ein verbessertes System der Fertigwarendisposition verwirklicht werden. Man verspricht sich davon unter anderem eine Senkung der Lagerbestände, also verringerte Kapitalbindung und Lagerkosten, sowie eine erhöhte Lieferbereitschaft. Um die tatsächlich eingetretene Entwicklung erkennen zu können, muß man den Leistungsfaktor „Lieferbereitschaft" schon vor Einführung des Systems erstens definiert und zweitens laufend anhand von Messungen verfolgt haben. Das ist zwar in manchen Unternehmen ohnehin üblich, aber doch bei weitem nicht in allen. Wo das nicht der Fall ist, müssen also *vor* Einführung des neuen Systems entsprechende Maßnahmen ergriffen werden.

Dieser Punkt ist besonders dort zu beachten, wo das einzuführende System dispositiver Art ist, also steuernd und verbessernd auf betriebliche Vorgänge einwirken soll. Man denke an Systeme zur Lagerdisposition, Fertigungssteuerung, Bedarfsvorhersage, Planung des Fuhrparks und dergleichen. Auch die Fehlerhäufigkeit bei manuellen Abläufen, die auf ADV umgestellt werden sollen, wird vor der Umstellung oft nicht erfaßt; das empfiehlt sich aber, wenn das eingeführte neue System auch auf Fehlerreduzierung überprüft werden soll.

Nach Festlegung der erwarteten Auswirkungen einer geplanten ADV-Anwendung und Einführung eines Erfassungsverfahrens für die Leistungs- und Kostenfaktoren werden dann die computertechnischen Vorbereitungen getroffen und die notwendigen organisatorischen Maßnahmen ergriffen. Auch hierbei ist es wesentlich, die bei den Vorbereitungsarbeiten entstehenden Kosten zu erfassen und zu verfolgen. Denn diese Kosten sind vom unternehmerischen Standpunkt aus sozusagen Investitionen, die auf ihre Rentabilität geprüft werden sollten. Auch dient eine solche Kostenerfassung dazu, das mit der Vorbereitung und Einführung betraute Personal in bezug auf wirtschaftliches Arbeiten zu überwachen. Der Vergleich der tatsächlichen mit den geplanten Entwicklungs- und Einführungskosten hilft beim Aufbau von Erfahrungswerten für eine realistischere Vorausschätzung derartiger Kosten.

Kommen wir nun zum Kernpunkt der Überwachungstätigkeit, nämlich dem Vergleich der geplanten und vorausgeschätzten Kosten und Leistungsverbesserungen mit den nach der Einführung ermittelten Werten.

Die auftretenden Abweichungen bieten den gewünschten Ansatzpunkt zur wirtschaftlicheren Gestaltung der automatisierten Datenverarbeitung. Sowohl das eingeführte System als auch die Methodik der Systemplanung, der Vorausbestimmung der erwarteten Kosten und Leistungen und der Einführung lassen sich nun anhand von Fakten verbessern. Diese Erfahrungen werden bei Umstellungen weiterer Arbeitsbereiche auf die ADV zum Tragen kommen.

Die Überprüfung der tatsächlich erreichten Ergebnisse sollte sich allerdings nicht lediglich auf die vorher schriftlich fixierten Erwartungen beschränken. Gerade bei organisatorischen Umstellungen kommt es sehr häufig vor, daß unvorhergesehene Nebenwirkungen auftreten, die bei einem rein formellen Vergleich der Kosten- und Leistungsfaktoren unbeachtet bleiben würden.

Daher ist es vorteilhaft, die Überwachung stets auf Fragen allgemeiner Art auszudehnen, die eine gewisse Sicherheit bieten, daß auch unvorhergesehene Nebenwirkungen erfaßt werden. Solche Fragen sind beispielsweise:

— Welche allgemeinen Auswirkungen organisatorischer und personeller Art wurden beobachtet?

— Entspricht das neue System den Informationserfordernissen der Abteilung?

— Erfüllt das neue System die Anforderungen des Managements hinsichtlich Transparenz und Vollständigkeit der gebotenen Informationen?

— Umfaßt das neue System Sicherheitsvorkehrungen zum Schutz der Daten vor Verlust und Fälschung?

Organisatorisch gibt es viele Möglichkeiten, ein Verfahren zur Überwachung der Wirtschaftlichkeit der ADV zu verwirklichen. Wie schon zu Anfang betont wurde, sollten Mitglieder der Unternehmensleitung hierbei eine wesentliche Rolle übernehmen.

Die Mitwirkung der Mitglieder der Unternehmensleitung erfolgt meist im Rahmen eines regelmäßig zusammentreffenden Ausschusses oder Komitees, dem meist die wichtigsten Ressortchefs des Unternehmens angehören; oft ist auch der Leiter der ADV im Ausschuß vertreten. Ein solcher Ausschuß tritt normalerweise in regelmäßigen Abständen zusammen, kann aber auch bei besonders dringlichen Anlässen speziell einberufen werden.

Die Hauptaufgaben des Ausschusses umfassen einmal die Überprüfung der Wirtschaftlichkeit *vor* Einführung eines ADV-Systems. Daran schließt sich in vielen Fällen die offizielle Genehmigung zur Entwicklung bzw. Einführung des Systems an. Zum anderen obliegt ihm die Überprüfung der tatsächlich erzielten Ergebnisse sowohl auf der Kosten- als auch auf der Nutzenseite. Die notwendigen Vorarbeiten, wie Ausarbeiten von Systemvorschlägen, Definition von Kosten- und Leistungsbegriffen und Erfassung der erforderlichen Kosten- und Leistungsdaten, werden meist an fachlich qualifizierte Mitglieder der Fachabteilungen, der ADV-Abteilung und gegebenenfalls auch der Revisionsabteilung delegiert. Es liegt in der Natur der Sache, daß man für die Organisationsform eines solchen Überwachungsverfahrens und die anzuwendende Methodik keine allgemeingültigen Vorschriften angeben kann — jedenfalls noch nicht im gegenwärtigen Entwicklungsstadium. Viele Probleme der Wirtschaftlichkeitsbestimmung der ADV, wie sie im Laufe der Fachtagung angedeutet wurden, bleiben nach wie vor bestehen und lassen sich allenfalls im Laufe der Zeit lösen.

Allerdings kann die regelmäßige Überwachung der Wirtschaftlichkeit der ADV auch dazu ein sehr wertvolles Hilfsmittel sein. Der Wert dieses Hilfsmittels liegt eben darin, daß durch den ständig durchgeführten Vergleich zwischen Erwartung und Planung einerseits und den tatsächlichen Ergebnissen andererseits ein Rückkopplungskreis entsteht, was laufend dazu beiträgt, die Fähigkeiten, Kenntnisse und Methoden zur Wirtschaftlichkeitsbestimmung weiterzuentwickeln. Voraussetzung dafür ist jedoch, daß die dazu notwendige Disziplin eingehalten wird und der dadurch in Gang gebrachte Lernprozeß bei allen Beteiligten — Unternehmensleitung, Fachabteilungen und ADV-Personal — aufrechterhalten wird. Die Wirtschaftlichkeitsüberwachung dient damit nicht allein der ständigen Ausrichtung des ADV-Einsatzes auf die Unternehmensziele, sondern auch der laufenden Verbesserung der dazu erforderlichen Methodik und dem Sammeln von Erfahrungen.

Probleme der Kosten- und Leistungsrechnung

Kosten- und leistungsorientierte Anwendungskonzeptionen zur Beurteilung der Wirtschaftlichkeit

Arbeitspapier (Symposium)

Von

Dipl.-Volksw. H. Rölle

Betriebswirtschaftliches Institut für Organisation und Automation
an der Universität zu Köln

Inhalt

A. Das Problem richtiger Anwendungsentscheidungen für den Computereinsatz

Die Anwendungserfahrungen in der automatisierten Datenverarbeitung haben gezeigt, daß neben richtigen Maschinenauswahlentscheidungen das Problem richtiger Anwendungsentscheidungen zunehmend in den Vordergrund tritt. Unter Anwendungsentscheidungen sollen hier die irreversiblen Bindungen von Investitionsmitteln über längere Zeiträume in bestimmten Anwendungsbereichen der automatisierten Datenverarbeitung verstanden werden. Die Anwendungsentscheidung impliziert nicht nur eine mentale Entscheidung für eine bestimmte Anwendungsalternative des Computers, sondern die tatsächliche Bindung von Menschen, Maschinen und Kapital in einem bestimmten Anwendungsgebiet. Es muß hier ferner unterschieden werden zwischen einer richtigen Anwendungsentscheidung und einer wirtschaftlich erfolgreichen Anwendung des Computers. Der Anwendungserfolg kann trotz richtiger Anwendungsentscheidung versagt bleiben, wenn es nicht gelingt, die Anwendungsentscheidung wirksam durchzusetzen und in die Realität zu transformieren. Mit den ständig wachsenden Systemplanungs- und Systementwicklungskosten im Verein mit den relativ sinkenden Maschinenkosten nehmen die Maschinenauswahlentscheidungen an Bedeutung ab und richtige Anwendungsentscheidungen gewinnen zentrale Bedeutung.

In komplexen automatisierten Datenverarbeitungssystemen beträgt das Verhältnis zwischen Software- und Hardwarekosten heute bereits schon 60 : 40[1]). Eine weitere Abnahme des Hardwarekostenanteils auf 20 % der Gesamtkosten der Datenverarbeitungssysteme wird von vielen Datenverarbeitungsfachleuten prognostiziert. Es ist auch eine allmähliche Angleichung der Kosten- und Leistungsmerkmale der Maschinensysteme verschiedener Hersteller festzustellen. Dennoch sollen die Probleme einer optimalen Anlagenauswahl nicht verkannt werden. Eine richtige Anlagenauswahl bereitet schon bei verhältnismäßig übersichtlichen Anwendungserfordernissen erhebliche Schwierigkeiten. Bei der Vielzahl der Anlagentypen sowohl bei einem als auch bei verschiedenen Herstellern, der Komplexität der Maschinenausstattung, der Programm- und Betriebssysteme ist es sogar mit Hilfe der bisher angewandten manuellen Verfahren nicht mehr möglich, wirklich brauchbare Größen zur Messung der Effektivität von Maschinensystemen zu bekommen[2]). Es ist auch nicht möglich, ein Optimum bei einer Maschinenauswahl zu bestimmen.

---

[1]) Vgl. Booz, Allen & Hamilton: Computer Operations in Manufacturing Companies. Chicago 1966.

[2]) Vgl. Müller, G.; Enders, K.: Maschinelle Verfahren zur Optimierung des Einsatzes von Datenverarbeitungsanlagen. In: Die Wirtschaftsprüfung, 21. Jg. 1968, Nr. 3, S. 57 ff.

Neuerdings sind deshalb maschinelle Simulationsverfahren entwickelt worden, um dem Entscheidungsträger die Auswirkungen alternativer Maschinenauswahlentscheidungen transparenter zu machen. Durch eine Variation verschiedener Leistungsparameter der Maschinensysteme können alternative Preis-Leistungsverhältnisse aufgezeigt werden. So wertvoll diese neuen Ansätze auch sein mögen, so wird bei ihnen jedoch von dem Bekanntsein rentabler Anwendungsgebiete ausgegangen. In manchen Fällen zeigte sich jedoch, daß noch nicht die Voraussetzungen für richtige Anwendungsentscheidungen gegeben waren, so daß die für den Einsatz der Simulationsmodelle notwendigen Eingabedaten nicht vorhanden waren. Der Regelfall der Wirtschaftspraxis ist zur Zeit noch der, daß bestimmte Maschinensysteme schon beschafft worden sind und daß es an der notwendigen Kenntnis fehlt, die für die jeweilige Unternehmung potentiell rentabelsten Anwendungsgebiete zu identifizieren. Es gibt Unternehmungen, die schon Millionensummen verplant, vertagt und verforscht haben, ohne konkrete Anwendungserfolge zu erzielen trotz Vorhandenseins effektiver Maschinensysteme.

Dieser Tatbestand ist darauf zurückzuführen, daß es noch an einem Instrumentarium fehlt, um potentielle Anwendungsgebiete hinsichtlich ihres Erfolgspotentials zu messen.

Bevor eine Anwendungsentscheidung getroffen wird, sollte daher zunächst mit einer Anwendungsanalyse begonnen werden. Diese besteht aus einer Zielanalyse und einer Funktionsanalyse. In der Zielanalyse wird festgestellt, welche Anwendungsziele mit dem Computereinsatz verfolgt werden sollen. Als Hauptzielsetzungen des Computereinsatzes können

(1) Kostensenkung in den Datenverarbeitungsprozessen, z. B. Senkung der Kosten der Lohnabrechnung,

(2) Kostensenkung und/oder Leistungssteigerung in den materiellen Betriebsprozessen, z. B. Kapitalfreisetzung durch schnelleren Fertigungsfluß oder höherer Servicegrad bei gleichem Fertiglagerbestand,

(3) Verbesserung der für Entscheidungsprozesse zur Verfügung stehenden Informationen, z. B. Marktpotential für bestimmte Produkte und dadurch vermutlich bessere Neuproduktentscheidungen,

unterschieden werden.

Die Funktionsanalyse soll aufzeigen, in welchen sachlichen Anwendungsgebieten der Computer vermutlich am rentabelsten eingesetzt werden kann. Auf Grund der unterschiedlichen Formal- und Sachziele aller Unternehmungen muß festgestellt werden, daß es für alle Unternehmungen vermutlich kein ideales Anwendungsgebiet und keinen idealen Punkt gibt, an dem mit der Anwendungsentwicklung begonnen werden sollte. Jede Unternehmung sollte bei ihrer Anwendungsplanung Klarheit über ihre größten Informationsengpässe und Entscheidungsprobleme gewinnen. Dabei wird sich herausstellen, daß das Hauptproblem darin besteht, die bei der Unternehmungsführung vorhandenen mentalen Modelle über die Wachstums-, Gewinn- und Umsatzziele in verbale Modelle und schließlich in symbolische mathematische Modelle umzuwandeln. Es ist sogar der Regelfall, daß die verschiedenen Mitglieder der Unternehmungsführung unterschiedliche Ansichten über die fundamentalen Unternehmungsziele vertreten. Erst wenn die Grundziele der Unternehmung explizit durch die Unternehmungsführung formuliert worden sind, kann an eine deduktive Ableitung der entsprechenden Anwendungsziele herangegangen werden. Die Zielschwerpunkte geben gleichzeitig Anhaltspunkte für die vermutlichen Funktionsbereiche, in denen der Computer den größten Einsatzerfolg verspricht. Grundsätzlich sollte Klarheit gewonnen werden über die relativen Kosten-Leistungsvorteile des Computers und des Menschen. Die Maschine eignet sich für die schnelle Bewältigung datenintensiver und rechenintensiver algorithmischer Probleme, der Mensch für die Bewältigung nicht zeitabhängiger datenextensiver und rechenextensiver, heuristischer Probleme. Daher ist die schnelle Datenbehandlung die Domäne des Computers, das Schlußfolgerungen-Ziehen und Entscheiden die Domäne des Menschen.

Grundsätzlich kann der Computer auf den

(1) ausführenden Ebenen für operative und abrechnende Funktionen, auf den

(2) dispositiven Ebenen für kurzfristig planende und steuernde Funktionen und auf den

(3) planenden Ebenen für strategische Enscheidungsprozesse

eingesetzt werden. Generell kann festgestellt werden, daß der vermutliche Erfolgsbeitrag des geplanten Anwendungsgebiets um so größer ist, je größer der Unternehmungsbereich ist, der durch eine bestimmte vom Computer zur Verfügung gestellte Information beeinflußt wird. Das führt zu der Schlußfolgerung, daß strategische Informationssysteme das größte Wirtschaftlichkeitspotential in der Unternehmung besitzen, weil durch eine verbesserte strategische Entscheidung die Betriebsprozesse in einer Unternehmung für einen längeren Zeitraum bestimmt werden. Betriebsindividuell kann natürlich ein bestimmtes Dispositions- und Steuerungsproblem vorliegen, dessen Lösung mit dem Computer kurzfristig die größten Anwendungserfolge verspricht.

Da die Investitionsanträge für die automatisierte Datenverarbeitung mit anderen Investitionsanträgen um begrenzte Investitionsmittel konkurrieren, können Anwendungsentscheidungen für die automatisierte Datenverarbeitung auch nur nach den gleichen Investitionskriterien wie andere Investitionsentscheidungen getroffen werden. Auswahlkriterium aller Investitionen ist in der Regel der zu erwartende Return on Investment, gemessen am diskontierten Nettoertrag. Dabei müssen noch die technischen und organisatorischen Risiken berücksichtigt werden, welche der Realisation eines bestimmten Anwendungsprojekts entgegenstehen. Weiterhin sollten die Alternativkosten des Anwendungsprojekts beachtet werden, da es oft vorkommt, daß einzelne rentable Anwendungsprojekte die Realisation mehrerer weniger rentabler Projekte verhindern. Vergangenheitskosten noch nicht abgeschlossener Projekte sollten bei Anwendungsentscheidungen nicht berücksichtigt werden, da verausgabte Mittel nicht zurückgeholt werden können.

Die zentrale Frage ist, wer die Kosten ermitteln, die vermutlichen Leistungsvorteile bewerten und die Anwendungsentscheidung treffen soll. Die Kosten können sehr gut durch die Datenverarbeitungsfachleute bestimmt werden. Vermutliche Alternativkosten und die Leistungsvorteile können aber nur durch die zukünftigen Informationsbenutzer bewertet und durch die Unternehmungsführung überprüft werden. Die Anwendungsentscheidung kann schließlich nur durch die Unternehmungsführung getroffen werden. In der Vergangenheit wurden die Kosten häufig detailliert und die vermutlichen Leistungsvorteile des Computereinsatzes als „unsichtbare Vorteile" abgetan; die Anwendungsentscheidungen wurden durch Datenverarbeitungsfachleute getroffen. Wie bei allen anderen Investitionen, so gibt es auch beim Computereinsatz keine unsichtbaren Vorteile. Schwere Meßbarkeit bedeutet nicht Unsichtbarkeit. Es ist Aufgabe der Unternehmungsführung, durch Abwägen alternativer Risiko- und Erfolgsschätzungen zu einer richtigen Anwendungsentscheidung zu gelangen. Hierfür wurden in zunehmendem Maße auch Simulationsmodelle eingesetzt.

B. Kostenorientierte Anwendungskonzeptionen

Der Begriff der Wirtschaftlichkeit als Maßstab zur Beurteilung einer betrieblichen Investition setzt die Quantifizierung der Faktoreinsatzmengen und der erzielbaren Erträge voraus. Bereitet schon auf der Kostenseite die Ermittlung der Kostenverursachung, Kostenzuordnung und Messung große Schwierigkeiten, so ergeben sich noch größere Erfassungs-, Meß- und Bewertungsprobleme auf der Leistungsseite von ADV-Systemen. Die Wirtschaftlichkeit eines ADV-Systems kann nur in bezug auf ein bestimmtes Anwendungskonzept gemessen und beurteilt werden.

Die Anwendungskonzeptionen in der ADV waren zunächst ebenso wie die Leitungsprinzipien der Unternehmung vom Kostendenken geprägt. Bei Wirtschaftlichkeitsberechnungen wurde unter der Hypothese vollständiger Anlagenauslastung hauptsächlich mit einem Kostenvergleich gearbeitet.

Hauptzielsetzung konventioneller Anwendungskonzeptionen ist, bei einer gegebenen Datenverarbeitungsaufgabe, gegebenem zu verarbeitendem Datenrohstoff und gegebenen Verknüpfungsregeln eine maximale Kostensenkung durch den Einsatz von Sachmitteln zu erzielen. Es werden dabei die in der Unternehmung vorhandenen Datenverarbeitungsaufgaben im Hinblick auf ihre Personal-, Daten- und Bewegungsintensität untersucht.

Hauptanwendungsbereiche waren daher zuerst personalintensive, administrative Datenverarbeitungsaufgaben, bei denen große und ständig wechselnde Datenbestände relativ wenigen Verarbeitungsoperationen unterzogen werden. Daraus entwickelten sich die bestehenden umfangreichen Abrechnungs- und Buchungssysteme, welche noch heute den Hauptanteil der Rechenzeiten von ADV-Systemen in Anspruch nehmen. Diese vergangenheitsorientierten Datenverarbeitungsprozesse hatten keinen unmittelbaren Einfluß auf die materiellen Betriebsprozesse in der Unternehmung. Obwohl der Computer verhältnismäßig kostengünstig für die Behandlung großer Datenmassen eingesetzt werden kann, schöpfen diese Anwendungskonzeptionen nicht die anderen Funktionsmöglichkeiten des Computers aus. Speicherfähigkeit und Entscheidungsfähigkeit sind das Wesenselement des Computers. Bei den administrativen Aufgabenstellungen handelt es sich dagegen in der Regel um eingabe-/ausgabeintensive, besonders aber druckintensive Aufgabenstellungen. In der mechanisch arbeitenden Peripherie liegen zur Zeit noch die Begrenzungen der ADV-Systeme, während die elektronisch arbeitende Zentraleinheit fast unbegrenzte Rechenkapazitäten besitzt, die nur durch Kostenbudgets beschränkt sind.

Voraussetzung bei der kostenorientierten Anwendungskonzeption ist eine automatisierbare Datenstruktur. Ein wichtiges Beurteilungsmerkmal ist das Verhältnis der insgesamt vorhandenen Datengruppen zu den jeweils zu bewegenden Datengruppen und die Aktivitätsverteilung einzelner Elemente der Datenbestände. Die administrativen Anwendungsgebiete bestehen hauptsächlich aus Bestandsfortschreibungssystemen für die Ressourcen der Unternehmung, das sind z. B. Anlagen, Läger, Personal, Finanzmittel usw. Es werden Stammdaten benutzt, um Bewegungsdaten in Form von Bestandsführungen systematisch und zugriffsbereit zu speichern. Ist die Aktivitätsverteilung in den Daten ungleichmäßig, so müssen zur Reduktion der Zugriffskosten für die zugriffsintensiven Bestände wahlfreie Speicher und für die relativ selten bewegten Bestände sequentielle Speichermedien verwendet werden. Die Bestandsfortschreibungssysteme sind eindeutig kostenorientiert, weil die Hauptzielsetzung die Kostensenkung der konventionell geführten Bestandsführung ist. Kostensenkungen ergeben sich in der Regel aus personalen Freisetzungseffekten. Die ADV-Investitionen in administrative Aufgabenstellungen sind auf Grund der direkt meßbaren Kostensenkungen durch Freisetzungseffekte direkt rentabel und mit einfachen Kostenvergleichen zu begründen.

Das Kostensenkungspotential administrativer Aufgabenstellungen wurde von den Systemplanern aus mannigfachen Gründen überschätzt. Es stellte sich heraus, daß die Behandlung von Ausnahmefällen und die mangelnde Teilbarkeit und fixkostenähnliche Eigenschaft des menschlichen Faktors Arbeit eine verminderte Auslastung der verbleibenden menschlichen Arbeitsressourcen zur Folge hatte, jedoch Personalfreisetzungen nicht möglich waren. Ebenso wurden die steigenden Lohnkosten unterschätzt.

Innerhalb der kostenorientierten Anwendungskonzeptionen kann eine historische Entwicklung von einfachen bis zu äußerst komplexen Systemen festgestellt werden.

Die einfachsten Anwendungsgebiete waren *datenträgertransformierende* Aufgabenstellungen, bei denen das ADV-System nur als Speicher- und Drucksystem benutzt wurde. Die weiteren Aufgabenstellungen waren *datenfolgetransformierende* Anwendungsgebiete, bei denen einfache arithmethische Operationen vollzogen wurden, deren Ergebnisse dann zum Ausdruck gelangten. Alle Bestandsfortschreibungssysteme bauen auf diesem einfachen Prinzip auf. Nach dem Erfassen werden die Daten in gewünschte Folgen gebracht, addiert oder subtrahiert und das Ergebnis in Klarschrift ausgegeben. Ein datenträgertransformierender Anwendungsbereich ist z. B. der Fakturierungslauf. Es werden hier lediglich auf anderen Datenträgern vorhandene Daten auf einem weiteren Datenträger zusammengeführt. Die Maschine kann solche Umsetzungs- und Fixierungsaufgaben schneller erfüllen.

Dem Menschen werden durch solche Anwendungsgebiete vornehmlich datensammelnde, ordnende, rechnende und schreibende Funktionen abgenommen. Durch die laufende Weiterentwicklung der Maschinentechnik konnten die relativen Anteile der einzelnen Funktionen im ADV-System, wie Datenerfassung, Datenübertragung, Datenumsetzung, Datenverarbeitung, Datenausgabe, im Sinne der Datenverarbeitung verbessert werden[3].

Die unproduktiven Funktionen wie Datenerfassung, Datenumsetzung, Datenausgabe bei nicht sofortigem Informationsbedarf konnten durch neuere Entwicklungen in der Maschinentechnik in ihrem Umfang und ihren Kosten reduziert werden. Die nächste Stufe in der Anwendungsentwicklung war die Reduktion der rationalisierungshemmenden Rüst- und Schreibzeiten in ADV-Systemen und die Zunahme der datenmanipulativen Funktionen. Eine Weiterentwicklung der kostenorientierten Anwendungssysteme trat durch eine laufende Verbesserung der Maschinen- und Programmtechnik ein. Abgesehen davon, daß die Rechen- und Druckgeschwindigkeiten immer höher wurden, die Speicherkapazitäten zunahmen und parallele Ein- und Ausgaben möglich wurden, konnten schließlich auch mehrere Programme unabhängig voneinander zur gleichen Zeit im System ablaufen. Hierdurch können die Durchsatzraten im System erhöht und die Kosten pro verarbeitetes Datum gesenkt werden. Auch bei der Erfassungstechnik führen neue Verfahren, wie Magnetschrift- und optische Eingabe, zu einer Reduktion der Erfassungskosten.

Die Entwicklung von kostenorientierten Anwendungskonzeptionen war von einer Vergrößerung der Anlagenkapazitäten begleitet. Für den Einsatz von

---

[3] Vgl. dazu Marwedel, H.: Die Wirtschaftlichkeit von elektronischen Datenverarbeitungsanlagen. In: Der Computer im Dienste der Unternehmungsführung, hrsg. von W. Busse von Colbe und R. Mattessich, Bielefeld 1968, S. 131 ff.

ADV-Systemen wird unter der Voraussetzung voller oder zumindest guter Kapazitätsauslastung die These vertreten, daß die größere Anlage wirtschaftlicher arbeitet als eine kleinere vergleichbare Maschine. Von Solomon[4]) durchgeführte empirische Erhebungen bestätigen für kleine Befehlsfolgen und Aufgabenstellungen innerhalb der IBM-360-Serie das Bestehen dieses Gesetzes der Kostendegression. Schon in den 40er Jahren hatte Grosch das Gesetz der Kostendegression für die ADV formuliert (the ratio of speeds of two computers is proportional to the square of their costs). Auf diesen Hypothesen aufbauend, kam es dann zu einer Ausweitung solcher Systemkonzeptionen in der ADV, welche eine Ausdehnung und Verteilung der Datenverarbeitungskosten auf viele Benutzer anstreben. Der erste Gedanke war der, daß nicht nur das Rechnungswesen, sondern auch andere Funktionsbereiche in der Unternehmung die Dienstleistungen der ADV in Anspruch nehmen sollten, so daß die Kosten der Datenverarbeitungsstelle proportional zur Inanspruchnahme auf die entsprechenden Benutzer verteilt werden konnten. Dies führte zur Einrichtung einer funktionsneutralen Datenverarbeitungsstelle, zu externen Rechenzentren und zu Teilnehmer- und Teilhabersystemen.

Der nächste kostenorientierte Gedanke war, daß die Bindungsverhältnisse und Verflechtungsbeziehungen zwischen den einzelnen Datenverarbeitungsaufgaben der Unternehmung während des maschinellen Ablaufs berücksichtigt werden sollten, um die Erfassungs-, Verarbeitungs-, Ausgabe- und Speicherkosten in solchen Systemen möglichst zu senken. So ist die Anwendungskonzeption der integrierten Datenverarbeitung zunächst kostenorientiert, indem durch Einmalerfassung und Vielfachauswertung jedes Datums die Kosten innerhalb der Datenverarbeitung gesenkt werden sollen. Auch die Konzeption einer innerbetrieblichen oder überbetrieblichen Datenbank ist in dem Sinne als kostenorientiert anzusehen, als eine optimale Verteilung der Datenspeicherkosten auf viele Benutzer angestrebt wird. Mit dieser Konzeption können fixe Datenspeicherkosten auf viele Unternehmungen oder Funktionsbereiche verteilt und Mehrfachspeicherungen und Mehrfacherfassungen reduziert werden.

Ebenso sollen durch die Konzeption der überbetrieblichen externen Integration die Speicher- und Verarbeitungskosten für die am Geschäftsverkehr beteiligten Unternehmungen gesenkt werden. Eine noch weitere Ausdehnung erfuhr der Kostenverteilungsgedanke durch die „information-utility"-Konzeption, bei der die ADV als Infrastruktur für die gesamte Wirtschaft geliefert wird. Dadurch, daß eine Vielzahl von Benutzern die Rechenzeiten oder Datenverarbeitungsdienstleistungen von Teilnehmersystemen in Anspruch nehmen, wird die Wirtschaftlichkeitsschwelle der ADV gesenkt und werden deren Vorteile auch für kleinere Unternehmungen erschwinglich gemacht.

---

⁴) Vgl. Solomon, M. B.: Economies of Scale and the IBM System 360. In: Communications of the ACM, Vol. 9, 1966, No. 6, S. 435 ff.

Die gegenwärtige Entwicklung solch komplexer Systeme führt zu einer erneuten Überprüfung und zum Überdenken des Gesetzes der Kostendegression in der ADV. Zwar erhöhen solche kostenorientierten Systemkonzeptionen die Datendurchsatzrate und den Servicegrad von solchen Systemen, jedoch muß infolge der erhöhten Komplexität ein größerer Verwaltungs- und Steuerungsaufwand zur Funktionsfähigkeit solcher Systeme in Kauf genommen werden. Weiterhin ist ungewiß, ob für die gegebenen realtechnischen Möglichkeiten überhaupt ein entsprechender Leistungsbedarf bei den Anwendern vorhanden ist[5]). Es besteht die Möglichkeit, daß solche Systeme unter ihrer eigenen Komplexität zusammenbrechen. Das maschineninterne Sortieren, Ein- und Ausspeichern von Daten und Programmen sowie die rechnerische Abwicklung der Abläufe hemmt in dem Maße die Effektivität dieser Systeme, daß eine überproportionale Kostensteigerung in Kauf genommen werden muß. Es ist daher anzunehmen, daß es auch in der ADV eine optimale Betriebsgröße geben wird.

Wie empirische Erhebungen bei fortgeschrittenen Anwendern ergeben, sind deren Datenverarbeitungskosten eher gestiegen als gefallen[6]). Es gilt daher, Anwendungssysteme zu entwickeln, die trotz höherer Datenverarbeitungskosten darüber hinausgehende Leistungssteigerungen herbeiführen.

C. Leistungsorientierte Anwendungskonzeptionen

Die Anwendungszielsetzung kostenorientierter Systemkonzeptionen ist maximale Kostenreduktion bei gegebenen Aufgabenstellungen. Der Anwendungserfolg tritt bei der Anwendung ein. Bei leistungsorientierten Anwendungskonzeptionen ist der Anwendungserfolg nicht so zwangsläufig. Bei den leistungsorientierten Anwendungskonzeptionen sind *direktrentable* und *umwegsrentable* Systeme zu unterscheiden.

I. Direktrentable leistungsorientierte Anwendungskonzeptionen

Die direktrentablen Anwendungskonzeptionen wollen direkt die Effizienz der materiellen Betriebsprozesse, d.h. die Effizienz der Ressourcennutzung in der Unternehmung, verbessern. Es sind maschinelle Leistungsbeschaffungs-, Zuordnungs-, Leistungserstellungs-, Leistungsspeicherungs- und Leistungsverwertungssysteme zu unterscheiden. Hierarchisch gesehen handelt es sich um dispositive und operative Anwendungssysteme auf durchführenden und überwachenden Leitungsebenen. Zunächst wurden automatisierte Informationssysteme zur Steuerung von Betriebsprozessen entwickelt. Diese

[5]) Vgl. Bauer, Walter F.; Hill, Richard H.: Economics of Time Shared Computing Systems. In: Datamation, Vol. 13, 1967, S. 48 ff.
[6]) Vgl. Taylor, J. W.; Dean, N. J.: Managing to Manage the Computer. In: Harvard Business Review, Vol. 44, 1966, No. 5, S. 98 ff.

Informationssysteme erstreckten sich von der Leistungserstellung, z. B. Fertigungssteuerung, auf die Beschaffungsprozesse, die Leistungsverwertung und Leistungsspeicherung. Dies führte zur Entwicklung partieller Prozeßsteuerungssysteme, Lagerhaltungssysteme, Distributionssysteme, automatisierter Beschaffungssysteme usw. Auf Grund einer definierbaren Zielfunktion kann bei diesen Aufgabenstellungen ein mathematisches Organisationsmodell gebildet werden. Diese operativen Anwendungsgebiete können mit automatisierten Abrechnungssystemen verknüpft werden. Die Verknüpfung aller operativen Teilsysteme führte zur Gestaltung von logistischen Systemen, welche den gesamten Produktfluß, angefangen vom Materialfluß bis zur Verteilung an den Letztverbraucher, steuern. In der Regel liefern die operativen Informationssysteme Kontrollinformationen für die Steuerung materieller Betriebsprozesse und sind als *Ausnahmeberichtssysteme* zu bezeichnen. Die Kontrollinformationen führen zu entsprechenden Anpassungshandlungen des Menschen.

Vom Standpunkt der Wirtschaftlichkeit aus kann durch diese operativen Informationssysteme eine Verbesserung der Ressourcennutzung, z. B. der Anlagen, der Menschen oder des Beschaffungs- und Absatzmarktes, erzielt werden. Die Beschleunigung der realen Betriebsprozesse führt auch zu einer Verbesserung der nominalen Betriebsprozesse. Die operativen Informationssysteme sind in der Regel als direkt rentabel zu bezeichnen, weil die Leistungsauswirkungen direkt erfaßbar und meßbar sind. Eine leistungsorientierte Anwendungskonzeption liegt vor, wenn die erwarteten Datenverarbeitungskosten bei dieser Anwendung gegenüber dem konventionellen Verfahren wahrscheinlich steigen werden. Die resultierenden Kontrollinformationen auf der Dispositionsebene führen aber zu einer entsprechend höheren Kostensenkung in den materiellen Betriebsprozessen. Bei den operativen Informationssystemen liegt eine direkte Ursache-Wirkungs-Beziehung zwischen Informationsstrom, Aktion-Reaktion und Leistungssteigerungen in materiellen Betriebsprozessen vor. Das Wirtschaftlichkeitspotential operativer Informationssysteme ergibt sich aus der Ressourcenkonstellation in der Unternehmung. Ist die Unternehmung kapitalintensiv, so werden operative Systeme im nominalen Betriebsprozeß besonders effizient sein, z. B. Finanzmittelsteuerungssysteme. Ist die Unternehmung besonders personalintensiv, so könnte eine bessere Ausnutzung der vorhandenen personellen Ressourcen durch eine Personaldatenbank eine Leistungssteigerung herbeiführen[7]). In der Regel kann die Effizienz einer verbesserten Lieferfähigkeit der Unternehmung an den rückläufigen verlorenen Verkäufen gemessen werden.

Die operativen Systeme wirken meistens *betriebsprozeßbeschleunigend,* wodurch sich Kosteneinsparungen in den Finanzmitteln ergeben. Weiterhin ist den operativen Systemen gemeinsam, daß bestehende Betriebsprozesse durch entsprechende Kontroll- und Steuerungsinformationen in ihrem Ablauf

---

[7]) Vgl. **Gaddis, Paul O.**: The Computer and the Management of Corporate Resources. In: Industrial Management Review, Fall 1967, S. 5 ff.

stabilisiert und das Anpassungsverhalten und Gleichgewicht zwischen den einzelnen Betriebsprozessen verbessert werden kann.

Die Diskussion darum, ob in operativen Informationssystemen Entscheidungen gefällt werden, kann auch ihre Wirksamkeit aufzeigen[8]). Auf unteren und mittleren Leitungsebenen sind die Handlungsabläufe durch Verfahrensprogramme genau determinierbar, und es sind eindeutige Meßkriterien für Ausnahmesituationen vorhanden. Die zur Verfügung gestellten Ausnahmemeldungen und Steuerungsinformationen sind in ihrem Aussagegehalt so eindeutig, daß sich für die personalen Stelleninhaber meist eindeutige Handlungskonsequenzen ergeben. Es ist daher möglich, daß in geschlossenen Systemen die Maschine selbst nach dem ihr vorgegebenen Verfahrensprogramm die Entscheidung fällt und Handlungsanweisungen erteilt, z. B. maschinelle Bestellungen, maschinelle Fertigungsaufträge. Da das Verfahrensprogramm jedoch durch den verantwortlichen Stelleninhaber vorgegeben ist, handelt es sich auch hier um Ausführungs- und nicht um Entscheidungssysteme.

Die positiven Leistungssteigerungen, welche durch direktrentable Informationssysteme bewirkt werden, lassen sich mehr oder weniger in Geldwerten messen. Die operativen Informationssysteme sollten sich auf die kritischen Ressourcen jeder einzelnen Unternehmung stützen. In einer konsumnahen Unternehmung ist z. B. der Absatzmarkt auf Grund der Dynamik im Marktgeschehen eher eine kritische Ressource als in einer Unternehmung mit stabilem Absatzmarkt. Ein System für den Marketingbereich würde hier ein ebenso großes Wirtschaftlichkeitspotential haben wie Systeme im Material- und Anlagenbereich der Investitionsgüterindustrie. Es ist nicht immer sinnfällig, in der Anwendungsentwicklung mit administrativen Aufgabenstellungen zu beginnen, wenn operative Systeme größere Rationalisierungsmöglichkeiten bieten. Auch werden die rentablen Anwendungsgebiete für jede Unternehmung verschieden sein.

Die am weitesten entwickelten Systeme in der Wirtschaftspraxis, z. B. die Platzbuchungssysteme der Luftverkehrsgesellschaften, stellen solche operativen Systeme dar und haben auf der Lagerdispositionsebene erhebliche Leistungssteigerungen durch einen verbesserten Sitzladefaktor bewirkt.

II. Umwegsrentable Anwendungskonzeptionen

Auf einer anderen Ebene ist die Wirtschaftlichkeit von ADV-Systemen zu suchen, wenn neue organisatorische Lösungen praktikabel werden, die Auswirkungen auf die gesamte Unternehmung und die Marktstellung und Konkurrenzfähigkeit haben[9]). Es ist noch sehr wenig darüber bekannt, in welch

---

[8]) Vgl. Rhind, R.: Management Information Systems. In: Business Horizons, Vol. 11, 1968, No. 3, S. 37 ff.

[9]) Vgl. Gantschi, E.: Die Wirtschaftlichkeit der elektronischen Datenverarbeitung. In: Zeitschrift für Datenverarbeitung, 6. Jg. 1968, S. 72 ff.

komplexer Weise bessere Entscheidungen sich in Konkurrenzfähigkeit umwandeln.

Eine andere Kategorie von leistungsorientierten Anwendungskonzeptionen stellen *umwegsrentable, entscheidungsorientierte* Informationssysteme für die Vorbereitung von Entscheidungsprozessen auf oberen Leitungsebenen dar. Sie sind als maschinelle Planungs- und Entscheidungssysteme zu bezeichnen. Diese Systeme stellen Informationen hauptsächlich über externe Entscheidungsfelder bereit, durch welche eine Veränderung gegenwärtiger und zukünftiger materieller Betriebsprozesse bewirkt werden soll. Es besteht aber keine direkte Ursache-Wirkungs-Beziehung zwischen Informationsvorteilen aus entscheidungsorientierten Systemen und den resultierenden Entscheidungsprozessen. Das Leistungspotential entscheidungsorientierter Informationssysteme ist aber deshalb als hoch einzuschätzen, weil Auswirkungen auf Entscheidungen mit großem Wirkumfang und großer Wirkdauer zu erwarten sind. Durch verbesserte Informationen können bessere Entscheidungsprozesse ablaufen, wodurch sich verbesserte neue materielle Betriebsprozesse ergeben. Es handelt sich hierbei um den Fall innerbetrieblicher Leistungsbewertung nach äußeren Erfolgsmaßstäben; die Interdependenz aller innerbetrieblichen und außerbetrieblichen Zusammenhänge steht einer einwandfreien Isolierung der Auswirkungen der Informationsveränderungen auf Ablauf und Struktur der Betriebsprozesse gegenüber. Die Kausalität zwischen Informationsflüssen, bewirkten Entscheidungsprozessen und resultierenden Betriebsprozessen ist nicht nachweisbar, sondern nur durch die Unternehmungsführung abschätzbar.

Es fehlt an theoretischen und praktischen Ansätzen, um die Wirtschaftlichkeit von entscheidungsorientierten Informationssystemen zu berechnen. Mit den gegenwärtigen Mitteln kann nur eine technische Durchführbarkeit[10] solcher Systeme nachgewiesen werden. Mangels ausreichender Anwendungserfahrungen konnte eine organisatorische Durchführbarkeit und wirtschaftliche Berechtigung solcher Systeme noch nicht nachgewiesen werden.

Es gibt Autoren, welche den wirksamen Einsatz des Computers für strategische Entscheidungsprozesse in Zweifel ziehen[11] angesichts der mangelnden Wiederholbarkeit der Entscheidungsprozesse. Diese These trägt aber nicht der Tatsache Rechnung, daß selbst für nicht repetitive Entscheidungssituationen auf Grund der laufenden Veränderung der Ausgangsbedingungen viele repetitive Rechenprozesse erforderlich sind, bei denen der Computer einen komparativen Vorteil besitzt. Der Entscheidungsprozeß besteht aus einer Abbildungsphase des Entscheidungsfeldes, einer Auswahl der Handlungsalternativen, einer Beurteilung der Handlungsalternativen und der Entscheidungsfindung selbst. Bis zur Entscheidungsfindung kann der Com-

---

[10] Vgl. McKinsey & Company, Inc.: Unlocking the Computer's Profit Potential. New York 1968, S. 17 ff.

[11] Vgl. Lastavica, J.: Policy Decisions can be automated. Working Paper, Boston, Mass., S. 1—13.

puter in allen Prozeßphasen eingesetzt werden, am meisten in der Beurteilungsphase, wenn multiple Bewertungsakte jeder Alternative vorgenommen werden müssen. Je stärker eine Interaktion und ein Dialog zwischen Mensch und Maschine durch wechselnde Informationsverarbeitungsprozesse stattfindet, desto effizienter kann der Entscheidungsprozeß ablaufen. Die Interaktion von Mensch und Maschine erhöht die Entscheidungskapazität des Menschen um ein Vielfaches, und die Qualität der Problemlösung steigt an. Zur Gestaltung solcher Systeme fehlt es bisher an geeigneten Verfahren zur Erfassung und Bestimmung des Informationsbedarfs verschiedener Entscheidungsträger; die für bestimmte Entscheidungen bei bestimmten Entscheidungsgewohnheiten benötigten Informationsarten und -formen sind noch weitgehend unbekannt[12]).

Entsprechend der Unterscheidung von strategischen (novativen) und taktischen (usualen) Entscheidungsprozessen nach Dearden[13]) werden die Datenquellen für Entscheidungsprozesse mit steigender Leitungsebene immer mehr außerhalb der Unternehmung liegen; bei strategischen Entscheidungen haben Umweltdaten mehr Bedeutung als Informationen über interne Entscheidungsfelder; strategische Entscheidungsprozesse werden weitgehend durch Umweltdaten bestimmt und nicht vom operativen Tagesgeschehen in der Unternehmung. Die gegenwärtigen Management-Informations-Systeme stellen meistens nur vergangenheitsbezogene Informationen aus den operativen Dateien zur Verfügung. Die Informationssysteme haben höhere Leistungsauswirkungen, wenn sie statt der Handlungsergebnisse mehrere und bessere Handlungsalternativen und deren erfolgsmäßige Auswirkungen aufzeigen.

Informationssysteme sind am besten für die Entscheidungsfindung in der Unternehmung geeignet, wenn sie eine optimale Arbeitsteilung zwischen Mensch und Computer beim Entscheidungsprozeß ermöglichen. Jeder Aufgabenträger sollte dabei jeweils nach seinen komparativen Kosten- und Leistungsvorteilen eingesetzt werden. Einmal kann in entscheidungsorientierten Informationssystemen die Datenquantität zur Abbildung des Entscheidungsfeldes gesteigert werden. Noch größere Datenmengen können vom Computer ausgewertet werden, die noch mehr Alternativen in die Analyse mit einbeziehen. Die größere Datenquantität ergibt sich durch die größere Speicherfähigkeit und Entscheidungsfähigkeit des Computers. Eine größere Transformationsfähigkeit und Ableitungsfähigkeit von zukünftigen Entscheidungsfeldern ergibt sich durch das komparativ günstigere *Analyse- und Korrelationspotential* des Computers. Mehr Alternativen und längere Kausalketten können maschinell analysiert werden und durch Ableiten von Ausgangsdaten zur Abbildung zukünftiger Entscheidungsfelder dienen.

---

[12]) Vgl. Diebold, J.: Needed: A Yardstick for Computers. In: Dun's Review, Vol. 92, 1968, No. 2, S. 40 ff.

[13]) Vgl. Dearden, J.: Can Management Information be Automated. In: The Computer Sampler, hrsg. von W. F. Boore und J. R. Murphy, New York 1968, S. 338 ff.

Es können nun auch solche Informationen erzeugt und erfaßt werden, die hinsichtlich ihrer Verständlichkeit und Auswertbarkeit die Kapazität eines Menschen übersteigen würden[14]). Schließlich ergibt sich eine Verbesserung der Entscheidungsqualität durch eine größere Zeitnähe der Informationsbereitstellung bei dringlichen Entscheidungsproblemen.

Allgemein erhöhen die komparativen Leistungsvorteile von entscheidungsorientierten Informationssystemen die Anpassungsfähigkeit der Unternehmung an die sich ständig wandelnden Umweltbedingungen. Auf oberen Leitungsebenen werden Informationssysteme um so erfolgreicher sein, je mehr sie Umweltdaten für die Entscheidungsvorbereitung und Entscheidungsfindung zur Verfügung stellen, welche mit konventionellen Systemen nicht in dem Umfang beschafft und transformiert werden konnten.

Bisher fehlt es aber noch an Methoden, um die komparativen Leistungsvorteile des Computers in bestimmten Unternehmungen beurteilen und messen zu können. Das subjektbedingte Informationspräferenzfeld eines individuellen Entscheidungsträgers könnte als relativer Leistungsbedarf zugrunde gelegt werden und wäre mit minimalen Kosten zu befriedigen. Es bestehen keine empirisch überprüften Aussagen über das Informationsverhalten personaler Entscheidungsträger. Die Voraussetzungen für rentabilitätsorientierte Anwendungsentscheidungen müssen von der Wissenschaft noch durch eine umfassende Anwendungsforschung geschaffen werden.

---

[14]) Vgl. Argyris, C.: Wie die Manager von morgen Entscheidungen treffen. In: IBM-Nachrichten, 18. Jg. 1968, S. 246 ff.

Kostenrechnungssystem und automatisierte Datenverarbeitung

Arbeitspapier (Symposium)

Von

Dr. rer. pol. K. Chmielewicz

Betriebswirtschaftliches Seminar der Albert-Ludwigs-Universität,
Freiburg i. Br.

Inhalt

A. Einleitung

Kostenrechnungssysteme mit ihren Teilbereichen Kostenarten-, Kosten-stellen- und Kostenträgerrechnung sind unabhängig von einem konkreten Anwendungsobjekt definiert und müßten deshalb im Prinzip auch auf auto-matische Datenverarbeitungs-(ADV-)Anlagen anwendbar sein. Dabei inter-essiert hier die ADV-Anlage nicht als sachliches Hilfsmittel, sondern als Abrechnungsobjekt des Kostenrechnungssystems. Kostenrechnerische Pro-bleme dürften dabei primär in bezug auf die Kostenträgerrechnung auf-treten, insbesondere bei der Kalkulation als Kostenträgerstückrechnung. Kostenarten- und Kostenstellenrechnung weisen anscheinend im Vergleich zu anderen Abrechnungsobjekten als ADV-Anlagen weniger Besonderheiten auf.

Die hier näher zu analysierenden kostenträgerbezogenen Probleme können entweder durch die technisch-organisatorischen Eigenarten der ADV-Systeme oder durch das Kostenrechnungssystem selbst bedingt sein. Ich möchte dabei mehr kostentheoretisch als von der ADV-Technologie her argumentieren.

Um die genannten beiden Einflüsse abzugrenzen, sei von einem einfachen Schema der Realgüterprozesse einer Unternehmung ausgegangen[1]). In allen Fällen liegen Produktionsvorgänge im ökonomischen Sinne vor (zumindest, wenn man den Tatbestand der Produktion nicht auf Sachgüter einschränkt).

Art des Güterstroms	Aktionsphasen des Güterstroms				Lenkungs-charakter
Erzeugungs-strom (Fertigungs-sektor)	Beschaffung	Lagerung	Her-stellung	Absatz	Lenkungs-objekt
Informations-strom (Verwaltungs-sektor)	Aufnahme	Speicherung	Ver-arbei-tung	Abgabe	Lenkungs-instrument (und -objekt)

Abb. 1

Der Erzeugungsstrom wird in bezug auf industrielle Betriebe häufig als Fertigungsbereich bezeichnet; Kosiol spricht gleichbedeutend von einem

---

[1]) Vgl. Kosiol, E.: Einführung in die Betriebswirtschaftslehre. Wiesbaden 1968, S. 148, 207, 216 ff.; Schmidt, R.-B u. Mitw. v. Chmielewicz, K.: Erich Kosiol. Quellen, Grundzüge und Bedeutung seiner Lehre, Stuttgart 1967, S. 38; Berthel, J.: Informationen und Vorgänge ihrer Bearbeitung in der Unternehmung. Berlin 1967, S. 97 ff.; Kramer, R.: Information und Kommunikation. Berlin 1965, S. 82 ff.

konfektorischen Realgüterstrom[2]). Die Abgrenzung zwischen Erzeugungsstrom und Informationsstrom ist schwierig insbesondere bei Informations-
betrieben (z. B. kommerziellen Rechenzentren oder Rundfunksendern), weil
dort — anders als bei Industriebetrieben — in beiden Bereichen Informationen auftreten. Dann entscheidet der in der letzten Spalte von Abb. 1
genannte Lenkungscharakter; nur Informationen als Lenkungsobjekte und
Betriebszweck gehören zum Erzeugungsstrom, während im Informationsstrom Informationen als Lenkungsinstrumente erscheinen (daneben aber
selbst wieder als Objekte durch ein übergelagertes Informationssystem ge-
lenkt werden müssen, so daß eine mehrstufige Lenkungshierarchie innerhalb des Informationsstroms auftritt).

In der Unternehmungspraxis wird diese Abgrenzung nicht so scharf wie hier
erforderlich durchgeführt, indem z. B. zum Absatzbereich entgegen Abb. 1
auch (sogar überwiegend) absatzorientierte Informationsabteilungen gerechnet und so beide Güterströme vermischt werden. Allgemein lassen sich die
in der Praxis üblichen Abteilungen des Informationsstroms wie folgt einzelnen Aktionsphasen des Erzeugungsstroms zurechnen:

I. Informationsabteilungen für spezifische Erzeugungsphasen

    (1) Beschaffungsspezifisch (Einkauf)

    (2) Lagerspezifisch (Lagerverwaltung, Gebäudeverwaltung)

    (3) Herstellungsspezifisch (Arbeitsvorbereitung, Forschung)

    (4) Absatzspezifisch (Vertrieb, Absatzwerbung)

II. Informationsabteilungen für keine spezifische Erzeugungsphase (Per-
    sonalwesen, Rechnungswesen, allgemeines Informationswesen — z. B.
    Post-, Telefonabteilung, zentrales Schreibbüro).

Alle in Klammern genannten Beispiele gehören zum Informationsstrom und
nicht zum Erzeugungsstrom.

In Abb. 1 übereinanderstehende Aktionsphasen haben zu großen Teilen
gleiche Probleme, z. B.:

— Herstellung und Verarbeitung	das Güterumwandlungsproblem
— Lagerung und Speicherung	das Bestandsproblem
— Beschaffung und Aufnahme	} das Problem der räumlichen
— Absatz und Abgabe	Übermittlung

ADV-Systeme sind für alle acht aufgeführten Aktionsphasen relevant, und
zwar in verschiedener Weise.

---

[2]) Vgl. Kosiol, E.: Einführung in die Betriebswirtschaftslehre, Wiesbaden 1968, S. 207.

B. ADV-Anlagen im Erzeugungsstrom

I. Zunächst können ADV-Anlagen im Erzeugungsstrom auftreten, z. B. bei Rechenzentren in Unternehmungsform, bei denen Berechnungen für Außenstehende zur Unternehmungsaufgabe werden und gegen Entgelt erfolgen. Kostenrechnung und Kalkulation in ihrer heutigen Form sind in ihrem ganzen Aufbau final auf die Abrechnung dieses Erzeugungsstroms zugeschnitten. Die Folge ist, daß die üblichen Kostenrechnungs- und Kalkulationsverfahren im Prinzip auch für ADV-Anlagen im Erzeugungsstrom anwendbar sein müssen. Die Rechenvorgänge sind dabei im System der Aktionsphasen als Herstellung inhaltlich neuer Informationen zu qualifizieren und — innerhalb einer Vollkostenrechnung — z. B. nach dem Verfahren der üblichen Divisions- oder Zuschlagskalkulation abzurechnen. Auf die Besonderheiten von ADV-Anlagen wird in den nächsten Punkten eingegangen. Trotz im Prinzip bejahter Anwendbarkeit der üblichen Verfahren werden also spezifische Eigenarten nicht ausgeschlossen.

II. Wenn bei ADV-Prozessen der Tatbestand der Produktion erfüllt ist, liegt es nahe, nach dem entstehenden (End-)Produkt zu fragen, das ja immer die Kostenträgerrolle übernimmt. Das Produkt des ADV-Prozesses ist die umgewandelte Information. Wegen der Vielzahl heterogener Rechenprozesse und Informationsarten läßt sich das Produkt aber nicht in praktikabler Form quantitativ formulieren. Wie von ähnlichen Fällen aus der Plankostenrechnung bekannt, bietet es sich deshalb an, stellvertretend die Rechenzeit als Kostenträger zu behandeln. Formal kann man das als Gewichtung der heterogenen Produktarten und -mengen mit der zugehörigen Rechenzeit ansehen, wobei als fiktives Einheitsprodukt eine Information mit der Rechenzeit Eins erscheint. Bei der Rechenzeit handelt es sich aber genaugenommen um eine Einsatz- oder Input- statt Produkt- oder Output-Größe. Zu beachten sind deshalb folgende Punkte:

(1) Die Kosten als bewertete Einsatzgüter werden dabei als von einer anderen Einsatzgröße (Rechenzeit) statt — wie üblich — als vom Produkt abhängig angesehen. Das ruft grundsätzliche kostentheoretische Bedenken hervor, weil die Aussagen über Kostenabhängigkeiten dabei zirkulär werden: Die Kosten als Wertgröße hängen dann von der Rechenzeit als Mengenkomponente einer Kostenart ab.

(2) Das Mindesterfordernis konstanter Rechengeschwindigkeit oder -intensität dürfte im allgemeinen erfüllt sein, sofern die ADV-Anlagen keine Intensitätsvariation zulassen.

(3) Weiter ist im Einzelfall zu überlegen, ob man von der Annahme ausgehen darf, daß jede Rechenminute annähernd gleich hohe Kosten hervorruft (bzw. daß alle Rechenvorgänge annähernd homogen bezüglich ihrer Kostenverursachung je Zeiteinheit sind). Andernfalls sind verschiedene Rechenarten mit unterschiedlichen Kostensätzen zu differenzieren.

(4) Eine technisch-organisatorische Frage ist ferner, wie, mit welcher Genauigkeit und mit welchen Kosten die Rechenzeit eines Auftrages ermittelt werden kann. Je genauer und billiger die Ermittlung ist, desto vorteilhafter wirkt es sich für das Kostenrechnungssystem aus.

(5) Es ist zu entscheiden, ob man (a) die reine Rechenzeit zugrunde legt oder (b) die Blockierungszeit, in der die ADV-Anlage durch einen Auftrag besetzt und damit für andere Aufträge nicht einsetzbar ist. Sofern sich bei diesen beiden Alternativen unterschiedliche Zeitgrößen ergeben, entstehen auch verschieden hohe Kostenansätze je Zeiteinheit.

III. Die Rechenzeit dürfte zwar die entscheidende, aber nicht die einzige relevante Größe sein. In bezug auf Informationen lassen sich in der Verarbeitungsphase (bzw. beim Auftreten von Informationen im Erzeugungsstrom in der Herstellungsphase, vgl. Abb. 1) folgende Arten der Informationsverarbeitung unterscheiden, die in der Praxis rein oder auch vermischt auftreten können.

(1) Zeicheninhaltverarbeitung = ZI-Verarbeitung (Informationsverarbeitung im engeren Sinn; z. B. Rechnen),

(2) Zeichensystemverarbeitung = ZS-Verarbeitung (Verarbeitung mit dem Zweck eines Wechsels des Zeichensystems; z. B. Codieren, Übersetzen in andere Sprachen),

(3) Zeichenträgerverarbeitung = ZT-Verarbeitung (Verarbeitung mit dem Zweck eines Wechsels des Zeichenträgers; z. B. Kopieren, Vervielfältigen).

Die eigentliche ADV-Tätigkeit gehört überwiegend zur ZI-Verarbeitung (daneben laufen allerdings auch Forschungen, das Codieren oder Übersetzen als ZS-Verarbeitung auf ADV-Anlagen zu übertragen und damit zu automatisieren). Evtl. wird aber auch als Vorbereitung für die eigentliche ADV-Tätigkeit ein Ablochen von Originalbelegen auf Lochkarten oder Lochstreifen als kombinierte ZS/ZT-Verarbeitung oder ein mehrfaches Ausdrucken der Rechenresultate als ZT-Verarbeitung nötig.

Wenn (1) der Umfang dieser ZS/ZT-Verarbeitung bei den einzelnen Aufträgen stark streut und (2) die dafür anfallenden Kosten der Höhe nach neben denen der ZI-Verarbeitung ins Gewicht fallen, wird man zweckmäßig die Zeiten der ZS- und ZT-Verarbeitung als gesonderte Kostenträger ansehen. Bei geringer Streuung und/oder Kostenhöhe kann man sich dagegen mit der ZI-Verarbeitungszeit als einheitlichem Kostenträger begnügen.

In der Kalkulation sind im ersteren Fall getrennte Auftragszeiten und Kostensätze je Zeiteinheit für die Kostenträger (z. B. Rechen-, Abloch- und Ausdruckzeit) vorzusehen und den Aufträgen entsprechend zuzurechnen. Dann können auch Produktionsengpässe in einem dieser Sektoren durch entsprechende Preispolitik berücksichtigt werden, indem man z. B. versucht, den Engpaß Ausdrucken durch entsprechend hohe Ausdruckpreise zu entlasten.

IV. Eine im Prinzip ähnliche Problematik liegt auch außerhalb der Herstellphase vor (vgl. Abb. 1). ADV-Anlagen im Erzeugungsstrom beeinflussen auch die Lagerphase (Lagerung der Informationen in alternativen Speicherformen) und die Beschaffungs- und Absatzphase (räumliche Übermittlung, z. B. Datenübertragung vom und zum Kunden). Auch hier muß man überlegen, ob die Lagerzeit (evtl. aufgefächert nach den verschiedenen Speicherarten) und die Übermittlungszeit als gesonderte Kostenträger aufzufassen sind (sofern die Übermittlungskosten nicht von vornherein außerhalb der eigenen Kostenrechnung anfallen). Gegebenenfalls treten also zwei weitere und damit mindestens fünf Kostenträger auf, so daß pro Auftrag fünf verschiedene Zeiten zu ermitteln sind. Maßgeblich für eine derart differenzierte Erfassung sind auch hier wieder Streuung und Kostenhöhe.

Bei Verzicht auf gesonderten Ausweis werden die Lager- und Übermittlungskosten ebenso wie die Kosten der ZS- und ZT-Verarbeitung dem Kostenträger Rechenzeit zugerechnet, was materiell zu falschen Resultaten führen dürfte, die von einer subjektiv bestimmten Höhe an nicht mehr akzeptierbar sind.

V. Ferner ist auch zu beachten, daß die Herstellung der Rechenprogramme gesonderte einmalige Kosten verursacht, deren Höhe bei Zurechnung auf die Rechenzeit wohl je Rechenzeiteinheit schwanken dürfte.

Kostentheoretisch handelt es sich wie bei Werkzeugen und Vorrichtungen für Werkzeugmaschinen um eine einmalige Vorbereitung, durch die die für jeden Auftrag erneut anfallende Rüstzeit sinkt, die Stückzeit reduziert wird oder/und sonstige Ersparnisse auftreten. Andernfalls lohnt sich unter Kostenaspekten die einmalige Vorbereitung nicht. Diese zwischen ADV-Anlagen und Werkzeugmaschinen gezogene Parallele wird dadurch noch deutlicher, daß man zur Steuerung von Werkzeugmaschinen außer ikonischen Formspeichern (Anschlägen, Schablonen, Kopiereinrichtungen als Vorrichtungen zur Speicherung einer ein-, zwei- bzw. dreidimensionalen Form) auch symbolische Formspeicher (Lochstreifen) verwenden kann. Letztere entsprechen dem Rechenprogramm, allerdings bezogen auf eine numerisch gesteuerte Werkzeugmaschine statt auf eine ADV-Anlage, ferner speichern sie Lenkungsinformationen für einen Formgebungs- statt Rechenprozeß.

Im folgenden werden einige Alternativen der kostenrechnerischen Behandlung erörtert, die im Prinzip gleichermaßen für die Herstellkosten von Vorrichtungen als ikonischen oder symbolischen Formspeichern wie von Rechenprogrammen in Frage kommen.

Alle Periodenkosten der Programmherstellung können:

(1) ohne Periodisierung als Gemeinkosten proportional zur Rechenzeit verteilt werden. Jede Rechenminute innerhalb einer Periode enthält dann

den gleichen Pauschalanteil der Programmherstellungskosten. Das ist die einfachste Lösung, die aber bei stark streuender Programmschwierigkeit, hohen Programmherstellungskosten und variierendem Anteil neuer und vorhandener Programme zu beträchtlichen Ungenauigkeiten führen kann;

(2) ohne Periodisierung als Einzelkosten dem ersten Programmverwender zugerechnet (und preispolitisch entsprechend berücksichtigt) werden. Die Ungenauigkeit bei streuender Programmschwierigkeit und hohen Programmkosten entfällt dabei weitgehend. Jedoch steigen infolge der direkten Verteilung gegenüber (1) die Verteilungskosten. Ferner wird der erste Verwender zugunsten späterer Verwender preislich benachteiligt;

(3) mit Periodisierung im Wege der Abschreibung als Einzelkosten auch späteren Verwendern des gleichen Programms gezielt zugerechnet werden. Jeder Verwender trägt dann preislich einen Anteil an den Herstellkosten der für ihn benötigten Programme. Die bei (1) und (2) auftretende hohe Anfangsbelastung durch neue Programme entfällt. Diese exaktere Lösung erhöht aber die Verteilungskosten, da gegenüber (2) zusätzlich eine Periodenabgrenzung nötig ist. Ferner treten zumindest in der kalkulatorischen Bilanz Programmbestände auf, während üblicherweise Informationen trotz ihres Gütercharakters nicht aktiviert werden[3]).

Eine Entscheidung zwischen den Verfahren kann mit Hilfe eines Kosten- und Genauigkeitsvergleichs — also mehrdimensional — erfolgen. Für die Verfahren (1) und (2) läßt sich gegenüber dem theoretisch exaktesten Verfahren (3) einerseits je eine prozentuale Einsparung an Verteilungskosten, andererseits je eine prozentuale Genauigkeitsabweichung in bezug auf die ermittelten Kostensätze abschätzen. Je geringer beim Verfahren (1) oder (2) die Einsparung und/oder je größer die Ungenauigkeit — insbesondere im Vergleich zur sonst tolerierten Ungenauigkeit des Kostenrechnungssystems — ist, desto eher wird man zum Verfahren (3) tendieren (und umgekehrt). Wenn z. B. sonst im Kostenrechnungssystem keine behebbare Ungenauigkeit der Kostensätze von mehr als $\pm$ 10 % akzeptiert wird, wäre es unzweckmäßig, eine Verzerrung der Kostensätze von $\pm$ 50 % infolge Verfahren (1) statt (3) zuzulassen (es sei denn, die üblichen $\pm$ 10 % seien mit geringen Verteilungskosten zu erreichen, während die Beseitigung des Fehlers von $\pm$ 50 % mit Hilfe des Verfahrens (3) eine hohe Mehrbelastung an Verteilungskosten nach sich zieht).

VI. Nicht alle mit der ADV-Anlage verbundenen Kosten werden sich den genannten Kostenträgern als Kostenträgereinzelkosten zurechnen lassen. Gemeinkostenschlüsselungen sind also erforderlich, auch wenn man eine

---

[3]) Vgl. zum Gütercharakter der Information Adam, A.: Messen und Regeln in der Betriebswirtschaft. Würzburg 1959, S. 12 f.; Kosiol, E.: Einführung in die Betriebswirtschaftslehre, Wiesbaden 1968, S. 212.

möglichst weitgehende direkte Verteilung anstrebt. Das ist aber keine Besonderheit der ADV-Systeme, sondern bei jeder Vollkostenkalkulation nötig.

VII. Alternativ wäre an eine Teilkostenkalkulation für die ADV-Anlage zu denken. In bezug auf den Verteilungsumfang sind folgende Formen der Teilkostenrechnung zu unterscheiden[4]):

(1)　Belastung der Kostenträger nur mit Einzelkosten

(2)　Belastung der Kostenträger nur mit variablen Kosten

(3)　Belastung der Kostenträger nur mit variablen Einzelkosten

In der Literatur ist mit Teilkosten meist Verfahren (2) oder (3) gemeint. Eine derartige Teilkostenkalkulation dürfte bei ADV-Anlagen aber problematisch sein, da der Anteil der variablen Kosten besonders niedrig ist. Die Miete oder Abschreibung für die ADV-Anlage ist häufig pro Periode fix, ähnlich die Personal- und Raumkosten. Je niedriger aber der Anteil der (variablen) Teil- an den Vollkosten ist, desto mehr verliert allgemein eine Teilkostenkalkulation an kostenträgerbezogener Aussagekraft. Ergeben sich z. B. nach Verfahren (3) Teilkosten in Höhe von nur 10 % der Vollkosten, ist dieser Betrag für die Kostenträgerrechnung von geringem Aussagewert. Davon unberührt bleibt die Frage, ob dieser Betrag für Zwecke der Kostenstellenrechnung geringe oder hohe Relevanz aufweist.

Die bisherigen Ausführungen sollen demonstrieren, daß ADV-Anlagen im Bereich des Erzeugungsstroms zwar durchaus kostenrechnerische Spezialprobleme aufwerfen, aber im Prinzip doch die üblichen Kostenrechnungssysteme anwendbar sein dürften. Die erzielte Genauigkeit hängt — mit Ausnahme der unter Punkt B II und B VI genannten Probleme — maßgeblich davon ab, welche Ermittlungskosten man dafür zu investieren bereit ist.

C. ADV-Anlagen im Informationsstrom

I. Die meisten ADV-Anlagen dürften aber im Bereich des Informationsstroms installiert sein. Trotzdem wurden erst längere Ausführungen über ADV-Anlagen im Erzeugungsstrom gemacht, um die unterschiedlichen Konsequenzen zu verdeutlichen.

Hier wird die These vertreten, daß die Kostenrechnungsprobleme von ADV-Anlagen im Informationsstrom weniger von den ADV-Anlagen selbst als vielmehr vom Informationsstrom her verursacht werden. Zur Begründung dieser These wurde unter Punkt B erläutert, daß ADV-Anlagen im Erzeugungsstrom — obwohl alle spezifischen ADV-Probleme dort bereits auftauchen müssen — im Prinzip mit den vorhandenen Kostenrechnungssystemen erfaßt werden können. Anschließend ist jetzt zu zeigen, daß die gleiche

[4]) Vgl. Riebel, P.: Das Rechnen mit Einzelkosten und Deckungsbeiträgen. In: Zeitschrift für handelswissenschaftliche Forschung, N. F., 11 Jg. 1959, S. 213—238; Schmalenbach, E.: Kostenrechnung und Preispolitik, 7. Aufl., Köln und Opladen 1956, S. 40 ff; zum allgemeinen Teilkostenbegriff siehe Kosiol, E.: Kostenrechnung. Wiesbaden 1964, S. 100 ff.

ADV-Anlage im Informationsstrom zusätzliche schwerwiegende Probleme aufwirft. Das variierte Element, d. h. der andersartige Güterstrom mit seinem gemäß Abb. 1 anderen Lenkungscharakter, ist dann im Grunde für diese zusätzlichen kostenrechnerischen Probleme verantwortlich zu machen, weniger die ADV-Anlage selbst.

II. Die üblichen Kostenrechnungs- und Kalkulationssysteme sind auf die Abrechnung des Erzeugungsprozesses zugeschnitten. Negativ formuliert, berücksichtigen sie die Abrechnung der Informationsprozesse nur mangelhaft. Zur Begründung dieser These seien folgende Argumente angeführt:

(a) Der übliche Begriff des Kostenträgers bezieht sich auf Produkte des Erzeugungsstroms, nicht auf Produkte des Informationsstroms.

(b) Der Begriff der Einzelkosten bezieht sich ebenfalls auf diese Kostenträger des Erzeugungsstroms und von dort aus mit wachsendem Umfang auf Kostenstellen, Werke und Unternehmung[5]).

(c) Eine Kostenträger- und/oder Einzelkostenrechnung im Informationsstrom ist als Konsequenz der genannten Punkte unterentwickelt. Üblich ist in der Betriebsabrechnung in bezug auf den Informationsstrom neben der Kostenarten- lediglich eine Kostenstellenrechnung. Die Stellenkosten des Informationsstroms werden in Zuschlagsform auf Stellen oder Träger des Erzeugungsstroms verteilt oder sogar von vornherein mit Stellenkosten des Erzeugungsstroms vermischt, ohne daß eine Kostenträgerrechnung für den Informationsstrom erfolgt.

Das Rechnungswesen hat allgemein zwei invers gerichtete Grundfunktionen:

(1) Wertabbildungsfunktion (Güterprozeß → Rechnungswesen)

(2) Wertlenkungsfunktion (Rechnungswesen → Güterprozeß)

    (a) Lenkung der Güterprozesse in und durch Kostenstellen

    (b) Lenkung der Güterprozesse durch Kostenträger

Die Lenkung erfolgt (2 a) wie bei der Plankostenrechnung in den und mit Hilfe der Kostenstellen, weiterhin (2 b) mit Hilfe der Kostenträger und Kalkulation. Beide Lenkungsaspekte sind für die Verbesserung der Wirtschaftlichkeit der Güterprozesse von Bedeutung. Dabei soll keineswegs verkannt werden, daß eine rein kostenorientierte Güterprozeßlenkung gegenüber einer rentabilitätsorientierten Lenkung manche Nachteile aufweist. Mit Nachdruck sei aber betont, daß auch von einer isolierten Kostenrechnung wichtige Lenkungsimpulse ausgehen.

Erfolgt wie im Informationsstrom keine Kostenträgerrechnung, so entfällt die in (2 b) genannte trägerorientierte Lenkungsfunktion des Rechnungswesens, mit der Folge insofern fehlender Verbesserung der Wirtschaftlichkeit des Informationsstroms. Es findet lediglich eine stellenorientierte Lenkung statt, und auch diese meist nur bei einer vorhandenen Plankosten-

---

⁵) Vgl. Kosiol, E.: Kostenrechnung, Wiesbaden 1964, S. 112 ff.

rechnung. Geht man von dem empirisch feststellbaren Befund aus, daß die wirtschaftliche Effizienz des Informationsstroms im Vergleich zum Erzeugungsstrom relativ gering ist, läßt das

(1) die vorsichtige Interpretation zu, daß im Informationsstrom auch die stellenorientierte Lenkung nicht ausreichend praktiziert wird, so daß insgesamt keine bewußte und systematische Wirtschaftlichkeitslenkung der Informationsprozesse erfolgt, oder läßt sich

(2) die gewagtere Hypothese bilden, daß eine stellenorientierte Lenkung ohne zusätzliche trägerbezogene Wirtschaftlichkeitslenkung allein nicht ausreicht.

Die Beantwortung dieser Frage dürfte auch zentrale Bedeutung für den Streit zwischen Voll- und Teilkostenrechnung haben; bei einigen Vertretern der Teilkostenrechnung wird nämlich das Argument erkennbar, daß Voll-Stückkosten als Trägerkosten lenkungsmäßig gar nicht interessieren, die Stellenlenkung also die größere Rolle spielt. Dieses Argument der Teil-kosten-Vertreter würde bestätigt, wenn die These (2) falsch ist; es würde widerlegt, falls (2) zutrifft.

Die Beseitigung kostenrechnerischer Schwierigkeiten von ADV-Anlagen im Informationsstrom erfordert also zunächst eine allgemeine Variation der Zwecksetzung üblicher Kostenrechnungssysteme. Eine isolierte Behandlung nur von ADV-Problemen kann leicht dazu führen, diese vorgelagerten grundsätzlichen Fragen zu unterschätzen oder gar zu übersehen.

III. Welche Änderungen der Rechnungssysteme erscheinen nun im Hinblick auf ADV-Anlagen bzw. auf den Informationsstrom als vordringlich?

(1) Der Begriff des Kostenträgers sollte auf Produkte des Informationsstroms, d. h. auf Output-Informationen (Informationsprodukte) wie z. B. Stückkosten oder Bilanzgewinne, erweitert werden. Im Hinblick auf die Abrechnung des gesamten Produktionsprozesses könnten evtl. die Informationsprodukte als Vorkostenträger, die Produkte des Erzeugungsstroms (Erzeugnisse) als Endkostenträger aufgefaßt werden (wobei die sprachliche Bezeichnung weniger ausschlaggebend ist). Die Meßproblematik der Kostenträger ist die gleiche wie beim Erzeugungsstrom diskutiert.

(2) Der Begriff der Einzelkosten sollte auf den Informationsstrom ausgedehnt werden. Einzelkosten im Hinblick auf Informationsprodukte als Kostenträger können dabei Gemeinkosten in bezug auf Erzeugnisse als Kostenträger sein.

(3) Das gleiche gilt für den Begriff der variablen Kosten. Variable Kosten in bezug auf Mengenänderungen der Informationsprodukte müssen durchaus nicht mit variablen Kosten in bezug auf Änderungen der Erzeugnismengen zusammenfallen.

(4) Unter Berücksichtigung der Punkte (1) bis (3) sollte versucht werden, eine Kostenträgerrechnung des Informationsstroms zu entwickeln. Auf Ein-

zelheiten kann hier nicht eingegangen werden; z. B. wären die Fragen zu klären, ob (a) eine Teil- oder Vollkostenrechnung sinnvoller ist, ob ferner (b) die Verteilung auf Informationsprodukte als Kostenträger in den normalen Verteilungsprozeß auf Erzeugnisse eingeschaltet wird oder als abgesonderte Rechnung erfolgt.

Eine solche Kostenträgerrechnung würde es ermöglichen, Verfahrensvergleiche auf Kostenbasis — die im Erzeugungsstrom heute selbstverständlich sind — auch im Informationsstrom durchzuführen. Man würde dann z. B. erkennen, ob eine Lohnabrechnung oder Buchhaltung mit ADV-Anlagen kostengünstiger (bzw. wieviel teurer) als die mit Lochkarten- oder Hand-Rechenmaschinen ist. Es ist eigentlich erstaunlich, daß die Betriebswirtschaftslehre sich mit derart naheliegenden Fragen so wenig beschäftigt hat.

Weiterhin würde man die Grenzen einer integrierten automatischen Datenverarbeitung besser erkennen, bei der im Extremfall ja die einfachsten wie auch die unregelmäßigsten Rechenoperationen unabhängig von den entstehenden Kosten auf die ADV-Anlage zu übertragen sind. Wenn alle Rechenvorgänge in einem integrierten ADV-System erfolgen und Rechenanlagen auf geringerer Mechanisierungsstufe fehlen, besteht im Extremfall die einzige Alternative zum ADV-Rechnen im Kopfrechnen. Im Erzeugungsstrom geht man auf Grund der vorhandenen besseren Kosteninformationen seit jeher vorsichtig vor, indem auflagenschwache, unregelmäßig anfallende und unregelmäßig strukturierte Verrichtungen aus Kostengründen nicht auf (z. B. Dreh-)Automaten übertragen, sondern auf geringerer Mechanisierungsstufe erfüllt werden. Man hat dort häufig ein relativ breites Spektrum von Mechanisierungsstufen bewahrt, das nach den Verhältnissen des Einzelfalls kostenoptimal eingesetzt werden kann (allerdings u. U. eine Integration zu verketteten Systemen deshalb erschwert). Es bleibt abzuwarten, ob ähnliche Probleme auch bei ADV-Anlagen erscheinen, so daß letztlich nicht ein integriertes ADV-System aufgebaut wird, sondern auch hier aus Kostengründen ein weites Mechanisierungsspektrum erhalten bleibt, das Integrationsschwierigkeiten entstehen läßt.

(5) Im Erzeugungsstrom ist meist wahlweise (auch bei ADV-Anlagen) eine Kostenvergleichs- oder Kosten/Leistungs-(Rentabilitäts-)Analyse möglich.

Erzeugungsstrom	Leistung ∕. Kosten	Erfolg
Informationsstrom	— ∕. Kosten	(Gewinn oder Verlust)

mit der Klammer `}` zwischen den Spalten: `= Erfolg (Gewinn oder Verlust)`

Abb. 2

Das wird gemäß Abb. 2 erreicht, indem die Kosten des Informationsstroms (als Zuschläge für Verwaltung und Vertrieb) auf die Kosten des Erzeugungsstroms verteilt werden, so daß sich Leistung des Erzeugungsstroms und Gesamtkosten gegenüberstehen und einen Erfolgssaldo liefern.

Im Informationsstrom ist dagegen meist keine Rentabilitätsrechnung möglich, weil hier — wie Abb. 2 zeigt — die Leistung als Gegenstück zu den Kosten fehlt (bzw. Ertrag als Gegenstück zum Aufwand). Die Konsequenz ist, daß für rentabilitätsorientierte Investitionsrechnungen in bezug auf ADV-Anlagen im Informationsstrom insofern eine Grenze vorzuliegen scheint.

Für Fälle, in denen die Konstellation vorliegt, daß im Informationsstrom

(1) rentabilitätsorientierte Rechnungen zwar erwünscht, aber nicht möglich sind sowie außerdem

(2) Kostenvergleichsrechnungen nicht ausreichen, insbesondere zu wirtschaftlich unerwünschten Lenkungseffekten führen, dürfte eine Weiterentwicklung der

(3) Kosten/Nutzen-Rechnungen (cost-benefit analysis) von vorrangiger Bedeutung sein. Bei ihnen tritt an die Stelle der fehlenden Leistung (bzw. Ertrag) eine wechselnd definierte Nutzengröße. Diese ersetzt einerseits die fehlende Leistung der Rentabilitätsrechnung, kompensiert andererseits die Fehlsteuerungseffekte der Kostenvergleichsrechnung.

Bei ADV-Anlagen ist z. B. der Nutzen umfassenderer und/oder schnellerer Information den (im Vergleich zu nichtautomatischen Anlagen) wohl häufig höheren Kosten gegenüberzustellen und beides nach alternativen entscheidungstheoretischen Kalkülen abzuwägen. Mittelbar wird auch die umfassendere oder schnellere Information als Nutzengröße Leistungseffekte hervorrufen, nur sind diese häufig nicht einem bestimmten Entscheidungsvorgang quantitativ zurechenbar.

IV. Die Kosten der ADV-Anlagen werden im Informationsstrom nicht externen, sondern in der Regel internen Benutzern zugerechnet.

In bezug auf Abb. 1 ist auch bei ADV-Anlagen im Informationsstrom von dem Kostenträger Rechenzeit die Abloch-, Ausdruck- sowie Speicher- und Übermittlungszeit zu differenzieren. Die Überlegungen zum Erzeugungsstrom gelten auch hier sinngemäß, was die dortige umfangreiche Behandlung wohl rechtfertigt. Jedoch ist das Differenzierungsbedürfnis vermutlich geringer als im Erzeugungsstrom, weil es sich hier nicht um eine Kalkulation als Hilfsmittel der extern orientierten Absatzpreispolitik, sondern um eine Kalkulation als Instrument der internen kostenträgerorientierten Wirtschaftlichkeitslenkung handelt. Die Kalkulation hat also keine direkten preispolitischen Konsequenzen. Auch bei der Zurechnung von Programmherstellungskosten wird deshalb eine mehr globale Behandlung zu überlegen sein.

Insgesamt zeigt sich der bereits erwähnte Umstand, daß speziell im Informationsstrom mehr kostentheoretische und kostenrechnerische als spezifische ADV-Probleme aufzutreten scheinen, während alle charakteristischen ADV-Probleme bereits im Erzeugungsstrom erscheinen.

Bewertung der Kosten- und Leistungsfaktoren

Arbeitspapier (Symposium)

Von

Dr. rer. pol. W. Hopperdietzel

Schneider KG, Kulmbach

Inhalt

Für den Einsatz einer elektronischen Datenverarbeitungsanlage (EDVA) in einem Unternehmen bestehen außerordentlich vielfältige Möglichkeiten. Zunächst wurden einzelne Aufgabengebiete, deren Lösung vor allem wegen der erheblichen Datenmassen Schwierigkeiten bereitete — man denke hier besonders an Lohnabrechnung, Fertigungssteuerung, Kostenrechnung oder ähnliches —, mit Hilfe des Computers für sich allein bearbeitet. Parallel mit der Integration verschiedener Anwendungsgebiete hat man — wieder für begrenzte Probleme — die ersten Versuche der On-line-Real-Time-Verarbeitung unternommen. Heute geht man daran, integrierte Informationssysteme aufzubauen, mit denen Führungskräfte direkt — ähnlich wie mit Sachbearbeitern — in Verbindung treten können. Die Grenzen der technischen Möglichkeiten der EDV liegen erst dort, wo echte schöpferische Tätigkeiten zu erfüllen sind. In diesen Fällen ist nach dem heutigen Stand der Entwicklung der Mensch noch immer unentbehrlich.

Die zweite Grenze für den Einsatz eines Computers wird von der ökonomischen Seite her gesetzt. Die großen Hoffnungen der ersten Zeit auf eine billige Lösung der anstehenden Probleme haben sich nicht bestätigt, zumal es versäumt wurde, mit den neuen Maschinen auch neue Methoden einzuführen. Man muß deshalb den Nutzen an Hand ausreichend fundierter Zahlen einer Wirtschaftlichkeitsrechnung feststellen. Um dieses Problem der vorausschauenden Wirtschaftlichkeitsrechnung geht es im folgenden.

A. Zum Verfahren der Wirtschaftlichkeitsrechnung für EDVA

Wirtschaftlichkeitsrechnungen zur Vorbereitung von Investitionsentscheidungen gehen meistens aus von Zahlungsströmen, d. h. Ein- und Auszahlungen, die die Investition während ihrer Lebensdauer begleiten. Die Anwendbarkeit dieses Verfahrens auch für den Computer setzt voraus, daß der Einsatz entsprechende feststellbare Änderungen hervorruft. Bei Anlagen des Produktionsbereichs kommen bzw. gehen Input und Output aus bzw. in Märkte; die Preise liefern Hinweise für die Bewertung. Diese entscheidende Unterstützung besteht bei der Bewertung der Leistungen einer EDVA nicht, auch zu einzelnen marktfähigen Leistungen besteht keine sichere Bindung.

Man empfiehlt deshalb in der vorliegenden Literatur meistens als Methode der Wirtschaftlichkeitsrechnung für EDVA einen auf Kosten aufbauenden Verfahrensvergleich. Damit würde man zweifellos große Vereinfachungen erreichen; die Anwendbarkeit setzt aber voraus, daß beide Verfahren vergleichbar sind, d. h. im gleichen Zeitraum die gleichen Leistungen in gleicher Qualität hervorbringen[1]).

---

[1]) Vgl. Witthoff, J.: Der kalkulatorische Verfahrensvergleich, insbesondere die Wirtschaftlichkeitsrechnung. München 1956, S. 15.

Gerade aber im Hinblick auf die EDVA trifft dies nicht zu. Die Leistungen eines optimal eingesetzten Computers gehen über die einer konventionellen Organisation weit hinaus. Es werden hier neben der Durchführung völlig neuer Aufgaben vor allem neue, gezieltere und bessere Informationen für den Entscheidungsprozeß gewonnen, die in den betreffenden Bereichen des Unternehmens nennenswerte Verbesserungen erwarten lassen. Gerade diese Leistungen bilden aber einen entscheidenden Faktor, der in die Wirtschaftlichkeitsrechnung eingehen muß.

Der Verfahrensvergleich bildet aber trotzdem den Ausgangspunkt für die Erarbeitung einer Methode der Wirtschaftlichkeitsrechnung für EDVA insofern, als er durch entsprechende Modifikationen auch die Einbeziehung des zusätzlichen Nutzens ermöglicht. Man erreicht dies über eine Kopplung von Kostenbetrachtung mit einem Leistungsvergleich. Damit geht die Rechnung aus von der konventionellen Organisation und ermittelt dieser gegenüber die Mehrkosten und die erreichbaren Einsparungen bei der reinen Datenverarbeitung. Die zusätzlichen Leistungen werden in einem dritten Schritt erfaßt. Die Wirtschaftlichkeitsrechnung gliedert sich deshalb in Kosten- und Ertragsseite, wobei auf der Kostenseite die Mehrkosten und auf der Ertragsseite sowohl Einsparungen als auch zusätzliche Erträge durch die höheren Leistungen zu stehen kommen.

Im Rahmen des Vergleiches dürfen vorhandene und geplante Organisation nicht ohne weiteres einander gegenübergestellt werden. Man kann zwar ein gutes System unter Einsatz der elektronischen Datenverarbeitung zur Verfügung haben, das auch den Anforderungen der Wirtschaftlichkeitsrechnung entspricht; dem kann aber eine konventionelle Organisation gegenüberstehen, die mit zahlreichen, mehr oder weniger großen Mängeln behaftet ist und die durch geeignete Maßnahmen und mit konventionellen Hilfsmitteln durchaus zu verbessern wäre. Ein modifizierter Verfahrensvergleich zwischen diesen beiden Techniken muß ein falsches Bild von der Wirtschaftlichkeit des Rechners bringen: Die Mängel des bisherigen Systems ließen die Elektronik vorteilhafter erscheinen, als es wirklich ist. Diese Tatsache zwingt dazu, zumindest auf dem Papier der elektronischen Datenverarbeitung die optimale konventionelle Lösung gegenüberzustellen.

Die Vorteile dieses modifizierten Verfahrensvergleiches lassen sich leicht erkennen. Das Verfahren der Wirtschaftlichkeitsrechnung ist nun so ausgelegt, daß es für alle Fälle der Praxis angewendet werden kann, nur verschieben sich die Akzente entsprechend den besonderen Gegebenheiten des Einzelfalles. Gleichzeitig erreicht man eine ziemliche Vereinfachung der Rechnung insofern, als die Bewertungsfragen nur für diejenigen Faktoren auftreten, die nicht für beide Verfahren der Datenverarbeitung vorliegen.

Der modifizierte Verfahrensvergleich aber beseitigt nicht das Problem der Bewertung der Faktoren der Wirtschaftlichkeit. Das gilt zwar kaum für die Kostenseite, auch nicht für den zusätzlichen Input, der zu den verursachten Kosten angesetzt werden darf. Die Schwierigkeiten treten dagegen bei der

Ermittlung des Wertansatzes der zusätzlichen Leistungen der elektronischen Datenverarbeitung auf. Oft genug findet die Mehrleistung des Rechners ihren sichtbaren Ausdruck in einem weiteren Ansteigen der Papierflut, die über die Unternehmung hereinbricht. Darin sind aber die wirklichen Leistungen nicht erschöpft, im Gegenteil, sie gehen darin vielfach erst verloren. Sie bestehen vielmehr in der Verbesserung des Informationssystems. Die quantitative Messung dieser Vorteile bereitet nun Schwierigkeiten, einmal im Hinblick auf die Erarbeitung eines geeigneten Maßstabes und zum anderen bei der Bewertung selbst. Bei dieser Aufgabe spielen sowohl die speziellen Verhältnisse einer Unternehmung, vor allem die Interdependenzen interner und externer Zusammenhänge, als auch die subjektiven Meinungen und Einstellungen einzelner Mitarbeiter eine Rolle.

Der künftige, zusätzliche Ertrag, den das Unternehmen aus den Verbesserungen erwarten darf, ist aus diesen Gründen unsicher und nur mit mehr oder weniger großer Wahrscheinlichkeit zu ermitteln. Der einfachste, aber grundsätzlich falsche Weg bestünde darin, die Wahrscheinlichkeit = Null zu setzen und die Bewertung zu umgehen. Man muß aber im Interesse einer aussagefähigen und erschöpfenden Wirtschaftlichkeitsrechnung die Schwierigkeiten der Bewertung auf sich nehmen. Nur dann liegt ein echtes Bild vom tatsächlichen Nutzen eines Rechners für das Unternehmen vor.

Auf die weiteren Verfahrensfragen soll hier nicht eingegangen werden. Es sei nur noch angefügt, daß man in der Praxis diejenige Methode anwenden wird — sei es nun die Pay-off-Methode, das Kapitalwertverfahren oder eine andere Methode —, mit der man im Unternehmen vertraut ist. Nur auf diese Weise kann die Konkurrenz der Investitionsmöglichkeiten um die verfügbaren Mittel entschieden werden.

In diesem Zusammenhang sei noch abschließend kurz auf das Problem der Wirtschaftlichkeitsrechnung für einzelne Anwendungsgebiete hingewiesen. Neben der Schwierigkeit der Ermittlung der erforderlichen Maschinenkapazität ergibt sich das Hauptproblem aus der isolierten Betrachtung der einzelnen Bereiche. Das Problem läßt sich jedoch lösen, wenn man die einzelnen Gebiete im Rahmen des Gesamtsystems und der Planung der EDV erkennt.

Damit sind die Aufgaben und ihre Vorteile, vor allem die Anschlußmöglichkeiten anderer Gebiete ohne größeren Mehraufwand auch wirtschaftlich richtig zu bewerten.

B. Bestimmungsfaktoren der Wirtschaftlichkeit einer EDVA

Ehe auf die im Zusammenhang mit dem Einsatz der EDV auftretenden Mehrkosten, Einsparungen und Erträge eingegangen werden soll, erscheint es als sinnvoll, die wesentlichen Einflußgrößen zu diskutieren.

Dabei bedarf es wohl zunächst keiner besonderen Erläuterung, daß die Kosten der neuen Technik zunehmen, je größer die Anlage ist, die eingesetzt werden soll. Geht man aber davon aus, daß das Maschinensystem für die vorgegebenen Aufgaben die optimale Kapazität aufweist, so lassen sich doch Einflußgrößen daneben noch deutlich erkennen. Auf der einen Seite stehen die organisatorischen Einflußgrößen, von denen einmal die Genauigkeit der Datenverarbeitung zu nennen ist.

Betriebswirtschaftliche Aufgabenstellungen, z. B. die Lohnabrechnung, erfordern eine auf den Pfennig genaue Arbeit. Aus einer buchhalterischen Einstellung heraus neigt man oft dazu, diese Genauigkeit auch auf andere Bereiche, etwa die Planung, auszudehnen. Gerade hier aber in dieser Weise zu verfahren erscheint aus zwei Gründen als wenig sinnvoll: Einmal wird eine solche Genauigkeit bei der Entscheidungsfindung gar nicht gebraucht, auf der anderen Seite werden im Rechenverfahren viele Schätzgrößen berücksichtigt, während wesentliche Einflußfaktoren außer acht bleiben. Die Einbeziehung dieser Abhängigkeiten in das Modell aber und damit die Verkleinerung der Bandbreite bei den Ergebnissen läßt die Kosten in der Regel progressiv ansteigen. Die konventionelle Organisation wird demgegenüber zwar zunächst geringere Kosten verursachen, dafür später eine stärkere Progression aufweisen[2]).

Die Geschwindigkeit der Datenverarbeitung, wohl eine der wichtigsten Bestimmungsgrößen der Kosten, läßt sich in zwei Faktoren untergliedern: Verarbeitungsintervall und Verarbeitungsverzögerung. Das Intervall betrifft den Zeitraum, aus dem die zu verarbeitenden Daten stammen. Im Normalfall ergibt sich daraus auch die Zeit, die zwischen den direkt aufeinanderfolgenden Durchführungen derselben Aufgabe vergeht. Die Verzögerung bedeutet dagegen den Zeitraum zwischen dem letzten für die Datenverarbeitung zu berücksichtigenden Geschäftsvorfall bis zum Vorliegen der fertigen Information bei dem jeweiligen Entscheidungsträger[3]).

Der Zusammenhang zwischen Intervall und Kosten der Datenverarbeitung gründet sich darauf, daß die Länge der Intervalle auch die Zahl der Programmläufe bestimmt. Kurze Intervalle bedingen eine häufige Durchführung, wobei die benötigten Maschinenzeiten durchaus nicht proportional zu den zu verarbeitenden Daten verlaufen, weil auch bei der elektronischen Datenverarbeitung fixe Aufwandsteile vorliegen. Kurze Intervalle bringen relativ höhere Kosten. Auf der anderen Seite nehmen auch die Kosten mit extrem langen Intervallen wieder zu, denn in diesen Fällen müssen weit mehr Daten festgehalten werden, so daß man zusätzliche Speichereinheiten benötigt.

---

[2]) Vgl. Rüegg, M.: Einsatz der elektronischen Datenverarbeitung in der Unternehmung unter besonderer Berücksichtigung des Warenhauses. Zürich 1963, S. 98.
[3]) Vgl. Gregory, R. H.; Atwater, Th. V. V. jr.; Cost and Value of Management Information as Functions of Age. In: Accounting Research, London - New York, Vol. 8, 1957, No. 1, S. 47.

Die Verkürzung der Verzögerung verursacht ebenfalls, betrachtet man jeweils nur eine bestimmte Technik der Datenverarbeitung, Kostensteigerungen. Im Hinblick auf die Elektronik kommt dies einmal davon, daß größere Kapazitäten der Anlagen erforderlich werden und zum anderen auch die Schwierigkeiten wesentlich zunehmen, gerade wenn man die Möglichkeiten der Integration ausschöpft. Zu berücksichtigen ist weiter, daß zur Erreichung extrem kurzer Verzögerungen auch die gesamte Organisation und besonders die Übertragungsmedien vom Anfallort der Daten zum Rechner geändert werden müssen, so daß hierfür weitere hohe Kosten zusätzlich entstehen. Auch bei sehr langen Verzögerungen wachsen die Kosten wieder an, weil der Aufwand für die Speicherung der Daten zunimmt[4]).

Als organisatorische Einflußgrößen kommen noch Art der Datenerfassung und Eingabevorbereitungen hinzu, doch soll hier nicht näher darauf eingegangen werden.

Die andere Gruppe der Bestimmungsfaktoren ist technischer Natur. Hier handelt es sich einmal um die schon erwähnte Kapazität der Anlage selbst. Auch bei optimaler Dimensionierung wird man mitunter vor der Frage stehen, mehrere kleine Maschinen oder ein großes Maschinensystem einzusetzen. Jedoch auch für EDVA gilt das Gesetz der Größendegression: Bei Anlagen der 3. Generation in Mindestausstattung der Typen —/360—20, —/360—30 und —/360—50 betragen die monatlichen Mietkosten rd. 7800 DM, 17 750 DM bzw. 52 750 DM. Die Leistungsfähigkeiten belaufen sich auf ca. 5500, 34 500 bzw. 307 700 Operationen je Sekunde. Die Leistungseinheiten kosten dann rd. 1,40 DM, 0,51 DM bzw. 0,17 DM pro Monat. Gleichzeitig nehmen auch die Anschlußmöglichkeiten für periphere Geräte zu.

Als weiterer Bestimmungsfaktor muß auch die Flexibilität, d. h. die Anpassungsfähigkeit der Anlage an die Erfordernisse der einzelnen Anwendungsgebiete, gelten. Ein System für wenige gleichartige und nicht wechselnde Aufgaben verursacht relativ niedrige Kosten. Je mehr unterschiedliche Anwendungsgebiete zu bearbeiten sind, um so flexibler muß die Anlage sein, um so mehr periphere Einheiten und um so größere Kapazität braucht man. Damit steigen zweifellos auch die Kosten der Datenverarbeitungsanlage an, gleichzeitig erhöhen sich aber auch die Aufwendungen für die Organisationsanalysen und für die Programmierung der einzelnen Anwendungsgebiete. Der Grund liegt darin, daß sich nicht die maschinelle Ausrüstung nach den Erfordernissen richtet, sondern umgekehrt die Aufgabenlösung den von der Anlage gebotenen Möglichkeiten angepaßt werden muß.

Im Gegensatz zu den Bestimmungsfaktoren der Kostenseite kann man für die Einsparungen und Erträge keine allgemeingültigen Einflußgrößen nen-

---

[4]) Gregory, R. H.; van Horn, R. L.: Automatic Data-Processing Systems. Principles and Procedures. San Francisco 1960, S. 352 f.

nen. Die erzielbaren Einsparungen und Erträge hängen praktisch ausschließlich von den Anwendungsgebieten der EDV sowie von der vorhandenen und zu ersetzenden Organisation ab[5]).

C. Die Bestimmungsfaktoren der Kostenseite

Im folgenden sollen nun die Kosten der EDVA, die Einsparungen bei der Datenverarbeitung und die zusätzlichen Erträge sowie die Probleme der Ermittlung behandelt werden.

Bei den Kosten empfiehlt sich eine Unterteilung in einmalige Kosten, die im Zusammenhang mit der Einführung der neuen Technik anfallen, und in laufende Kosten, die sich aus dem Betrieb ergeben.

Im Zusammenhang der einmaligen Kosten sind zunächst die Aufwendungen für Voruntersuchungen und Vorbereitung zu nennen. Hierzu gehören einmal die Kosten der notwendigen Organisationsanalysen, die bei Erarbeitung eines optimalen Systems für die Durchführung der Arbeiten in den einzelnen Anwendungsgebieten der neuen Technik und in der Vorbereitung der Installation und des Einsatzes des Computers und auch für die Gewinnung der Grundlagen der Programmierung anfallen. Weiter gehören hierher die Kosten für die Ausbildung und Information. Sie betreffen nicht nur die Ausbildung des künftigen Personals des Rechenzentrums, sondern auch die Umschulung von Mitarbeitern, die auf neue Arbeitsplätze versetzt werden, und die Information des gesamten Personals des Unternehmens, um die Unruhe und Unsicherheit unter der Belegschaft wegen der Einführung eines Computers zu mildern. Zu den Kosten der Vorbereitung muß auch der Programmierungsaufwand gerechnet werden, der durch die Aufstellung der Programme und der entsprechenden Tests entsteht.

Als einmalige Kosten fallen weiter Anschaffungs- und Einrichtungskosten an. Dabei ist zu berücksichtigen, daß vor allem der Kaufpreis für die Rechenanlage dann nicht in der Wirtschaftlichkeitsrechnung erscheinen darf, wenn die Anlage gemietet wird. Unabhängig davon müssen die Kosten der Lieferung und Installation sowie die Aufwendungen für Hilfsaggregate, wie z. B. einer Klimaanlage, ebenso die Kosten für Organisationsmittel, die das Rechenzentrum als Erstausstattung benötigt, angesetzt werden. Auch die Kosten baulicher Veränderungen, z. B. doppelte Böden, sind an dieser Stelle zu berücksichtigen.

Einmalige Kosten bilden schließlich auch die Kosten für die Umstellung von der bisherigen Organisation auf das neue System, die sich aus der Übernahme der Stammdaten und dem Aufwand des Parallellaufes ergeben. Auch die voraussichtlichen Kosten für geplante Änderungen am Anlagensystem gehören hierher.

---

[5]) Vgl. Chapin, N.: Einführung in die elektronische Datenverarbeitung. Wien - München 1962, S. 134.

Die laufenden Kosten umfassen zunächst Mieten und Abschreibungen. Man hat hier einmal Maschinenmieten für die Anlage selbst, aber auch Mieten für Nachrichtenwege und für die benutzten Räume. Abschreibungen können zwar vorkommen, doch werden sie im Normalfall nur eine sehr geringe Summe ausmachen. Weiter fallen Betriebskosten, besonders für Material- und Energieverbrauch, sowie Aufwendungen für Wartung und Instandhaltung an.

Ein bedeutender Posten der laufenden Kosten ist — auch bei der elektronischen Datenverarbeitung — der Personalaufwand. Er betrifft die Leitung des Rechenzentrums, die Maschinenbedienung, die laufende Programmierung und die Vorbereitung der Eingabe.

In der Wirtschaftlichkeitsrechnung müssen schließlich auch Kosten für die Archivierung von Maschinenbelegen — z. B. erfordern Magnetbänder klimatisierte Schränke — berücksichtigt werden. Auch die zu erwartenden Aufwendungen bei Ausfall der eigenen Anlage, die entstehen, wenn man gezwungen ist, auf fremde, oft entfernte Maschinen auszuweichen, sind anzusetzen.

D. Ermittlung und Zurechnung der Kosten

Es wird in der vorliegenden Literatur erwähnt, daß sich die Kosten der neuen Technik verhältnismäßig einfach feststellen lassen. Das bedeutet aber keinesfalls, daß sie in ihrer Gesamthöhe bereits irgendwo einfach abgelesen werden könnten. Vielmehr muß man auch sie, zumindest für den großen Teil, mit einigem Arbeitsaufwand ableiten.

Die geringsten Schwierigkeiten dürften bei der Herleitung der Anschaffungs- und Einrichtungskosten zu erwarten sein. So regelt der Vertrag zwischen dem Hersteller und dem eigenen Unternehmen den Kaufpreis für den Rechner, seine peripheren Einheiten und die konventionellen Hilfseinrichtungen. Für die Ermittlung der Kosten der weiteren Einrichtung des Rechenzentrums hat man den Vorteil, daß die Anforderungen ausreichend genau bekannt sind. Die Kosten der baulichen Veränderungen bzw. eines Neubaues für das Rechenzentrum ergeben sich aus Voranschlägen der Baufirmen, ebenso die Kosten der maschinellen Hilfseinrichtungen.

Bei den restlichen einmaligen Kosten liegen die Dinge nicht mehr ganz so einfach. Bei den Kosten der Organisationsanalysen und Planung hat man noch den Vorteil, daß ein großer Teil der Aufgaben bei der Durchführung der Wirtschaftlichkeitsrechnung bereits abgeschlossen ist. Damit kann man hier die effektiv angefallenen Kosten ansetzen, zum anderen verfügt man für die Schätzung des noch zu erwartenden Aufwandes aus der bisherigen Durchführung heraus über Erfahrungen, die die ausreichend genaue Vorausbestimmung wesentlich unterstützen.

Ähnliche Hilfestellung gibt es auch für die Ermittlung der Ausbildungs- und Informationskosten. Nach nunmehr fast 15 Jahren Datenverarbeitung haben sich allgemeingültige Durchschnittswerte über die Dauer und den Umfang dieser Aufgaben herausgebildet, die eine recht sichere Planung ermöglichen. Auf der anderen Seite ist der Personalbedarf relativ fest fixiert. Aus beiden Größen lassen sich dann die Kosten, die auf die Unternehmung zukommen, ziemlich genau ermitteln, da auch die Kursgebühren und ähnliche Aufwendungen teils bekannt, teils vertraglich geregelt sind.

Bei der Ermittlung der Kosten der Umstellung liegen für die Aufwendungen für Aufbereitung und Übernahme der Stammdaten rationale Anhaltspunkte für die erforderliche Berechnung vor. Jedoch haben Faustzahlen für die Dauer des Parallellaufes keine ausreichende Aussagekraft, um daraus für die einzelnen Unternehmen konkrete Hinweise entnehmen zu können, da zudem noch manche qualitativen Faktoren hereinspielen.

Die größten Probleme wirft wohl die Ermittlung der Kosten der Programmierung auf. Hier gibt es zwar Durchschnittszahlen für die Geschwindigkeit der Programmierung, die sich im Laufe der Jahre herausgebildet haben; aber die Abweichungen, die immer wieder genannt werden, erreichen beachtliche Werte. Man hat es noch verhältnismäßig einfach, wenn man bereits eine Datenverarbeitungsanlage verwendet; denn nun liegen Anhaltspunkte über die Leistungsfähigkeit des Personals vor, außerdem kann man die auftretenden Probleme leichter überblicken. Setzt man jedoch zum ersten Mal einen Rechner ein, existieren diese Hilfen nicht. Es besteht nur die Möglichkeit, sich an den vom Hersteller genannten durchschnittlichen Werten bei gleichartigen Aufgaben zu orientieren.

Die Höhe der einmaligen Kosten wird häufig unterschätzt. Als Gründe kommen dafür besonders in Betracht[6]):

— Ansatz einer nicht ausreichenden Zeit für die Lösung der einzelnen Aufgaben und Schritte der Vorbereitung,

— Übersehen einzelner Kostenarten und

— Fehleinschätzungen der zu erfüllenden Aufgaben.

Die vorausschauende Bestimmung der laufenden Kosten der elektronischen Datenverarbeitung bereitet im wesentlichen keine Schwierigkeiten. Diese Aufgabe beinhaltet zwar auch einige Probleme, die sich jedoch für die Wirtschaftlichkeitsrechnung in einer befriedigenden Weise lösen lassen.

Man hat auch hier wieder Kostenarten, deren Höhe vertraglich fixiert oder deren Grundlagen so fest vorgegeben sind, daß ihre Höhe ebenfalls von vornherein feststeht. Dies gilt für die Maschinenmieten, die Kosten eines Wartungsvertrages und die Versicherungsprämien. Die Höhe der Abschreibun-

---

⁶) Vgl. Neuschel, R. F.: Management by System. 2. Aufl., New York - Toronto - London 1966, S. 266.

gen und Zinsen ist demgegenüber aus den einmaligen Kosten, die der Aufwendungen für Energieverbrauch aus den Anschlußwerten der Maschinen fest vorgegeben.

Für die Ermittlung der meisten zu erwartenden laufenden Kosten bestehen ausreichend rationale Anhaltspunkte, zudem kann man auch auf die bisherigen praktischen Erfahrungen der Hersteller und anderer, anwendender Unternehmen zurückgreifen. In diese Kategorie fallen die Aufwendungen für Raummieten, für Mieten und Kosten der Einrichtungen der Datenübermittlung, für den Materialverbrauch an Vordrucken und ähnlichem, für die Wartung der Anlagen sowie für die Archivierung. Nicht ganz so einfach liegen die Dinge bei den Personalkosten. Zwar hat man auch hier Hilfsmittel für die Bestimmung, wie den Mindestbedarf für die Maschinenbedienung, die durchschnittliche Leistungsfähigkeit vor allem bei den Locherinnen, die Planung der künftigen Aufgaben und den geschätzten Beleganfall. Insgesamt gesehen ist der Spielraum bei der Ermittlung aber doch größer, zumal man immer eine Personalreserve berücksichtigen muß.

Schwierigkeiten bei der Kostenbestimmung treten im wesentlichen nur im Zusammenhang mit der Ermittlung der zu erwartenden Aufwendungen bei Ausfall der eigenen Anlage auf. Für das Vorkommen der Störungen, die Dauer der Behebung sowie der Ausweichlösungen bestehen kaum irgendwelche konkreten Anhaltspunkte. Wegen des zufälligen Charakters lassen sich auch Erfahrungen anderer Unternehmen nicht verwerten. Die tatsächlichen Kosten sind so kaum festzustellen. Man kann aber auf indirekte Weise zu einem ausreichenden Ansatz für die Wirtschaftlichkeitsrechnung kommen, indem man die Kosten einer Maschinen-Betriebsunterbrechungs-Versicherung berücksichtigt.

Das grundsätzliche Problem der Bestimmung der laufenden Kosten besteht in der Notwendigkeit der Einbeziehung der künftigen Entwicklung der Preise und Gehälter. Man darf die Wirtschaftlichkeitsrechnung nicht nur auf die erste Periode der Nutzung abstellen, da so doch ein recht schiefes Bild entstehen kann. Möglicherweise wird der Rechner erst unter dem Eindruck der künftigen Entwicklung vorteilhaft.

Wenn auch bei der Ermittlung der laufenden Kosten keine besonderen Schwierigkeiten auftreten, so muß man trotzdem Sorgfalt walten lassen, um Unterschätzungen zu vermeiden. Nachstehende Gründe führen zu diesem besonders häufigen Fehler:

— Die für die Durchführung eines Anwendungsgebietes notwendige Zeit wird schlecht geschätzt, indem man die Zahl der Programmschritte zu niedrig ansetzt, unnötige Kontrollroutinen einbaut oder die Notwendigkeit von Berichtigungsläufen nicht berücksichtigt. Die Folge sind Überstunden oder gar zusätzliche Schichten und eine Erhöhung der Aufwendungen auf der ganzen Linie.

— Der Grad der möglichen Auslastung der Anlage wird überschätzt.

Als Grundsatz für die Zurechnung der Kosten zur EDVA läßt sich herausstellen, daß die Kosten nur dann in voller Höhe in die Wirtschaftlichkeitsrechnung eingehen dürfen, wenn

— sie durch die elektronische Datenverarbeitung und ihre Einführung verursacht werden,

— man nicht gleichzeitig mit der Bearbeitung der Probleme der neuen Technik auch anderen Aufgaben oder weiteren Zwecken dient und

— die erreichten Ergebnisse allein an das geplante System der Datenverarbeitung gebunden sind und nicht weiter in die Zukunft wirken.

Damit sind zunächst zweifellos die Kosten der Anschaffung der Anlage, der Umstellung der Organisation, ein Teil der Kosten der zusätzlichen Einrichtungen und der voraussichtliche Aufwand für Änderungen der Anlage in voller Höhe in der Wirtschaftlichkeitsrechnung zu berücksichtigen. Weniger klar liegen die Probleme hinsichtlich der Ausbildungs- und Informationskosten, der Aufwendungen für Programmierung, der Kosten für Umbauten alter Räume und für die Sicherung der Energieversorgung der Anlage sowie die Kosten der Übernahme der Stammdaten. Das für diese Kosten Erreichte könnte unter Umständen nach Ablauf der Nutzungsdauer weiterverwendet werden, wenn man wieder einen Rechner einsetzt. Da sich aber einerseits die Maschinensysteme ändern und zum anderen auch die organisatorischen Anforderungen nicht konstant bleiben, empfiehlt sich daher schon aus dem Grundsatz der kaufmännischen Vorsicht, auch diese Kosten dem neuen System voll anzulasten.

Die Kosten der Organisationsanalysen dürfen im Normalfall dagegen nicht allein der elektronischen Datenverarbeitung zugerechnet werden. Meistens wird man im Rahmen der Voruntersuchung und Planung auch Verbesserungsmöglichkeiten am bisherigen Verfahren aufzeigen und diese auch weitgehend verwirklichen. Die ideale Grundlage für die Verteilung der Kosten wäre zweifellos die aufgewendete Arbeitszeit für das jeweilige Problem. Da man aber die Arbeiten fast immer parallel durchführt und manche Ergebnisse gar nur nebenbei gewonnen werden, entsteht eine Verzahnung, die eine Aufgliederung der verwendeten Zeiten unmöglich macht. Man wird deshalb die Kosten der Organisationsanalysen am günstigsten an Hand der insgesamt möglichen Einsparungen auf das alte und neue System aufteilen. Auch die Kosten eines Neubaues für die Unterbringung des Rechenzentrums können kaum voll in der Wirtschaftlichkeitsrechnung berücksichtigt werden, ohne das tatsächliche Bild wesentlich zu verzerren. Man sollte deshalb das neue System nur mit den speziell für den Rechner vorzunehmenden Einbauten und baulichen Besonderheiten belasten. Der normale Aufwand kann dagegen über die Raummieten verrechnet werden.

Zurechnungsprobleme treten im Hinblick auf die laufenden Kosten der elektronischen Datenverarbeitung nicht auf. Alle genannten Kostenarten entstehen allein im Zusammenhang mit dem Betrieb des Rechenzentrums, so daß sie grundsätzlich vollständig in die Wirtschaftlichkeitsrechnung eingehen müssen.

E. Die Faktoren der Ertragsseite
Einsparungen bei der Datenverarbeitung

Die Faktoren der Ertragsseite der Wirtschaftlichkeitsrechnung ergeben sich, wie schon erwähnt, einmal aus den Einsparungen bei der Datenverarbeitung, zum anderen aus den zusätzlichen Erträgen durch die Verbesserungen des Informationssystems des Unternehmens.

Elektronische Rechenanlagen für kommerzielle Zwecke sind heute zu einem ganz erheblichen Teil ihrer Kapazität, wenn nicht vollständig, mit Aufgaben der betrieblichen Datenverarbeitung ausgelastet. Für diese Anwendungsgebiete werden vor allem die hohe Verarbeitungsgeschwindigkeit und die vorhandene Speicherkapazität genutzt, wie sie etwa die Durchführung der Lohnabrechnung, die Verbuchung der Prämienrechnungen oder andere Aufgaben der Bewältigung großer Datenmengen erfordern.

Bei den in diesem Zusammenhang erreichbaren Einsparungen kann man, ähnlich wie bei den Kosten, einmalige und laufende unterscheiden. Die einmaligen Einsparungen sind jedoch normalerweise recht gering. Ausnahmen bestehen nur, wenn bisher für die Durchführung der Arbeiten schon weitgehend Maschinen eingesetzt waren, an denen das Unternehmen die Eigentumsrechte besaß. So betreffen die einmaligen Einsparungen die bisher verwendeten Organisationsmittel, d. h. sowohl die verwendeten Maschinen, soweit sie künftig nicht mehr gebraucht werden, als auch die Arbeitsplätze von Mitarbeitern, deren Arbeiten nun der Computer übernimmt.

Demgegenüber hat man im Bereich der laufenden Einsparungen einen wesentlichen Beitrag zur Amortisation der Kosten der neuen Technik zu sehen. Ob er allein ausreichen kann, das soll hier ausdrücklich in Frage gestellt werden.

Geht man analog zur Kostenseite der Wirtschaftlichkeitsrechnung vor, so fallen Einsparungen als erstes auch im Rahmen von Mieten und Abschreibungen an. Dabei geht es einmal um Maschinenmieten, z. B. für die bisher verwendeten konventionellen Lochkartenmaschinen, zum anderen um Raummieten. Der Einsatz der EDVA bringt immer Raumeinsparungen gegenüber einer konventionellen Organisation, die um so größer sein werden, je mehr die Maschine massenhafte Routinearbeiten übernimmt. Hinsichtlich des Wegfalls von Abschreibungen, die dem bisherigen System belastet wurden, ist besonders zu beachten, ob sie nicht schon auf andere Weise, etwa über die Raummieten, berücksichtigt wurden.

Einsparungen sind weiter anzusetzen für den nun nicht mehr notwendigen Aufwand für den Betrieb der bisherigen Organisation. Die EDVA bringt auf diesem Gebiet Vorteile, die meistens verkannt werden, weil es sich oft genug nur um kleine Beträge handelt, die aber in ihrer Anzahl mitunter beachtliche Summen ausmachen. Dies gilt sowohl für den Material- und Energieverbrauch als auch für die Wartung und Instandhaltung und für die Datenübermittlung.

Die wichtigste Quelle für laufende Einsparungen ergibt sich auf dem personellen Sektor. Gerade in den Personaleinsparungen wurde bis vor kurzem der wesentlichste Vorteil eines Computers gesehen. Aus dieser Meinung, die zugegebenermaßen auch zahlreiche Veröffentlichungen unterstützten, ergab sich, daß man alle wichtigen Überlegungen beim Aufbau und bei der Einführung des Systems und auch bei der Wirtschaftlichkeitsrechnung darauf abstellte.

Diese einseitige Betrachtungsweise führte oft zu dem Vorurteil, daß die elektronische Datenverarbeitung lediglich ein überlegenes System für die Durchführung der massenhaften Aufgaben der Datenverarbeitung sei. Wenn darin auch zweifelsohne ein wahrer Kern steckt, so verbaut man sich damit doch gleichzeitig den Blick für die Möglichkeit, den Rechner als Grundlage für ein wesentlich verbessertes, mitunter völlig neues, effektvolleres Informationssystem der Unternehmung zu nutzen.

Auf der anderen Seite läßt die übergroße Beachtung der Personaleinsparungen in den Reihen der Angestellten Angst und Sorge um den Arbeitsplatz entstehen. Daraus ergeben sich im wesentlichen die vielen Ressentiments und die personellen Schwierigkeiten bei der Einführung der Elektronik. Man kann aber heute mit einiger Sicherheit sagen, daß die Hoffnungen hinsichtlich der Personaleinsparungen gegenüber der konventionellen Organisation übertrieben waren. Deshalb wurde auch der Gedanke einer Amortisation der elektronischen Datenverarbeitung durch derartige Einsparungen aufgegeben. Dennoch wird die Übernahme der Verwaltungsarbeiten, die bisher im wesentlichen als eine Aufgabe der Arbeitskraft und des Geistes des Menschen galten, auch Änderungen im Personaleinsatz und eine Umstrukturierung der Arbeitsplätze mit sich bringen.

Die Personaleinsparungen betreffen wohl hauptsächlich die unteren Ebenen der Angestellten. Gelingt es aber, auch repetitive Aufgaben, insbesondere einfache Entscheidungen, auf die Maschine zu übertragen, werden auch Arbeitskräfte der mittleren Ebene frei; unter Umständen kann man auch durch die Zusammenfassung von Abteilungen Führungskräfte freisetzen.

Um die erreichbaren Personaleinsparungen auch in der Praxis zu verwirklichen, muß man die als überflüssig festgestellten Arbeitsplätze möglichst schnell auflösen. Oft genug wird dies mit dem Stichtag der Übernahme der

Aufgaben durch den Rechner nicht durchführbar sein, da die Abwicklungsaufgaben und die fehlende Umgruppierungsfähigkeit von Arbeitskräften Hindernisse bilden. So lassen sich zwar Härtefälle vor allem gegenüber älteren Angestellten nicht immer vermeiden, jedoch reichte das soziale Verantwortungsbewußtsein der Unternehmen bisher aus, diese Leute weiter zu behalten und sie irgendwie zu beschäftigen. Man darf aber nicht vergessen, daß es sich bei diesen Arbeitsplätzen, seien sie zur Abwicklung oder um Mitarbeitern das Einkommen zu erhalten, nur um vorübergehende Einrichtungen handelt, die nach Erfüllung ihres Zweckes abgebaut werden müssen. Nur zu leicht werden sie sonst zu Dauerzuständen, die Kosten verursachen, aber keinen Nutzen bringen.

F. Ermittlung und Zurechnung der Einsparungen

Die Mehrkosten durch den Einsatz der elektronischen Datenverarbeitung bestimmen sich in wesentlichen Punkten aus dem Rechner selbst. Demgegenüber hat die Anlage kaum einen Einfluß auf die Einsparungen. Ihre Höhe ergibt sich hauptsächlich aus Zahl und Art der einzelnen Anwendungsgebiete und aus der in diesem Bereich vorhandenen Organisation. Entsprechend ändert sich auch das Vorgehen für die Herleitung der Einsparungen. Die Grundlage für die Ermittlung der Kosten bestand im wesentlichen in der Planung, d. h. im künftigen Soll-Ablauf und -Aufbau. Bei der Feststellung der Einsparungen spielt die vorhandene Organisation die entscheidende Rolle. Man braucht zwar noch immer die Planung, gleichrangig steht daneben aber die Ist-Analyse.

Den Ausgangspunkt bildet die Ermittlung der Personaleinsparungen. Hier besteht die Möglichkeit, auf die Untersuchungen und Planungen zur Vorbereitung und Einführung der elektronischen Datenverarbeitung zurückzugreifen. Für die Wirtschaftlichkeitsrechnung zieht man dann die Aufgabenverteilung für den Vergleich heran. Weniger Schwierigkeiten bereitet dabei die Verteilung im Rahmen der bisherigen Organisation; der Personalbedarf liegt hier schon ohnehin fest. Probleme wirft dagegen die Feststellung des künftigen Personalbedarfs auf. Man wird deshalb zu den völlig freigesetzten Arbeitsplätzen auch die Auslastung der verbleibenden Stellen untersuchen. Aus den Ergebnissen läßt sich die neue Aufgabenverteilung ableiten, aus der sich wieder Zahl und Qualifikation des benötigten Personals ergeben. Der Vergleich mit dem bisher erforderlichen Personal zeigt die erreichbare Personaleinsparung.

Aus den Personaleinsparungen leiten sich die wesentlichen anderen Arten der Einsparungen ab, so vor allem die freigesetzten Arbeitsplätze und der nicht mehr benötigte Raum. Aus der Änderung der Aufgaben lassen sich auch die einzusparenden maschinellen Hilfsmittel, gleichgültig, ob gekauft oder gemietet, und der nicht mehr auftretende Materialverbrauch erkennen. Die restlichen Einsparungen, Energieverbrauch, Wartung und Instandhaltung sowie Datenübermittlung, kann man unschwer aus der Kostenrechnung direkt oder an Hand der Anschlußwerte der Einrichtungen ermitteln.

Die Höhe der erreichbaren Einsparungen wird oft überschätzt. Hier ist der Wunsch der Amortisation des Rechners auf diese Weise der Vater des Gedankens. Große Sorgfalt erscheint deshalb als unbedingt notwendig. Die Durchführung der Arbeiten könnte das Organisationsteam besorgen, doch wird man kaum absolute Objektivität voraussetzen dürfen. Das gleiche gilt für das Personal der betroffenen Bereiche, da man hier Machteinbußen befürchtet. Zweckmäßigerweise führt man deshalb die Untersuchungen unter Mitarbeit aller beteiligten Stellen durch[7]).

Ähnlich wie bei den laufenden Kosten entstehen auch bei den Einsparungen grundsätzlich keine Zurechnungsprobleme. Alle Einsparungen, die oben genannt wurden, ergeben sich aus dem Einsatz der elektronischen Datenverarbeitungsanlage, so daß sie in der Wirtschaftlichkeitsrechnung vollständig erfaßt werden müssen.

G. Die Faktoren der Ertragsseite
Verbesserungen des Informationssystems

Die gravierenden Vorteile des Computers vor allem in der Zukunft werden die Verbesserungen des Informationssystems bilden.

Der Informationsbedarf ist gegenüber früheren Zeiten wesentlich gestiegen. Die wirtschaftliche Entwicklung hat sich in der jüngsten Vergangenheit beschleunigt. Auf technischem Gebiet folgen umwälzende Erfindungen rasch aufeinander bei stark verringerter Zeitdauer bis zur wirtschaftlichen und technischen Nutzung. Auch die wirtschaftliche Dynamik nimmt zu. Die Verbrauchermärkte werden beweglicher, die Beschaffungsmärkte ändern sich schnell und tiefgreifend. Nicht zuletzt werden die Unternehmungen auch mehr und mehr in die weltwirtschaftlichen Verflechtungen einbezogen und damit den viel weniger leicht ausgleichbaren Schwankungen großer Markträume ausgesetzt. Daraus ergeben sich zweifellos größere Chancen, gleichzeitig aber steigen die Risiken.

In gleicher Richtung wirken innerbetriebliche Entwicklungen. Die Unternehmungen wurden größer, die Arbeitsteilung wurde weiter vorangetrieben. Mitunter stieg auch die Vielseitigkeit der Produktion. Der einzelne braucht deshalb ständig mehr Information, um die Übersicht zu behalten.

---

[7]) Vgl. **Hoffmann, F.**: Die Einsatzplanung elektronischer Rechenanlagen in der Industrie. Diss. Nürnberg 1961, S. 30.

Auch die neuen Führungsmethoden werden den Informationsbedarf in einem Umfang erhöhen, daß man ihn mit konventionellen Methoden der Datenverarbeitung kaum befriedigen kann.

Die Vorteile bestehen in der schnelleren Information, d. h. der Entscheidungsträger kann nun im optimalen Zeitpunkt, zumindest aber viel früher als bisher über die zur Entscheidung notwendigen Informationen verfügen. Gleichzeitig ist die Information auf die Probleme selbst besser ausgerichtet, d. h. ihre Qualität wurde gesteigert durch Verfeinerungen der Rechentechniken und Berücksichtigung zusätzlicher Faktoren im Modell. Auch die Auswahl der Informationen, die zur Verfügung gestellt werden, ist besser auf das Ziel ausgerichtet. Unnötige Daten können unterdrückt werden, während andererseits auf zusätzliche, neue Informationen zurückgegriffen werden kann.

Aus diesen Vorteilen zieht das Unternehmen über den verbesserten Entscheidungsprozeß finanzielle Vorteile. Man unterscheidet dabei nach dem Grad der Durchsetzbarkeit interne Vorteile, deren Realisierung durch geeignete Anstrengungen dem Unternehmen möglich ist, und Auswirkungen nach außen, bei denen das Verhalten von Kunden und Konkurrenz berücksichtigt werden muß.

Die internen Vorteile bestehen zunächst aus Einsparungen bei den Zinskosten durch Freisetzung von gebundenem Kapital sowohl in der Materialwirtschaft als auch in der Produktion und im Finanzwesen. So lassen sich die Lagerbestände durch die Verwendung mathematischer Modelle um durchschnittlich 20 % senken. Mit Hilfe einer Fertigungssteuerung kann man einmal die Produktionsgeschwindigkeit und zum anderen auch die Nutzung des Maschinenparks wesentlich steigern. Im Finanzbereich bringt z. B. die schnellere Fakturierung eine entsprechende Beschleunigung des Zahlungseinganges.

Interne Vorteile zeigen sich aber auch in der Senkung von Kosten, etwa durch verbesserte Planung und Steuerung des betrieblichen Geschehens und durch die Anwendung von Methoden des Operations Research oder anderer Optimierungsverfahren. Auf diese Weise kann das Unternehmen zusätzliche Vorteile durch Vermeidung von Risiken und Verlusten erzielen. Dies gilt vor allem, wenn Modelle zur Simulation geplanter Entscheidungen verwendet werden.

Die Auswirkungen nach außen bringen hauptsächlich eine bessere Stellung im Konkurrenzkampf. Dies ergibt sich einmal aus der Verbesserung der Marktbeobachtung, aus Verkürzungen von Lieferfristen, aus der Einhaltung zugesagter Termine usw. Insgesamt lassen sich so eine Verbesserung der Wettbewerbsposition und daraus wieder eine Steigerung des Marktanteils erreichen.

H. Bewertung der Verbesserungen des Informationssystems

Es wurde schon erwähnt, daß ein völlig falsches Bild von der Wirtschaftlichkeit eines Rechners entstehen würde, blieben diese Vorteile außer acht. Es bereitet zwar wenig Mühe, die Verbesserungen des Informationssystems und deren Auswirkungen zu erkennen; die eigentlichen Schwierigkeiten liegen darin, diese Vorteile richtig zu bewerten. Hierin besteht das Hauptproblem der Wirtschaftlichkeitsrechnung für EDVA.

Für die Praxis wäre es am einfachsten, den Wert der Information aus ihrer Quantität heraus zu bestimmen. Dieser Weg scheidet jedoch aus, da sich die Aussagefähigkeit der Informationsmenge auf der syntaktischen Ebene bewegt, während für die Bewertung pragmatische und semantische Merkmale im Vordergrund stehen. Zwischen dem Wert und der Bedeutung einer Information für den Entscheidungsprozeß und ihrer Quantität besteht kein Zusammenhang.

Goldman zeigt dies an einem sehr einfachen Beispiel[8]): Die Mitteilung, ob ein Junge oder ein Mädchen geboren wurde, erfordert die gleiche Menge an Informationseinheiten ohne Rücksicht darauf, ob es sich um das Kind von Frau Schmidt oder das der eigenen Frau handelt. Zweifellos wird aber die Information für den Ehemann viel größeren Wert haben.

Weitere theoretische Überlegungen für eine direkte Bewertung können an der Interdependenz von Information und Entscheidung ansetzen. Daraus leitet sich ab, daß Informationen nur dann einen Wert haben, wenn sie als Grundlage für Entscheidungen dienen können. Sind sie für den Entscheidungsprozeß unbrauchbar oder nicht notwendig, so ist ihr Wert gleich Null. Hier ist es unerheblich, ob die Entscheidungsträger den Wert erkannt und gewürdigt und die Information deshalb für die Entscheidung herangezogen haben oder nicht. Die subjektive Wertschätzung der Information darf für die Bewertung keine Rolle spielen.

Auf der anderen Seite werden aus der Bindung der Information an den Entscheidungsprozeß auch die einzelnen Bestimmungsfaktoren erkennbar, aus denen sich schließlich die Höhe des Wertes von Informationen ergibt:

— Entscheidungsfeld,

— Zeit,

— Zuverlässigkeit.

Dabei bedeutet das Entscheidungsfeld jenen engeren Bereich, in dem die Information als Grundlage einer Entscheidung zur Geltung kommt. Die Zeit bezieht sich auf das Alter der Information gegenüber der Entscheidung und gliedert sich in das Intervall, d. h. den Zeitraum, aus dem die Information stammt, und die Verzögerung, d. h. die Zeitspanne, die seit dem letzten verarbeiteten Vorfall und dem Zeitpunkt des Vorliegens der Information ver-

---

[8]) Goldman, St.: Information Theory. London 1953, S. 63.

gangen ist. Zuverlässigkeit bedeutet schließlich die Bestimmtheit und Sicherheit der Aussage einer Information.

Aus der Quantifizierung dieser Einflußfaktoren ergibt sich: Unter den Voraussetzungen, daß für eine Entscheidung nur eine Information gebraucht wird und die Information nur für eine Entscheidung dient, ist der Wert der Information gleich dem Wert der günstigsten Entscheidungsalternative mit Information im Zeitpunkt ihres Vorliegens, abzüglich des Wertes der insgesamt günstigsten Alternative ohne Information und abzüglich der Kosten der Informationsgewinnung.

Diese Methode ist, auch wenn nach dem Verfahren der Wirtschaftlichkeitsrechnung gleichgebliebene Informationen nicht zu bewerten sind, schwierig und zeitraubend, sie erfordert außerdem den Einsatz qualifizierten Personals. Wenn auch die mit der Bewertung verbundene Durchleuchtung der Probleme und des Geschehens der Entscheidungsprozesse in der Unternehmung manche neue Erkenntnis bringen dürfte und einige weitere Vorteile erreicht werden können, so wird man doch in der Praxis vor einer Anwendung zurückschrecken, da der erforderliche Aufwand einfach zu hoch ist. Die direkte Methode der Bewertung einer Information basiert auf der Messung des Ertragszuwachses durch die Verbesserungen der Informationslage einzelner Entscheidungsfelder. Die Wertanalyse orientiert sich damit auch an den durch die verbesserte Entscheidung zu erwartenden Auswirkungen. Für die indirekte Bewertung kann man diese Auswirkungen in den Mittelpunkt der Betrachtung stellen und allein ihren Wert heranziehen. Der Entscheidungsprozeß und die Einzelinformation bleiben dabei außer acht. Auf diese Weise erhält man eine Gegenüberstellung der Situation mit und ohne die elektronische Datenverarbeitung, die jetzt nicht die Kosten, sondern die Erträge erfaßt.

Man geht nicht mehr von einzelnen Entscheidungen aus, sondern legt ganze Bereiche der Unternehmung und die darin enthaltenen Entscheidungsprozesse auch verschiedener Ebenen sowie alle jeweils vorhandenen Informationen zugrunde. Die Betrachtung bezieht sich nicht mehr auf einen bestimmten Zeitpunkt, sondern auf einen ganzen Zeitraum, im Normalfall ein Jahr. Damit werden auch die kurzfristigen Besonderheiten einzelner Entscheidungen und die Zufallserscheinungen, die bei der Bewertung zu Fehlern führen können, in der Menge absorbiert. Gleichzeitig erfaßt man die künftige Entwicklung.

Die Bewertung der bisher vorliegenden Informationen entfällt bei diesem Verfahren vollkommen. Zur Ermittlung des Ertragszuwachses zieht man den Istzustand in den entsprechenden Bereichen heran. Dieser ist im großen und ganzen in der Kostenrechnung oder anderen Aufzeichnungen der Unternehmung enthalten. Es scheint, als könnte er von dort leicht und ausreichend genau für die Gegenüberstellung herangezogen werden. Trotzdem besteht darin wohl die Hauptschwierigkeit: Nur für sehr seltene Fälle dürften die

13*

Angaben in einer Form und Aufbereitung vorliegen, wie man sie für den Vergleich braucht. Oft genug muß man das Ausgangsmaterial erst aufbereiten oder durch besondere Untersuchungen erarbeiten. Die Qualität und die Aussage der indirekten Bewertung leiden damit nur zu leicht.

Die direkte Bewertung bleibt grundsätzlich im Bereich des Rechenhaften, auch wenn die Bandbreite der Ergebnisse parallel zu den Umwelteinflüssen zunimmt. Ähnliches gilt für die indirekte Bewertung: Auch hier wird die Bewertung um so genauer sein, je mehr die Unternehmung die Durchsetzung der Entscheidungen des betreffenden Bereichs beeinflussen kann. Man muß deshalb differenzieren. Für die Auswirkungen der besseren Information, soweit sie interner Natur sind, wird man objektive Zahlen erarbeiten können. Die Notwendigkeit, das Umweltverhalten bei den Auswirkungen nach außen einzubeziehen, wird in diesen Fällen jedoch nur Schätzungen zulassen. Einen weiteren Bestimmungsfaktor bilden die im Unternehmen verfügbaren Aufzeichnungen. Fehlen sie vollkommen, so wird auch die Bewertung schwierig, oft sogar unmöglich, da eine Rekonstruktion der Verhältnisse wegen der Fehlerquellen in der Regel als unzuverlässig und unzureichend angesehen werden muß.

Die anzuwendenden Rechenverfahren bestimmen sich aus den Anforderungen des Einzelfalles. Bei einfachen Problemen, wie z. B. bei der Bewertung der schnelleren Fakturierung, genügen einfache Methoden. Mit steigender Zahl der Interdependenzen, wenn etwa die Auswirkungen von Teilmodellen, die Optimallösungen anstreben, bewertet werden sollen, wird man kaum ohne Anwendung von Simulationstechniken auskommen. Hat man dabei noch den Vorteil, das künftige Verfahren als Simulationsmodell gebrauchen zu können, so dürfte für die Bewertung etwa der Auswirkungen der langfristigen Planung als rechenhaftes Verfahren nur noch das Planspiel, zuerst ohne und dann mit der Information, denkbar sein. Damit aber steigen wieder die Bandbreiten der Ergebnisse.

Am Beispiel einer automatischen Bestandsdisposition soll gezeigt werden, wie die Vorteile verbesserter Informationen bewertet werden können. Einfache rechnerische Gegenüberstellungen, wie man sie z. B. bei der Bewertung der schnelleren Fakturierung anwenden kann, scheiden hier aus, man muß zu Methoden der Simulation greifen. So kann man beispielsweise die Entwicklung der Bestände simulieren, wobei nicht fiktive Zahlen, wie sie etwa der Zufallsgenerator liefert oder wie man sie für Testzwecke aufbaut, sondern echte Daten aus der Vergangenheit des Unternehmens eingegeben werden. In einem praktischen Fall konnte dabei auf die Aufschreibungen einer Dispositionskartei aus vier zurückliegenden Jahren zurückgegriffen werden. Der rechnerische Aufwand erreichte einen Umfang, der die Anwendung eines Computers erforderte, obwohl nur ein repräsentativer Querschnitt durch das lagermäßige Typenspektrum herausgegriffen wurde. Im Rahmen der Arbeiten stellte sich zunächst heraus, daß die verwendete Dispositionsformel in verschiedenen Punkten verbesserungsbedürftig war, weil sonst die Lagerbestände zu stark abgebaut worden wären und damit die Gefahr häufiger Lieferunfähigkeit aufgekommen wäre. Nachdem dieses Problem gelöst war, wurden die Ergebnisse der Simulation den tatsächlichen Beständen des gleichen Zeitraums gegenübergestellt. Es ergab sich, daß bei einer kaum nennenswerten Senkung der Lieferfähigkeit der Lagerbestand hätte um rund 20 % gemindert werden können. Die Zinseinsparungen für das Kapital, das dadurch hätte freigesetzt werden können, entsprechen dem gesuchten Wert, der in der Wirtschaftlichkeitsrechnung einzusetzen ist.

Gegenüber rechenhaften Methoden haben Schätzverfahren zwar den Nachteil, daß die subjektive Einstellung des einzelnen die Ergebnisse der Bewertung verfälscht, doch man kann hier z. B. durch die Vorgabe von Grenzpunkten recht brauchbare Zahlen gewinnen. Das ist immer noch besser, als wenn die Vorteile durch Verbesserungen des Informationssystems völlig außer acht bleiben. Zu Schätzwerten sollte allerdings nur greifen, wem zu wenig Daten für eine Berechnung zur Verfügung stehen.

I. Zur praktischen Durchführung der Wirtschaftlichkeitsrechnung für EDVA

Die Probleme der praktischen Durchführung der Wirtschaftlichkeitsrechnung bestehen darin, daß sich die Bestimmungsfaktoren aus sehr unterschiedlichen Richtungen und Gebieten ergeben. So hat man Einflußgrößen, die das Unternehmen als externe Daten hinnehmen muß, wie z. B. die Datenverarbeitungsanlage selbst und die Erfüllung der von ihr gestellten Erfordernisse. Dazu kommen interne Faktoren, die einzelne Kostenarten bestimmen und aus denen sich die Einsparungen und Erträge ableiten. Erschwerend wirkt weiter, daß man die einzelnen Einflußgrößen auf die Wirtschaftlichkeit nicht unabhängig voneinander sammeln und in einem abschließenden Arbeitsgang gegenüberstellen kann. Dies verhindern die zahlreichen direkten und indirekten Interdependenzen zwischen den Faktoren. Ein einfaches Beispiel soll der Illustration dienen: Der Rechner mit seinen Charakteristiken und technischen Möglichkeiten bestimmt den organisatorischen Aufbau und den Ablauf der Anwendungsgebiete, worauf wieder die Zahlen der Ertragsseite aufbauen. Die Wirtschaftlichkeitsrechnung wird deshalb in mehreren Schritten aufgestellt, wobei immer in einer Art Rückkopplungsprozeß die vorhergehenden Phasen auf die Gültigkeit ihrer Aussage hin zu überprüfen sind. Diese Arbeitsgänge nimmt man günstigerweise parallel zur Planung des Einsatzes vor.

Die ersten Überlegungen hinsichtlich der zu erwartenden Wirtschaftlichkeit stellt man bereits vorab bei der Abschätzung erfolgversprechender Einsatzbereiche an. Die nächste Stufe bildet bereits einen Teil der eigentlichen Wirtschaftlichkeitsrechnung: die Feststellung der verschiedenen Einsparungen durch den Einsatz der elektronischen Datenverarbeitung und der zusätzlichen Erträge durch die Verbesserungen des Informationssystems.

In der vorletzten Phase geht es um die Klärung der für den praktischen Einsatz zur Verfügung stehenden Anlagen. Im Hinblick auf die Wirtschaftlichkeitsrechnung interessieren vor allem die in Angeboten genannten Kosten und sonstigen Vertragsbedingungen, insbesondere die Hilfen, die der Hersteller bei der Ausbildung, der Programmierung und dem Testen gewährt.

Nunmehr liegen alle Faktoren für die endgültige Aufstellung der Wirtschaftlichkeitsrechnung vor. Man wird aber nicht zu einem einzigen Ansatz kommen, da die von den verschiedenen Herstellern abgegebenen Angebote mehr oder weniger differieren. Man hat zunächst die Möglichkeit, in einer Vorauswahl diejenigen Angebote auszusondern, die von den eigenen Wünschen abweichen und die bisherige Planung ohne schwerwiegende Gründe umwerfen würden. Für jeden einzelnen noch verbleibenden Vorschlag muß man eine eigene Wirtschaftlichkeitsrechnung aufstellen. Dies gilt hauptsächlich für die Kostenseite, auf der besonders die Kosten der Ausbildung und der Programmierung sowie die Anschaffungs- und Einrichtungskosten bzw. die Mieten mit den verschiedenen Anlagen variieren.

Zur Errechnung der Wirtschaftlichkeitskennzahl stellt man Mehrkosten und Einsparungen plus zusätzliche Erträge durch die Verbesserungen des Informationssystems einander gegenüber. Man muß jedoch beachten, daß die Ausgangszahlen der Ertragsseite durch die Änderungen der Maschinenkonfiguration im Vergleich zum vorausgesetzten Idealsystem unter Umständen geringfügig von der ersten Ermittlung abweichen können und gegebenenfalls entsprechend zu korrigieren sind. Die eigentliche Wirtschaftlichkeitsrechnung ist damit abgeschlossen.

Untersuchungen zum Gesetz der Kostendegression in der ADV

Arbeitspapier (Symposium)

Von

Dr. rer. pol. P. Mertens

o. Professor der Betriebswirtschaft an der Hochschule für Sozial- und Wirtschaftswissenschaften in Linz/Österreich

Inhalt

A. Einleitung

Das Gesetz der Kosten- bzw. Größendegression besagt, daß unter der Voraussetzung voller Kapazitätsauslastung eine große Maschine mit niedrigeren Einheitskosten arbeitet als mehrere kleinere Maschinen, die in ihrer Summe die gleiche Kapazität wie die große Maschine haben. Es ist wichtig zu wissen, ob diese Erfahrung, die bei vielen, wenn auch nicht bei allen Betriebsmitteln gemacht werden kann, auch für EDV-Anlagen gilt:

(1) Wenn eine deutliche Kostendegression vorliegt, ist es ceteris paribus günstiger, im Unternehmen einen zentralen Rechner und nicht mehrere dezentrale kleinere Automaten zu installieren.

(2) Der Grad einer evtl. Kostendegression beeinflußt die Entscheidung zwischen einem unternehmenseigenen Rechner und einer zwischenbetrieblich genutzten Gemeinschaftsanlage: Je deutlicher die Kostendegression ist, desto größere relative Vorteile gewinnt das Konzept einer zwischenbetrieblichen Kooperation.

(3) Eine evtl. Kostendegression bewirkt, daß „zusätzliche" EDV-Aufgaben (etwa in bezug auf eine ursprüngliche Konzeption), die die Vergrößerung einer vorhandenen EDV-Anlage verlangen, mit relativ geringen Hardwarekosten realisiert werden können.

Nach der Veröffentlichung einer Reihe von EDV-Anlagen der dritten Generation wurde es möglich, Untersuchungen über die Gültigkeit des Gesetzes der Kostendegression anzustellen, denn es standen nun EDV-Anlagen vergleichbarer Grundstruktur, aber verschiedener Größe in Gestalt der einzelnen Mitglieder sog. Computerfamilien zur Verfügung.

In diesem Beitrag werden einige Ergebnisse einer Studie, die am Betriebswirtschaftlichen Institut der Technischen Hochschule München durchgeführt worden ist, dargestellt[1]). Ergänzend werden wichtige Ergebnisse von Studien anderer Autoren aufgeführt.

B. Überblick

Es wurden drei Teilprobleme untersucht:

(1) Kostendegression bei isolierter Betrachtung externer Aggregate.
Hierzu genügt es, Kostendaten über Daten der technischen Leistungsfähigkeit von Peripheriegeräten aufzutragen.

---

[1]) Kittel, H.: Zum Verlauf der Kosten über der Leistungsfähigkeit elektronischer Datenverarbeitungsanlagen, Diplomarbeit TH München 1965; Kittel, H.; Mertens, P.: Einige quantitative Untersuchungen zur Größendegression von Datenverarbeitungsanlagen. In: Elektronische Datenverarbeitung, 7. Jg. 1965, S. 255 ff.

(2) Kostendegression bei isolierter Betrachtung der Zentraleinheit.

Hierfür wurden Kostendaten über Leistungsdaten aufgetragen, die aus einer vereinfachten Version des Mix 1 gewonnen wurden.

(3) Kostendegression bei Betrachtung der Anlage als Ganzes.

Zur Messung der geleisteten Arbeit wurde die Sortierung einer bestimmten Menge von Informationseinheiten (Magnetbandsätzen) gewählt. Das Sortieren wurde stellvertretend für viele Vorgänge der kaufmännisch-administrativen Datenverarbeitung gesetzt, nicht zuletzt auch deshalb, weil hierzu die detailliertesten Angaben der Hardware-Hersteller vorlagen.

C. Voraussetzungen der Studie

(1) Die Studie basiert auf Leistungsdaten, die die Hersteller in ihren Anlagenbeschreibungen, Prospekten, Maschinenhandbüchern u. ä. geben. Es erfolgten keine eigenen Zeitmessungen.

(2) Die Studie basiert auf den Preisangaben der Hersteller. Wenn von Kostendegression die Rede ist, sind also stets die Hardwarekosten gemeint, wie sie sich einem Mieter bzw. Käufer einer EDV-Anlage darstellen, nicht die Produktionskosten der Hersteller. Die der Studie zugrundeliegenden Kosten müssen also nicht durch technische Besonderheiten begründet sein, sondern werden u. a. auch als Folge der Preispolitik des Herstellers eine bestimmte Höhe annehmen. Bei einer Betrachtung aus der Sicht des Käufers oder Mieters einer EDV-Anlage ist es jedoch gleichgültig, wie die Kosten zustande kommen.

(3) Es wird angenommen, daß die jeweils untersuchte EDV-Anlage voll ausgenutzt werden kann, unabhängig von ihrer Größe.

(4) Multiprogrammierung wird nicht berücksichtigt.

(5) Obwohl zum Teil die Daten für Maschinen verschiedener Hersteller aus Gründen der Übersichtlichkeit in die gleichen Diagramme eingetragen sind, können die folgenden Ausführungen nicht zum Vergleich von Geräten verschiedener Hersteller herangezogen werden. Ein Vergleich in dieser Richtung würde nicht nur durch technische Unterschiede, sondern auch durch Differenzen in der Preis- und Konditionspolitik sehr beeinträchtigt sein, denn die einzelnen Hersteller berücksichtigen in den Preisen in verschiedener Weise Umstellungshilfen, Wartung u. ä.

(6) In einigen Fällen mußten Interpolationen von solchen Daten vorgenommen werden, die von den Herstellern nicht beigestellt werden konnten.

(7) Generell ist es das Ziel der Studie, einen Eindruck von der Gültigkeit des Gesetzes der Kostendegression durch Überblick über die Ergebnisse

aller Einzeluntersuchungen zu vermitteln, hingegen können die Einzeluntersuchungen nicht ohne weiteres als Grundlage einer speziellen Entscheidung im Rahmen einer Anlagekonfigurierung (z. B. zur Auswahl zwischen einer IBM/360/30 und einer /360/40) herangezogen werden.

D. Die Peripherie

Es werden die folgenden Diagramme gezeichnet:

I. Lochkarten-Eingabe

(Diagramm I)

Als Größenmaßstab dient die Karten-Einlesegeschwindigkeit (in 10^3 K/h). Als Kostenmaßstab fungiert das Produkt aus der Zeit zum Einlesen einer Karte (in Sekunden) mit dem monatlichen Mietpreis. (Wenn man den monatlichen Mietpreis durch die Zahl der Arbeitsminuten pro Monat dividieren würde, erhielte man als Kostenmaßstab die Mietkosten pro eingelesene Karte; jedoch wurde in diesem Diagramm und in den folgenden auf diese Division verzichtet, da bei allen Aggregaten durch die gleiche Zahl dividiert und damit der Vergleich in keiner Weise gefördert würde.)

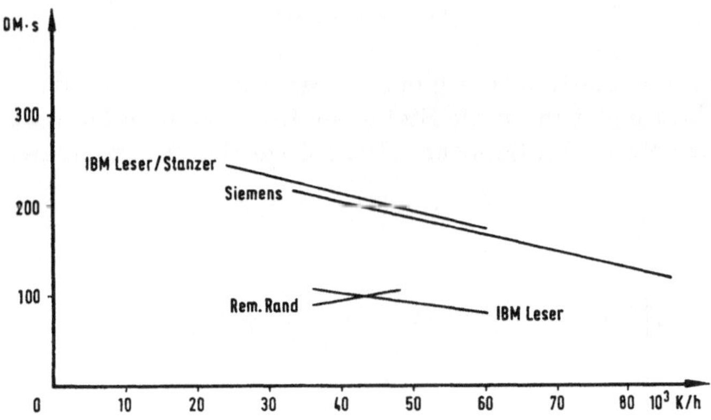

Diagramm I: Lochkarten-Eingabe

II. Lochkarten-Ausgabe

(Diagramm II)

Es gelten die gleichen Maßstäbe wie für die Lochkarten-Eingabe, jedoch hat man an die Stelle der Einlesegeschwindigkeit die Stanzgeschwindigkeit zu setzen.

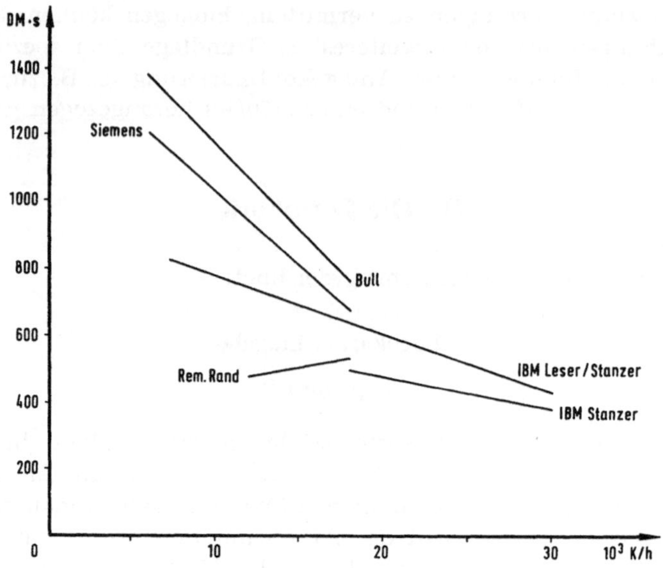

Diagramm II: Lochkarten-Ausgabe

III. Schnelldrucker

(Diagramm III)

Es gelten für die Leistung die gleichen Maßstäbe wie für die Lochkarten-Ausgabe, jedoch hat man an die Stelle der Lochkarte als Maßstabeinheit die Druckzeile zu setzen. Als Größenmaßstab dient die Druckgeschwindigkeit in Zeilen/min.

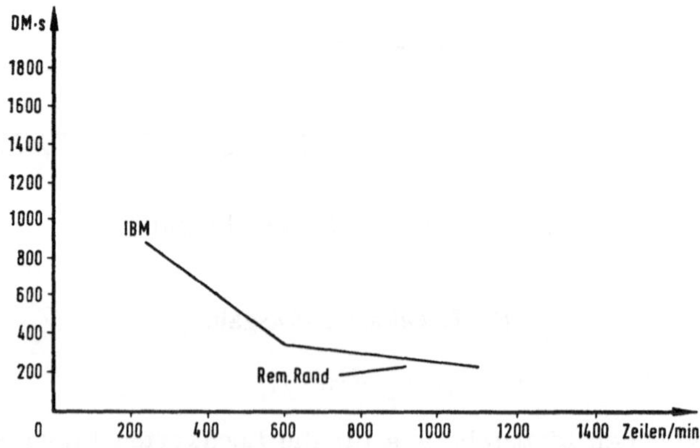

Diagramm III: Schnelldrucker

IV. Magnetbandeinheiten

(Diagramm IV)

Als Leistungsmaßstab wurde die Zahl der pro Sekunde übertragenen Informationen (Zeichen oder Bytes) (in 10^3 Einheiten) gewählt. Als Kostenmaßstab dient das Produkt aus monatlichem Mietpreis und Zeit zur Übertragung von 10^5 Informationen (wiederum Zeichen oder Bytes).

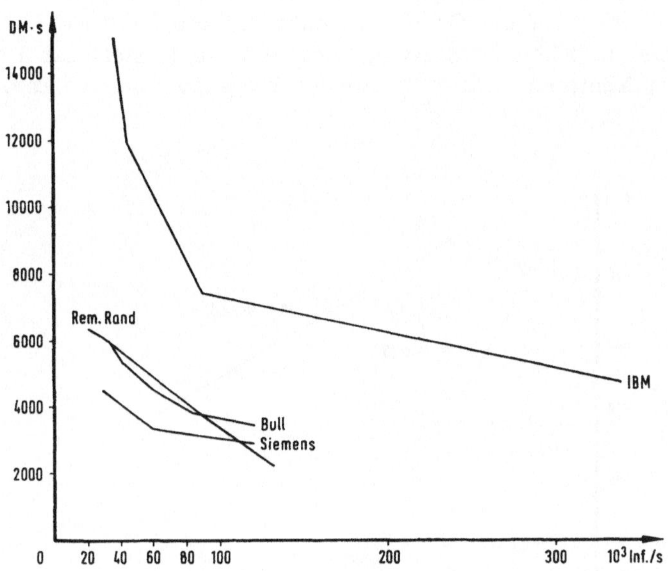

Diagramm IV: Magnetbandeinheiten

V. Ergebnis

Man erkennt in den Diagrammen, daß — von wenigen Ausnahmen, wie z. B. den Remington-Rand-Lochkartengeräten, abgesehen — eine deutliche Kostendegression gegeben ist. Diese ist am Anfang des Leistungsspektrums deutlicher ausgeprägt als im Bereich höherer Leistungen.

E. Die Zentraleinheit

Die Zentraleinheit läßt sich nicht in gleicher Weise in Einzelaggregate auflösen wie die Peripherie, weil zwischen den einzelnen Teilen (z. B. Steuer-

und Recheneinheit) im Hinblick sowohl auf die technischen Abläufe als auch auf die Miet- und Verkaufspreise eine engere Verbindung besteht.

Eine Ausnahme machen hiervon teilweise der Internspeicher und die Kanäle.

I. Die Kanäle

Es werden Selektorkanäle betrachtet (DiagrammV).

Die Maßstäbe sind die gleichen wie bei der Untersuchung der Magnetbandeinheiten, nämlich für die Größe die Zahl der pro Sekunde übertragbaren Informationen (Zeichen oder Bytes) und für die Kosten das Produkt aus monatlichem Mietpreis und Zeit zur Übertragung von 10^5 Informationen.

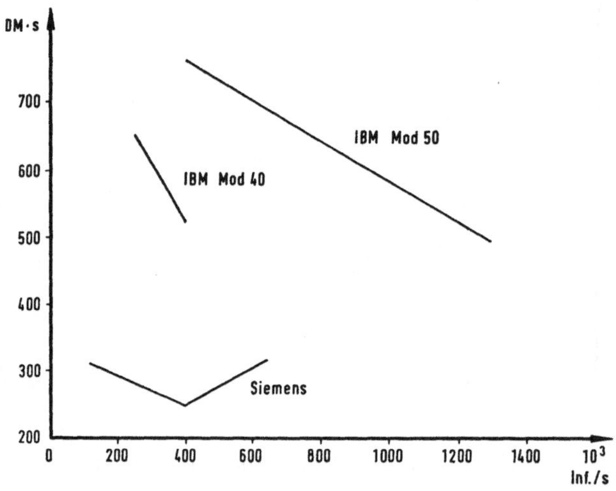

Diagramm V: Anschlußkanäle

II. Die Zentraleinheit als Ganzes

Es wurden zwei verschiedene Größenmaßstäbe verwandt, und zwar einmal die Zugriffsgeschwindigkeit (als reziproker Wert der Zugriffszeit) und zum anderen ein modifizierter Wert des Mix 1.

a) Die Zugriffszeit

Im Regelfall und insbesondere für schnellere Zentraleinheiten ist die Zugriffszeit sowohl ein Maßstab für den Speicher als auch für das Rechen- und

Steuerwerk, damit letztlich ein Maß für die gesamte Zentraleinheit. Jedoch sind in einigen Fällen Korrekturen vorzunehmen. Im Falle des Modells Siemens 4004/25 können innerhalb eines Zugriffs zwar 4 Bytes übertragen, jedoch nicht verarbeitet werden (der Takt der Verarbeitung beträgt 1,5 Mikrosekunden je 1 Byte). Wir verwenden einen gewichteten Mittelwert von 1,445 Mikrosekunden, wobei die Gewichtung von Speicher- bzw. Verarbeitungszeit in Anlehnung an Gewichte im Mix 1 ermittelt wurde. Eine ähnliche Korrektur mußte für die IBM-Modelle /360/60 und /360/70 durchgeführt werden, weil bei diesen Maschinen zwei oder mehrere Auswahlelemente des Speichers vorhanden sind. Im Diagramm VI dient als Größenmaßstab der Reziprokwert der Zugriffszeit zu einem Byte oder Zeichen (in MHz) und als Kostenmaßstab das Produkt aus Monatsmietpreis und Zeit für den Zugriff zu je 10^3 Bytes (in DM $\times$ Sekunde).

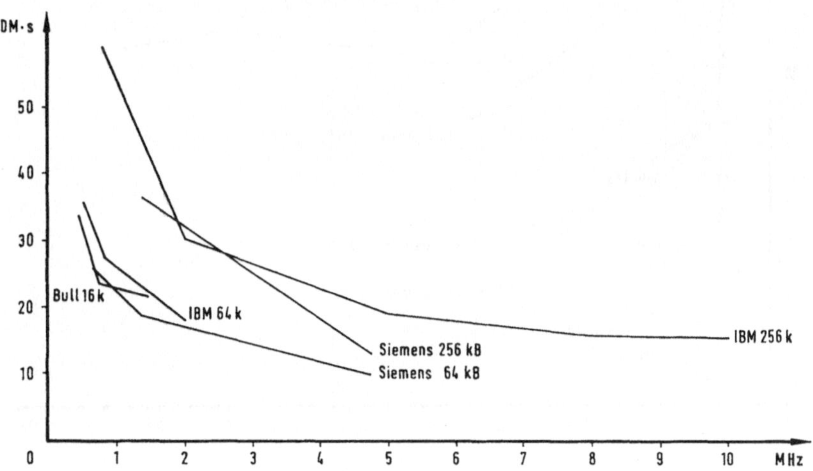

Diagramm VI: Zugriffszeit

b) Die Operationszeiten, Mix 1

Für die folgenden Betrachtungen verwenden wir eine Modifikation des Mix 1, bei der auf die Indexbefehle verzichtet wurde.

Im Diagramm VII wurde als Kostenmaßstab das Produkt aus der Summenzeit des Mixverfahrens und der Monatsmiete und als Leistungsmaßstab wiederum der Reziprokwert der Zugriffszeit genommen.

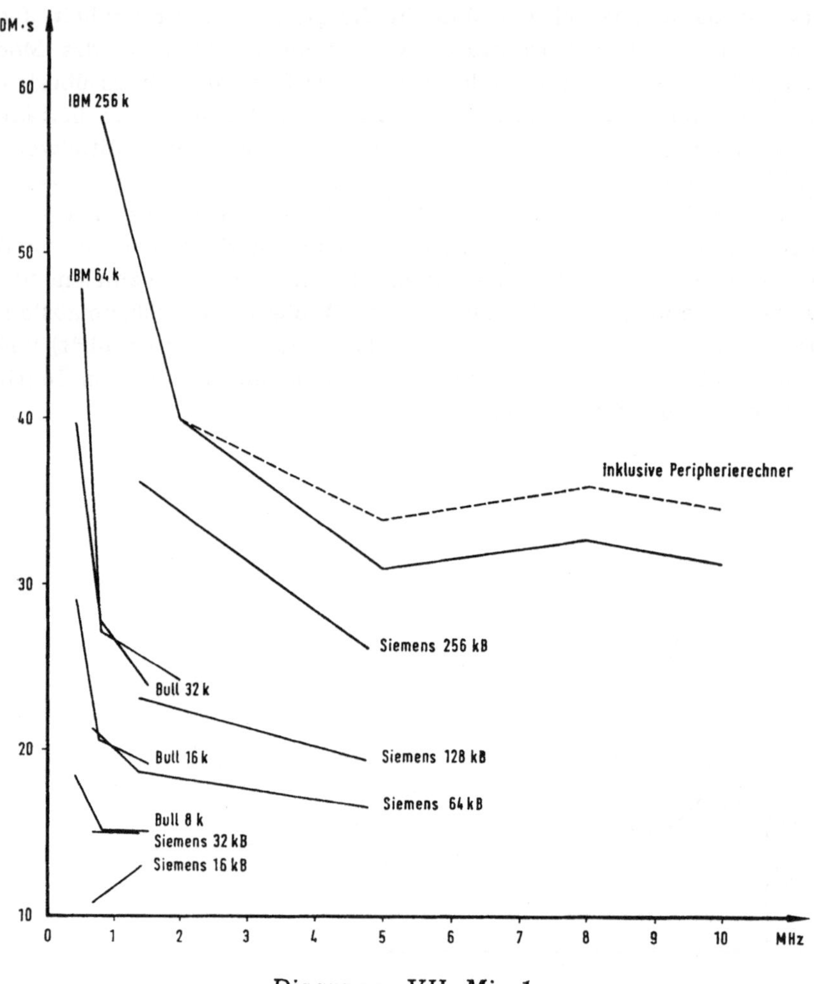

Diagramm VII: Mix 1

III. Ergebnisse

Sowohl bei den Kanälen als auch bei der Beurteilung der Zentraleinheit mit Hilfe der Zugriffszeiten beobachten wir eine deutliche Kostendegression am Anfang des Leistungsspektrums und eine schwächere im Bereich höherer Leistungen.

Bei der Beurteilung mit Hilfe von Mixzahlen zeigt sich, daß neben der Kostendegression am Anfang und in der Mitte des Leistungsspektrums gegen Ende des Leistungsbereiches eine Kostenprogression eintreten kann.

Die Kostendegression ist mit zunehmender Speicherkapazität stärker ausgeprägt.

F. Die Anlage als Ganzes

I. Vorbemerkungen

Die Beurteilung einer Anlage als Ganzes ist weit wichtiger als die isolierte Untersuchung von Verläufen der Kosten über der Leistungsfähigkeit einzelner Anlagenteile. Denn es kann z. B. ein leistungsfähiges Peripheriegerät, das bei isolierter Betrachtung mit niedrigen Einheitskosten zu arbeiten scheint, dadurch teuer werden, daß beim Zusammenwirken mit einer schwachen Zentraleinheit seine Leistungsfähigkeit nicht ausgenutzt wird. Der umgekehrte Fall ist in der Praxis sogar noch häufiger.

Die Beurteilung der Leistungsfähigkeit einer ganzen EDV-Anlage ist sehr stark von den zu rechnenden Aufgaben abhängig.

Für eine spezielle Anwendung, z. B. für das EDV-System eines bestimmten Unternehmens, müßte im Idealfall untersucht werden, mit welchen Kosten verschieden große Computer die Aufgabe bewältigen. Für eine allgemeine, von einem bestimmten Unternehmen unabhängige Untersuchung wie die vorliegende muß man eine repräsentative Aufgabe heranziehen. Wir haben das Sortieren gewählt. Zwei Gründe waren dafür maßgebend:

(1) Sortiervorgänge sind Teilprozesse, die in fast jedem Programm der kaufmännisch-administrativen Datenverarbeitung vorkommen und einen beachtlichen Teil der gesamten Rechenzeit und des Speicherbedarfs in Anspruch nehmen.

(2) Die Hersteller konnten über die Sortierzeiten besonders detaillierte Angaben machen.

Es wird davon ausgegangen, daß die von den Herstellern angegebenen Zeiten auf den jeweiligen optimalen Blockungsfaktoren basieren, so daß die benutzten Sortierzeiten die minimalen sind. Eine Differenzierung der einzelnen Zeitanteile des Sortierprozesses, z. B. der Misch- und Übertragungsvorgänge, konnte mit Hilfe des Datenmaterials nicht vorgenommen werden.

In der Folge werden Familiensysteme einzelner Hersteller nacheinander betrachtet.

II. Kostendegression im System IBM/360

In den folgenden Diagrammen sind als Kostenmaßstab die Produkte aus der Monatsmiete einer bestimmten Anlagenkonfiguration mit der Zeit zum Sortieren von 15×10^4 Sätzen zu je 80 Bytes aufgetragen (in 10^6 DM · min). Die in die Diagramme eingetragenen Kernspeicher-Kapazitätsdaten beziehen sich auf den für die Sortierarbeiten notwendigen Kapazitätsbedarf. Die Kostendaten beziehen sich jedoch auf die nächstgrößere Ausbaustufe des Internspeichers; z. B. wurde also dann, wenn die Sortierarbeiten 44 k benötigen, eine Anlagenkonfiguration mit 64 k zugrunde gelegt.

Im Diagramm VIII ist der Kostenmaßstab über der Taktfrequenz der Zentraleinheit aufgetragen, als Parameter fungieren die Kernspeicherkapazität, die Zahl und Art der Kanäle (S = Selektorkanal, S_g = geschalteter Selektorkanal) und die Geschwindigkeit der fünf Magnetbänder.

Eine Kostendegression ist nicht zu erkennen, vielmehr gibt es für die gestellte Aufgabe eine optimale Anlagenkonfiguration (Modell 60 mit 340-kHz-Bändern). Die Zentraleinheit des Modells 70 ist offenbar auch für die schnellsten Bänder zu schnell und kann nicht ausgenutzt werden.

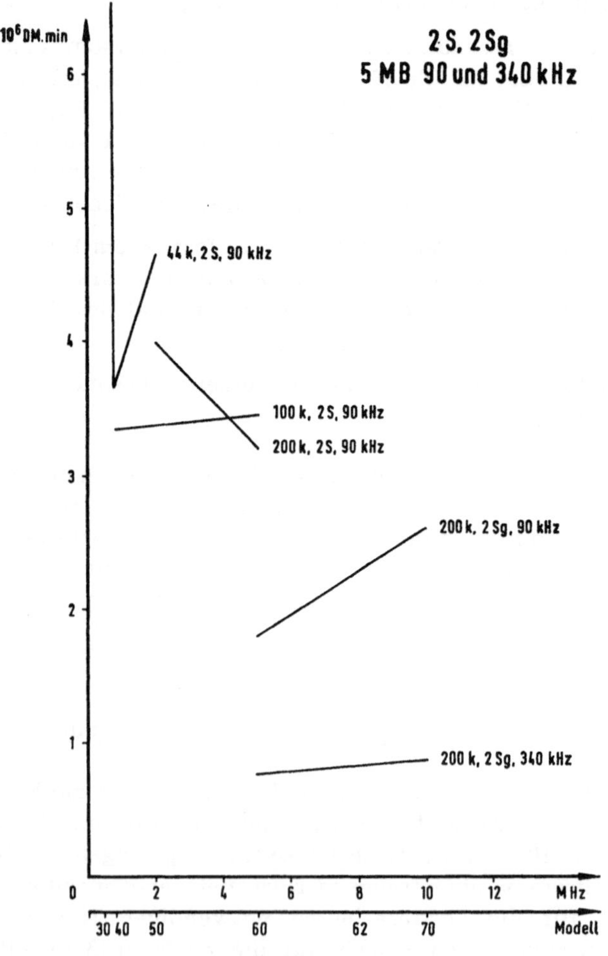

Diagramm VIII

Diagramm IX zeigt den Verlauf der Kostenwerte über der Leistungsfähigkeit der Magnetbänder, wobei nunmehr die Leistungsfähigkeit der Zentraleinheit als Parameter erscheint. Hier kristallisiert sich eine deutliche Kostendegression heraus, die um so ausgeprägter ist, je größer der Kernspeicher ausgelegt wird. Man erkennt weiterhin, daß schnellere Magnetbandgeräte nur von genügend schnellen Zentraleinheiten ausgenutzt werden können. Das gilt insbesondere für die 90-kHz-Bänder.

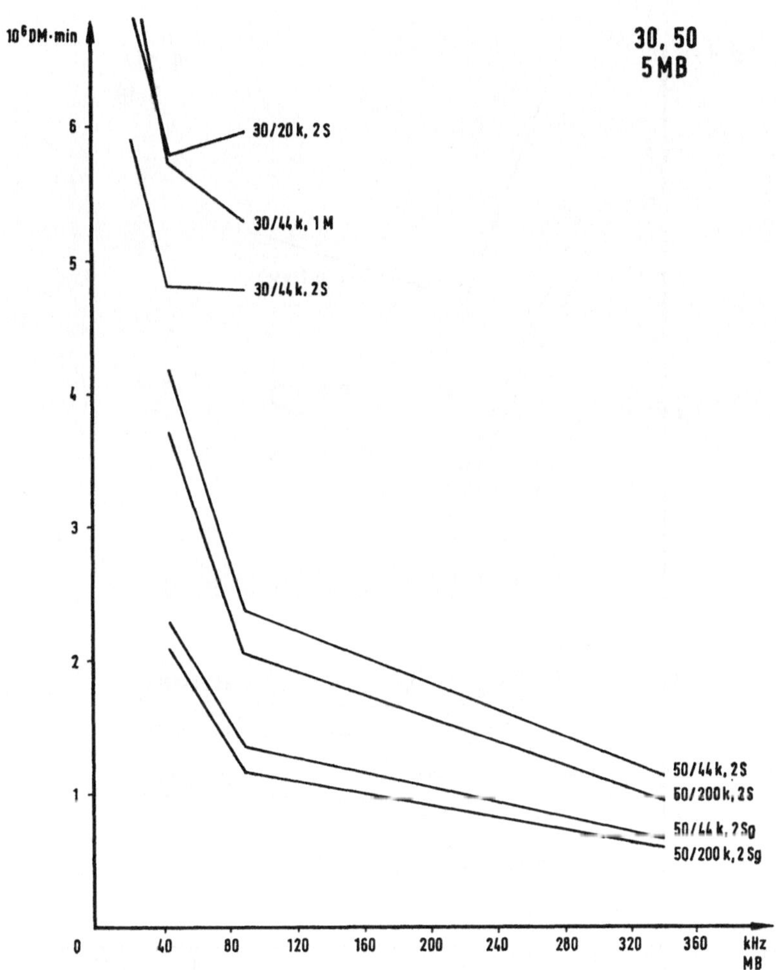

M bedeutet Multiplex-Kanal.

Diagramm IX

14*

Diagramm X beweist, daß es für die Zahl der Magnetbandgeräte ein Optimum gibt (es liegt bei 7 bzw. 8 Bändern), eine weitere Erhöhung der Bänderzahl führt zu einer Kostenprogression. Dieses Diagramm ist jedoch nicht allzu aussagekräftig; denn es ist nicht bekannt, inwieweit das Ansteigen der Kostenkurven im Bereich großer Magnetbandkonfigurationen darauf zurückzuführen ist, daß die Sortierprogramme nicht für so große Rechenanlagen geschrieben wurden und daß somit die zusätzlichen Magnetbandgeräte überhaupt nicht ausgenutzt werden.

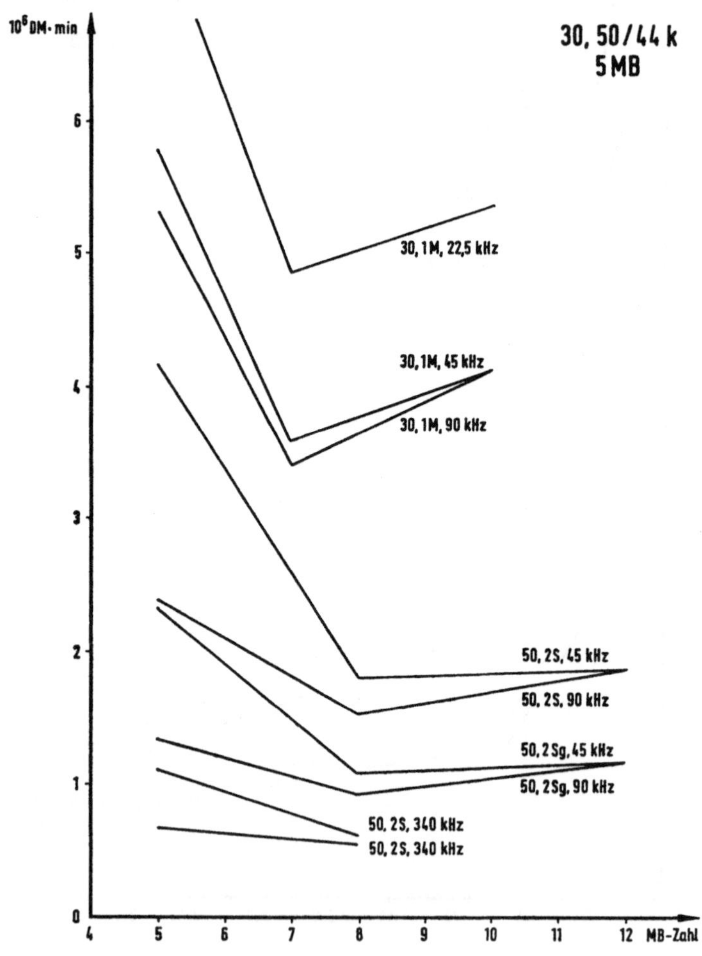

Diagramm X

III. Kostendegression im System Bull - General Electric Serie 400

In den Diagrammen wurden die Zeiten zur Sortierung von 5×10^4 Sätzen zu je 25 Worten der Kostenberechnung zugrunde gelegt.

Im Diagramm XI zeigt sich überraschenderweise, daß die Sortierzeiten von der Leistungsfähigkeit der Zentraleinheit unabhängig sind. Das bedeutet wohl, daß auch die langsamste Zentraleinheit selbst die von den schnellsten Magnetbandeinheiten angebotenen Daten schneller verarbeitet, als sie eingelesen und ausgegeben werden können. Jedoch fällt die Sortierzeit deutlich mit einer Vergrößerung der Internspeicherkapazität.

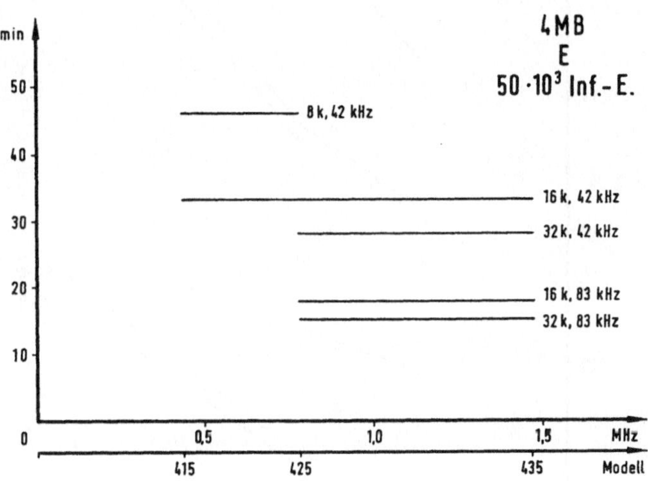

Diagramm XI: Sortierzeiten

Das Diagramm XII zeigt, daß — wie nicht anders zu erwarten — leistungsfähigere Zentraleinheiten mit höheren Kosten verbunden sind. Das muß so sein, wenn die größere Leistungsfähigkeit keine kürzeren Sortierzeiten mit sich bringt.

Diagramm XIII bringt hingegen wieder eine deutliche Kostendegression für schnellere Magnetbandgeräte (E bedeutet Einzel- und D Doppelanschluß). Aus dem Vorgesagten muß notwendig folgen, daß die niedrigsten Kosten nicht für das Modell 435, sondern für das Modell 425 erreicht werden.

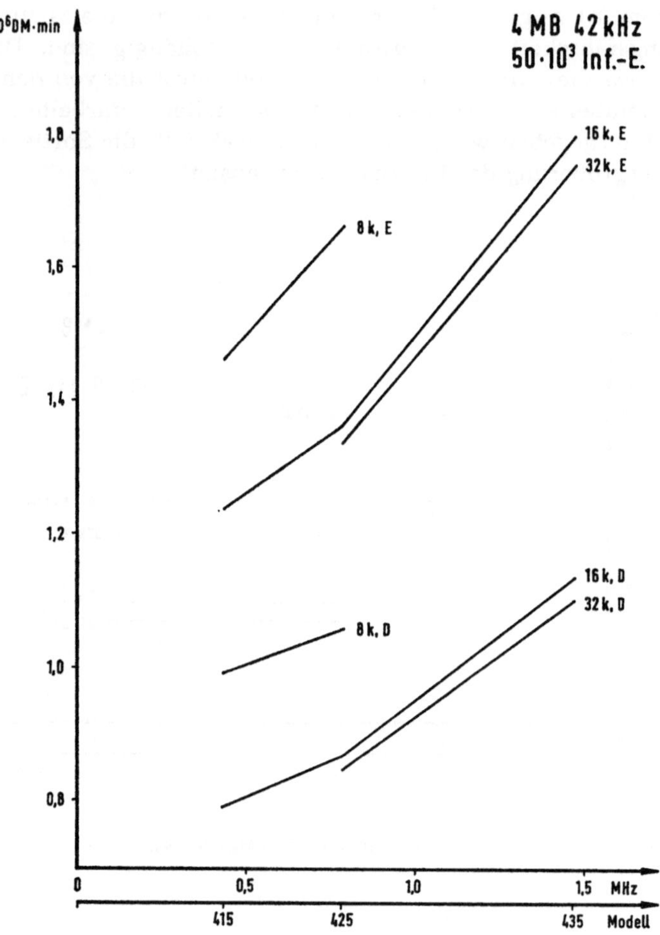

Diagramm XII: Sortierzeiten

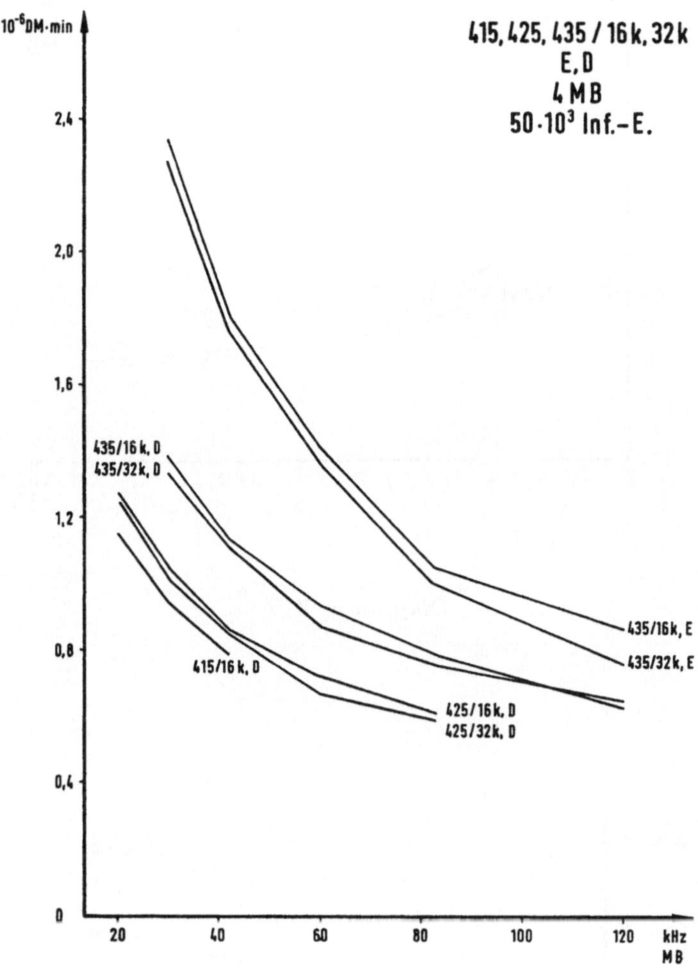

Diagramm XIII: Sortierzeiten

IV. Kostendegression im System Siemens 4004

Die zugrundegelegte Arbeitsleistung besteht im Sortieren von 5×10^4 Sätzen zu je 80 Bytes.

Diagramm XIV zeigt eine schwache Kostendegression für schnellere Magnetbandgeräte.

Allerdings kann mit Diagramm XV ein weiteres Mal demonstriert werden, daß die Leistungssteigerung der Zentraleinheit, insbesondere bei langsameren Magnetbändern, nicht ausreicht, die höheren Mietkosten zu kompensieren oder gar zu einer Kostendegression zu gelangen.

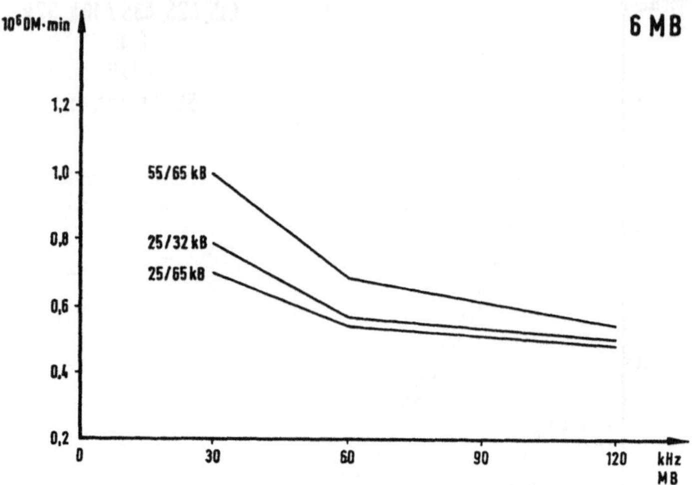

Diagramm XIV

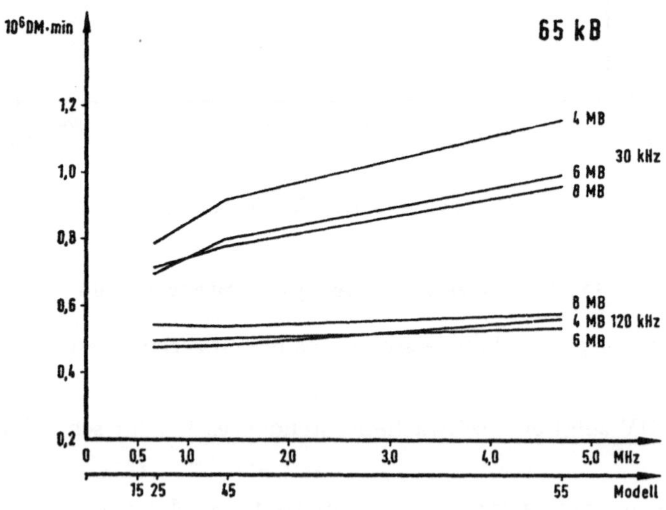

Diagramm XV

G. Wichtige Ergebnisse anderer Untersuchungen

I. Studie von Blau

Aus einer Arbeit von Blau[2]) seien die folgenden Aufstellungen entnommen:

Maschinentyp	Wartungsanteil in % der Mietkosten
IBM/360—25	10,13
IBM/360—30	4,32
IBM/360—40	3,27
NCR Cent. 100	5,75
NCR Cent. 200	3,52
Honeywell 125	7,39
Honeywell 1250	6,77
UNIVAC 9300	13,05
UNIVAC 9400	17,25

Tabelle 1

Mit Ausnahme der UNIVAC-Fabrikate entfallen auf die jeweils größeren Modelle innerhalb einer Familie anteilig weniger Wartungskosten, was bedingt darauf schließen läßt, daß die Wartung kleinerer Maschinen im Vergleich zur technischen Leistungsfähigkeit teurer ist als die Instandhaltung größerer Maschinen.

Blau hat auch die Kaufpreise von Zentraleinheiten auf die Internspeichergröße bezogen und so die „Kosten pro Byte" ermittelt. Wir entnehmen seiner Studie den folgenden Auszug:

Maschinentyp	Kosten pro Byte (bei NCR pro Stelle) bei verschiedenen Internspeicherkapazitäten				
	16 k	24 k	32 k	48 k	64 k
IBM/360—25	4,17	4,12	4,04	3,68	
IBM/360—30	5,04	4,31	3,78		2,72
IBM/360—40	8,26		5,39		3,53
NCR Cent. 100	3,36		2,25		
NCR Cent. 200			3,02		2,14
Honeywell 125	4,85	4,03	3,55		
Honeywell 1250			4,79	3,81	3,07
UNIVAC 9300	4,21		3,17		
UNIVAC 9400		3,61	3,44	2,86	2,40

Tabelle 2

---

²) Blau, H.: Einflüsse der Preisstruktur von EDV-Anlagen auf die System-Auswahl. In: Bürotechnik und Automation, 9. Jg. 1968, S. 551 ff.

Es zeigt sich ausnahmslos innerhalb eines Maschinentyps eine Kostendegression bei wachsender Internspeicherkapazität. Auffallend ist jedoch, daß bei gleicher Internspeicherkapazität die größeren Computermodelle im allgemeinen höhere Kosten pro Byte haben. Dies ist sicher darauf zurückzuführen, daß die höhere Leistungsfähigkeit der Zentraleinheit, insbesondere die höhere Verarbeitungsgeschwindigkeit, in der einfachen Inbeziehungsetzung der Kaufpreise von Zentraleinheiten zu der Internspeichergröße nicht zum Ausdruck kommt.

II. Studie von Schwab

Im Zusammenhang mit Betrachtungen zur Wirtschaftlichkeit des Teilnehmerrechnens[3] hat Schwab für sieben Computertypen die monatlichen Mietkosten über der Zeit aufgetragen, die zum Sortieren von 10 000 Sätzen à 80 Zeichen nach einem 8stelligen Kriterium erforderlich ist. Aus dem Diagramm wurde Tabelle 3 abgeleitet, die eine klare Kostendegression zeigt:

Computertyp Nr.	Sortierzeit min	Monatsmiete 1000 $
1	43	4,0
2	20	4,5
3	10	5,3
4	7	5,8
5	5	7,3
6	2,5	11,5
7	1,7	13,0

Tabelle 3

Multipliziert man die Sortierzeit mit der Monatsmiete, so erhält man als Maßstab für die Sortierkosten die in Tabelle 4 angegebenen Werte:

Computertyp Nr.	1	2	3	4	5	6	7
Kostenmaßstab	172,0	90,0	53,0	40,6	36,5	28,9	22,1

Tabelle 4

III. Studie von Solomon[4]

Solomon führte eine Kostendegressionsuntersuchung an der Computerfamilie IBM /360 durch, die sich auf Zentraleinheiten beschränkt und die Peripherie außer acht läßt.

---

[3] Schwab, B.: The Economics of Sharing Computers. In: Harvard Business Review, Vol. 46, 1968, No. 5, S. 61 ff.

[4] Vgl. Solomon, M. B.: Economics of Scale and the IBM System 360. In: Communications of the ACM, Vol. 9, 1966, No. 6, S. 435 ff.

Er wählt drei Maßstäbe:

(1) Kosten der Ausführung jeder einzelnen der 60 Instruktionen des Befehlsvorrates auf verschiedenen Rechenanlagen des Systems /360.

(2) Kosten der Ausführung von Programmteilen.

(3) Mixwerte.

Beim ersten Maßstab ergibt sich, daß in rund der Hälfte der Fälle das zweitgrößte Modell der Familie (das Modell 65) kostengünstiger arbeitet als das größte in die Untersuchung einbezogene Modell (75). Bei den übrigen Instruktionen erweist sich die IBM /360/75 als günstiger mit Ausnahme einer Instruktion, die auf dem Modell 40 am kostengünstigsten durchgeführt werden kann. Auf der kleinsten Maschine der Untersuchung, dem Modell 30, kann kein einziger Programmbefehl am kostengünstigsten gerechnet werden.

Bei zwei von drei der von Solomon durchgerechneten Programmteile (es handelte sich um Unterprogramme zur Durchführung von mathematischen Aufgaben, wie z. B. Wurzelziehen) zeigt sich eine deutliche Kostendegression, jedoch ein leichtes Ansteigen der Kostenkurve über dem Modell 75.

Aus den Ergebnissen jenes Teils seiner Studie, in der Mixwerte als Maßstab der Leistungsfähigkeit dienen, errechnete Solomon die folgende interessante Regressionsfunktion:

$$\text{Leistungsfähigkeit} = \text{Kosten}^{1{,}58}$$

(Diese Regressionsfunktion erinnert an das zuweilen zitierte, jedoch in der Literatur nicht näher erläuterte „Gesetz von Grosch", wonach die Leistungsfähigkeit von EDV-Anlagen mit dem Quadrat der Kosten steigen soll[5]).)

IV. Überlegungen von Heinrich

Ergänzend sei auf die Bemerkungen von Heinrich[6] hingewiesen, der zwar nicht die Kostendegression der EDV-Anlage selbst untersucht, jedoch einige Überlegungen anstellt, welchen Verlauf die übrigen Datenverarbeitungskosten bei einer Vergrößerung von Rechenzentren nehmen.

H. Zusammenfassung der Ergebnisse

In der Mehrzahl der dargestellten Diagramme zeigt sich eine auffällige Kostendegression, und zwar besonders bei den Peripheriegeräten.

---

[5] Vgl. dazu auch Adams, C. W.: Grosch's Law Repealed. In: Datamation, 8. Jg. 1962, No. 7, S. 38 f.

[6] Heinrich, L. J.: Gemeinsame Computerbenutzung in der Industrie, Wiesbaden 1969.

Meist ist die Kostendegression am Anfang des Leistungsspektrums besonders groß, wohingegen sie in Bereichen höherer Leistungsfähigkeit (größere Maschinen) schwächer ist oder in manchen Fällen in eine Kostenprogression übergeht.

Leistungsfähigere Zentraleinheiten bringen seltener als leistungsfähige Externaggregate eine Kostendegression mit sich. Die Ursache hierfür ist wohl darin zu suchen, daß in Anbetracht der mechanischen Operation der Peripherie die elektronischen Geschwindigkeiten der Zentraleinheit nicht voll ausgenutzt werden können, wodurch die höheren Mietkosten keine Entsprechung in der effektiven Leistung haben.

Die teilweise auftretenden Progressionen könnten ihre Erklärung darin finden, daß die Hersteller bei den großen Anlagen besonders hohe Gewinne kalkuliert haben. Wahrscheinlicher ist jedoch die entgegengesetzte Deutung, nämlich daß die leistungsfähigeren Anlagen jeweils besondere Entwicklungskosten und -schwierigkeiten bedingen. Die Politik der IBM (sowohl für die Anlage 7030 — „STRETCH" — als auch für Maschinen der Gruppe 90 innerhalb des Systems /360 wurden nur in begrenztem Maß Aufträge entgegengenommen), die Schwierigkeiten von General Electric (Einstellung des Vertriebs der Serie 600 in Europa) und der CDC (auf dem Höhepunkt der Schwierigkeiten mit der Vorbereitung der Anlage 6600 sank der Börsenkurs auf ein Drittel seiner ursprünglichen Höhe) deuten darauf hin, daß die Computer an der Grenze des Leistungsspektrums und damit an der Grenze des technischen Fortschritts jeweils besonders teuer sind.

Hinzu kommt, daß infolge der kleinen Auflagezahlen keine wesentliche Fixkostendegression bei der Herstellung von Großcomputern eintritt und daß die leistungsfähigsten EDV-Anlagen oft mit Besonderheiten ausgerüstet sind, die zwar die Mietkosten erhöhen, die aber bei so einfachen Aufgaben wie dem in dieser Studie benutzten Magnetbandsortieren auf der Leistungsseite überhaupt nicht zur Geltung kommen.

Im großen ganzen bestätigen die Ergebnisse dieser Studie, daß zumindest im Bereich der für die Bundesrepublik in Frage kommenden Computer eine Kostendegression meist vorhanden ist.

Das Problem einer getrennten Berechnung von Software- und Hardwarekosten bei Beschaffung und Einsatz

Arbeitspapier (Symposium)

Von

Dr. rer. pol. A. R. V. Niederberger

Institut für Automation und Operations Research
an der Universität Fribourg/Schweiz

Inhalt

A. Zweck

Das hier skizzierte Beispiel einer Berechnungsmethode kann folgenden Zwecken dienen:

— als Grundlage für die Wirtschaftlichkeitsüberlegungen vor Beschaffung eines ADV-Systems,

— als Grundlage für die Überwachung der Kosten während der Einführungsphase, aber auch während des Einsatzes,

— als Grundlage für die Aufschlüsselung der Kosten der Kostenstelle „Datenverarbeitung".

B. Begriffsbestimmungen

I. Hardware

Unter Hardware wird in diesem Zusammenhang die gesamte maschinentechnische Ausrüstung, welche für das Datenverarbeitungssystem eingesetzt wird, verstanden. Neben dem eigentlichen Computer mit all seinen Einheiten und maschinenmäßigen Möglichkeiten fallen darunter

— die Zusatzmaschinen, wie Locher, Prüfer, Sortierer usw.,

— das Input-Output-System, wie Schaltermaschinen, Bildschirm, Übermittlungssystem usw., aber auch Belegleser u. a.,

— die Einrichtungen, welche für den Betrieb des Computers und der oben angeführten Maschinen notwendig sind, wie Klimaanlage, Energieversorgung usw.

II. Software

Unter Software wird in diesem Zusammenhang die Gesamtheit der Programme, welche auf dem Datenverarbeitungssystem eingesetzt werden können und von diesem sich unterscheiden, verstanden. Die Software umfaßt sowohl die maschinentechnischen Programme (z. B. Programme zur Programmübersetzung) wie auch anwendungstechnische Programme (allgemein verwendete Programme, wie z. B. Sortierprogramme usw.; die spezifischen Programme jedes Arbeitsgebietes, z. B. Lohnabrechnung usw.), unabhängig davon, von wem sie erstellt wurden. Dagegen gehören fest verdrahtete Unterprogramme nicht zur Software.

C. Berechnungsmethode

I. Hardwarekosten

Es werden zwei Gruppen von Kosten unterschieden:

— Vorbereitungskosten (einmalige Kosten),

— Betriebskosten.

Vorbereitungskosten total

1. Vorbereitungskosten Datenverarbeitungsanlage (1)

    a) Personalkosten (Vorbereitung Systemwahl)
        — Organisatoren
        — Externer Berater
        — Ausbildung Operateure

    b) Einrichtungs- und Ausstattungskosten
        — Bauliche Veränderungen
        — Klimaanlage
        — Mobiliar, Zubehör

    c) Verschiedenes
        — Transportkosten
        — Zoll
        usw.

2. Vorbereitungskosten Zusatzmaschinen (2)

    a) Personalkosten
        — Ausbildung

    b) Einrichtungs- und Ausstattungskosten
        — Bauliche Veränderungen
        — Mobiliar, Zubehör

    c) Verschiedenes

Betriebskosten pro Jahr

1. Betriebskosten Datenverarbeitungsanlage (3)

    a) Personalkosten
        — Operateure
        — Hilfskräfte

b) Anlagekosten (Zentraleinheit, Magnetplatteneinheiten usw.)

— Kalkulatorische Abschreibungen (Jahresrate) bzw. jährliche Mietkosten

— Kalkulatorische Zinsen (bei Kauf)

c) Verschiedenes

— Wartung, Unterhalt

— Energiekosten

— Raumkosten

— Versicherungen

— Formularkosten usw.

2. Betriebskosten Zusatzmaschinen (4)

a) Personalkosten

— Locherinnen

— Hilfskräfte

b) Maschinenkosten (Locher, Prüfer usw.)

— Kalkulatorische Abschreibungen (Jahresrate) bzw. jährliche Mietkosten

— Kalkulatorische Zinsen (bei Kauf)

c) Verschiedenes

— Wartung, Unterhalt

— Energiekosten

— Raumkosten

— Versicherungen

— Formulare usw.

Hardwarekosten pro Jahr

$$\frac{\text{Vorbereitungskosten (1)} + \text{(2)}}{\text{Anzahl Abschreibungsjahre}} = \text{Jahresquote Vorbereitungskosten (5)}$$

$$\frac{\begin{array}{l}\text{Jahresquote Vorbereitungskosten (5)}\\ + \text{ Betriebskosten (3)} + \text{(4)}\end{array}}{= \text{Hardwarekosten pro Jahr (HK/J) (6)}}$$

Kostensätze

Für die betriebsinterne Verrechnung wird es in den meisten Fällen zweckmäßig sein, zwei Kostensätze zu bilden:

— einen Kostensatz für die Benutzung der Datenverarbeitungsanlage,

— einen Kostensatz für die Benutzung der Zusatzmaschinen (Datenaufbereitung).

1. Kostensatz Datenverarbeitungsanlage

$$\frac{\text{Vorbereitungskosten (1)}}{\text{Anzahl Abschreibungsjahre}} = \text{Jahresquote Vorbereitungskosten (7)}$$

Jahresquote Vorbereitungskosten (7)

+ Betriebskosten (3)

= Datenverarbeitungsanlagekosten pro Jahr (DV/J)

$$\frac{\text{(DV/J)}}{\text{geplante Computerstd. pro Jahr}}$$

= Plan-Stundensatz Datenverarbeitungsanlage (8)

2. Kostensatz Zusatzmaschinen (Datenaufbereitung)

$$\frac{\text{Vorbereitungskosten (2)}}{\text{Anzahl Abschreibungsjahre}} = \text{Jahresquote Vorbereitungskosten (9)}$$

Jahresquote Vorbereitungskosten (9)

+ Betriebskosten (4)

= Zusatzmaschinenkosten pro Jahr (ZM/J)

$$\frac{\text{(ZM/J)}}{\text{geplante Betriebsstd.[1]) pro Jahr}}$$

= Plan-Stundensatz Zusatzmaschinen (10)

II. Softwarekosten

Es werden zwei Gruppen von Kosten unterschieden:

— Vorbereitungskosten (einmalige Kosten),

— spezielle Softwarekosten pro Arbeitsgebiet.

Vorbereitungskosten total (20)

1. Erstellung allgemeiner Konzepte, allgemeiner Programme, Ausbildung

     — Personalkosten

     — Testkosten

---

[1]) Unter Umständen kann es zweckmäßiger sein, die ZM/J zur Anzahl der verarbeiteten Belege oder erstellten Lochkarten und nicht zu den Betriebsstunden in Beziehung zu setzen.

2. Einrichtungs- und Ausstattungskosten

   — Mobiliar, Zubehör

3. Verschiedenes

Spezielle Softwarekosten pro Arbeitsgebiet (21)

1. Kosten für die Erstellung der Programme

   — Personalkosten

   — Testkosten

2. Kosten für die Übernahme

   — Personalkosten

   — Maschinenkosten

3. Programmunterhalt

   — Personalkosten

   — Testkosten

4. Verschiedenes

   — Raumkosten

   — Formularkosten usw.

Totale Softwarekosten pro Arbeitsgebiet

Anteil Vorbereitungskosten
+ Spez. Softwarekosten (21)
____
= Totale Softwarekosten pro Arbeitsgebiet (SK/A) (22)

$$\frac{(SK/A)\ (22)}{\text{Anzahl Abschreibungsjahre}}$$

= Jahresquote der totalen Softwarekosten pro Arbeitsgebiet (23)

III. Zusammenfassung

Es wurden drei Kostenzentren gebildet:

Hardware: 1. Datenverarbeitungsanlage — Kostensatz Computerstd. (8)

         2. Zusatzmaschinen   — Kostensatz Zusatzmasch.std. (10)

Software: 3. Softwarekosten pro Arbeitsgebiet
                      — Jahresquote (22)

D. Verfeinerungen

I. Hardwarekosten

In der skizzierten Methode werden die Hardwarekosten für die Datenverarbeitungsanlage und für die Zusatzmaschinen getrennt berechnet. Innerhalb dieser beiden Gruppen wird nicht weiter differenziert.

In vielen Fällen führt nun eine derartige Vereinfachung zu Fehlrechnungen, zum Beispiel bei folgenden Tatbeständen:

— Gewisse Teile der Hardware werden ausschließlich für bestimmte Arbeitsgebiete verwendet. Insbesondere bei Echt-Zeit-Verarbeitung sind bedeutende Datenbestände in dauernder Bereitschaft zu halten, so sind z. B. mehrere Plattenspeichereinheiten für den Policenbestand einer Versicherungsgesellschaft notwendig, oder das gesamte Übermittlungssystem für die Datenein- und -ausgabe (Schaltermaschinen bei einer Bank) dient ausschließlich bestimmten Arbeitsgebieten. Ebenso kann es sich für Zusatzmaschinen verhalten.

— Ein weiterer Umstand, der eine differenziertere Kostenberechnungsmethode erfordert, ergibt sich aus der Möglichkeit, auf bestimmten Datenverarbeitungsanlagen gleichzeitig mehrere Programme fahren zu können, sei es, daß jedes Programm verschiedene Einheiten benützt, sei es, daß im Time-Sharing-Verfahren gearbeitet wird.

In diesen Fällen genügt ein pauschaler Satz pro Computerstunde bzw. Zusatzmaschinenstunde nicht. Vielmehr sind (für die erste Gruppe der erwähnten Fälle) die Kosten pro Hardwareteil zu berechnen und die Grundlage für deren Umlagen zu erfassen. Im zweiten Fall besteht die Möglichkeit, mehrere Kostensätze für die Anlage zu errechnen je nach der Anzahl der beanspruchten Einheiten der Anlage.

II. Softwarekosten

Für den Zweck der Aufschlüsselung der Kosten der Kostenstelle „Datenverarbeitung" kann es zweckmäßig sein, das dritte Kostenzentrum (siehe III.) etwas anders zu gestalten und einen Kostensatz für die Programmierstunde zu bilden. Darin sind keine Hardwarekosten enthalten (Testkosten, Maschinenkosten für die Übernahme).

III. Die Umlage

Für die Umlage ergibt sich damit folgende Ausgangslage:

Kostenzentrum	Kostensatz	Verrechnungsgrundlage
Programmierung	für Programmiererstd.	Arbeitszeiten
Zusatzmaschinen	für alle Zusatzmaschinen global oder je Zusatzmaschine einzeln	Anzahl Belege oder Maschinenzeiten
Datenverarbeitungs-anlage	für ganze Anlage global oder für verschiedene Einheiten einzeln bzw. für Kombinationen von Einheiten	Zeiten

Kosten der Datenerfassung bei unterschiedlichen Systemkonzeptionen

Arbeitspapier (Symposium)

Von

Dipl.-Ing. K. Roschmann

Lehrstuhl für industrielle Fertigung und Fabrikbetrieb
der Universität Stuttgart (TH) mit angeschlossenem Institut
für Produktionstechnik und Automatisierung

Aufgrund der breiten Bedeutung der Datenerfassung als Grundlage für die ADV tritt die Datenerfassung in sehr unterschiedlichen Erscheinungsformen auf. Um sie möglichst alle in die Betrachtung einbeziehen zu können, sei von einer allgemeinen Auffassung der Datenerfassung ausgegangen, nach der man unter „Datenerfassung das verarbeitungsgerechte Bereitstellen von Daten" versteht. Die Kosten der Datenerfassung sind je nach der Methode der Datenerfassung stark unterschiedlich, wobei zunächst auch als aufwendig anzusehende Methoden für die Anwendung günstig sein können. Dies liegt in erster Linie daran, daß zwischen der Datenerfassung und der ADV auch vom Aufwand her ein Zusammenhang existiert, der unter Umständen zur Folge haben kann, daß einem Mehraufwand bei der Datenerfassung ein Minderaufwand bei der ADV gegenübersteht.

Um bezüglich der Kosten Aussagen machen zu können, wird in Abbildung 1 das Gebiet der Datenerfassung aufgegliedert. Dabei sind erkennbar unterschiedlichen Datenerfassungsarten sinnvoll erscheinende Bezeichnungen gegeben worden.

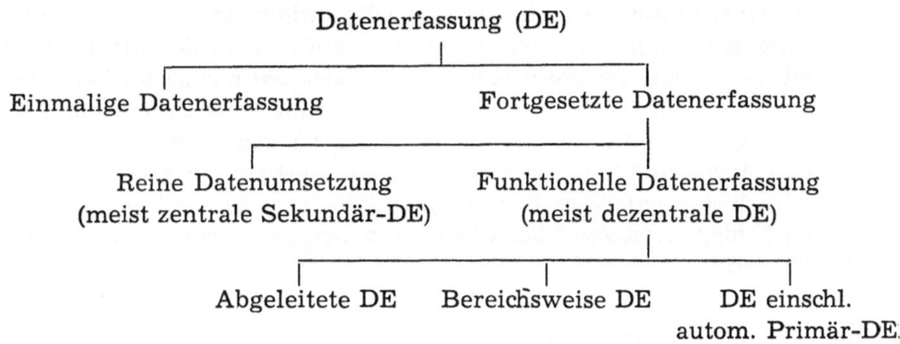

Abb. 1: Gliederung der Datenerfassung

Erläuterungen:

— Primär-Datenerfassung:

> Grundsätzliche Datenbeschaffung (evtl. nur visuell erkennbar festgehalten auf Urbeleg). Die Einführung dieses Begriffes erleichtert speziell Abgrenzungen.

— Sekundär-Datenerfassung:

> Verarbeitungsgerechte Datenaufbereitung und Bereitstellung. Dieser Begriff ergänzt den der Primär-DE.

— Einmalige Datenerfassung:

> Ein mehr oder weniger vollständig bestehendes Datenvolumen soll im Rahmen des Umstellungsvorganges bei der Einführung der ADV bearbeitungsgerecht aufbereitet werden. Anlage von Datenbeständen usw. Für arbeitsfähige ADV-Konzeptionen muß diese Form der DE als erfolgt vorausgesetzt werden, weshalb hierauf nachfolgend nicht näher eingegangen wird.

— Fortgesetzte Datenerfassung:

> Nach durchgeführter Umstellung laufend der Datenverarbeitung zuzuführende Daten bearbeitungsgerecht bereitstellen. Für diese DE-Art muß nachfolgend eine ganze Reihe Fälle unterschieden werden.

— Reine Datenumsetzung:

> Spezialpersonal mit hoher Umsetzleistung erfaßt Daten sekundär (vgl. typische Erscheinung: Lochersaal). Aussagen über den Aufwand sind abhängig von der angewandten Gerätetechnik möglich.

— Funktionelle Datenerfassung:

> Im Organisationsablauf wird die DE zeitlich und örtlich möglichst nahe am Datenanfall durchgeführt, damit meist dezentral. Die DE wird — wenn von Personen — von Personen mit sachlichem Bezug zu den Daten vorgenommen, Datenerfassung statt Urbelegerstellung! Prinzipiell muß diese Art der DE stark an den aufgabenorientierten Organisationsablauf angepaßt werden, weshalb sie sich sehr unterschiedlich zeigt, was jedoch systematisch aufgliederbar ist, so daß auch hier Aussagen über die Kosten bei verschiedenen Fällen möglich sind.

Bei der fortgesetzten Datenerfassung verfolgt man, um den Aufwand niedrig zu halten, günstigerweise die Tendenz, möglichst wenig Daten im Sinne voller Variationsmöglichkeit als ursprünglich anfallende Daten zu erfassen, falls die betreffenden Daten schon entweder in einem gespeicherten Datenbestand enthalten sind oder in im betreffenden Informationsfluß vorhandenen Datenträgern. In beiden Fällen können die betreffenden Daten den durch das betriebliche Ereignis echt ursprünglich angefallenen Daten zugeordnet werden, im ersten Fall während der Verarbeitung, im zweiten Fall während des Erfassungsvorganges. Dies wirkt sich auf die Gestaltung der Datenerfassungseinrichtung wesentlich aus. Je nachdem, wie weit diese Tendenz in der zur Diskussion stehenden DE-Konzeption berücksichtigt ist, wird das Datenvolumen relativ klein oder groß sein, was sich direkt in größerem Aufwand für die DE-Einrichtungen bei größerem Datenvolumen niederschlägt.

Nachfolgend werden unterschiedliche Strukturen (Gerätegruppen) der DE-Konzeption für die fortgesetzte DE aufgeführt[1]) und Einflüsse auf die Kosten genannt, teilweise auch DM-Beträge, falls in denselben Gruppen die Aufwands-Größenordnungen abzugrenzen sind. Man erkennt, daß jeweils links in der Tabelle der Datenursprung angeführt wird, dann nach rechts fortschreitend Zwischenstufen der Datenaufbereitung bzw. -übermittlung einschließlich Datenträgern bis hin zur eigentlichen ADV (rechts).

Verwendete Abkürzungen:

DE	=	Datenerfassung
LK	=	Lochkarte
LS	=	Lochstreifen
LSK	=	Lochstreifenkarte
MB	=	Magnetband

---

[1]) Vgl. Roschmann, K.: Dezentrale Datenerfassung im Fertigungsbetrieb. In: Handbuch der maschinellen Datenverarbeitung (HMD), hrsg. von E. Littmann, Stuttgart 1968.

1. Datenumsetzung[2])

Primär-DE
über

Sekundär-DE

1.1 Urbeleg ·······→   *Daten umsetzen* ·······→   *Datenträger* ·······→   *ADV*

Aufwand der herkömmlichen Organisation
(Pers.- u. Sachkosten)
u. U. Urbeleg „ablochfähig" gestaltet, also
Mehraufwand in herkömmlicher Organisation!

a) Lochen und Prüfen

    Masch.-Kosten   Pers.-Kosten
    LK-Locher ⎱ z. B. 200   Locherin
    LK-Prüfer ⎰ DM/Mon. Prüferin

    LK
    LS
    mit entspr.
    Material-Kosten

    Eingabe der Daten-
    träger (oder vor-
    herige Umsetzung
    auf MB)

b) Eingeben und Prüfen

    zu a) entsprechende Geräte mit
    höherer Leistung in geringerer Anzahl
    (z. B. 400 DM/Mon.)

    MB (mehrfach
    verwendbar)

c) Erfassen mit rechn. Prüfung
    Mehraufwand gegen a) u. b)
    Recheneinheit

    Aufwand für Prüfen z. B. durch
    Saldenabstimmung gespart.

    LK, LS, MB

d) Direkteingabe über entsprechende Ein-
    heiten wie Bildschirme, Add.-Maschi-
    nen, Spezialeinheiten.

    Aufwand auch bei Eingabeeinheit stark
    streuend: z. B. bei Bildschirmen 125 bis
    1500 DM/Mon.

    An ADV spezielle
    Forderung

    1. Masch.-Größe

    2. Steuereinheit

    3. Software

---

[2]) Vgl. Gilgen, W.: Datenerfassung im Großbetrieb — Betriebsvergleiche und Erfahrungszahlen bei den SSB. In: Technische Rundschau, 60. Jg. 1968, Nr. 23, S. 5—7; Kliem, H.: Kostenanalyse der Datenerfassung. In: Organisation und Betrieb, 21. Jg. 1967, H. 11, S. 9—13; Böhm, F.: Zur Kostenanalyse der Datenerfassung. In: Organisation und Betrieb, 22. Jg. 1968, H. 1, S. 7.

P r i m ä r - D E   S e k u n d ä r - D E

über

1.2 Maschinell lesbarer Beleg ⟶ *Datenumsetzen* ⟶ *Datenträger* ⟶ *ADV*

LK	LK	1. Spezielle Eingabeeinheiten z. B. 10 — 20 000 DM/Mon.
LSK	LSK/LS	
Magnetschriftbeleg	Magnetschriftbeleg	2. u. U. spez. Steuereinheit
Klarschriftbeleg	Klarschriftbeleg	
Markierungsbeleg	Markierungsbeleg	3. Evtl. Off-line-Umsetzung, z. B. Markierungen 1500 DM/Mon.
		4. Kostenproblem: Rückweisungsrate

u. U. Nach-Codierung

Zusatzkosten für Masch.-Beleg-Organisation gegenüber herkömmlicher Organisation

Arbeitsweise im Nach-Codieren erheblich langsamer und damit teurer als flüssiges Datenumsetzen (1.1)!

2. Funktionelle DE

2.1 Abgeleitete DE (teilweise auch synchrone DE genannt)   *Datenträger*   *ADV*

Behandlung einer organisatorischen Aufgabe A, z. B. Versicherungspolicen-Schreibung

Parallele Gewinnung eines Datenträgers für Aufgabe B (Org.-Sicherung!) ⟶ LK, LS, MB ⟶ Eingabe entsprechend 1.1 a), b)

Keine zusätzlichen Personalkosten

Bezüglich Kosten meist getrennte Betrachtung bezüglich org. Aufgabe A

Zusätzliche Kosten:

1. Datenträgererstellende Einheit als Zusatz

2. Datenträgermaterial

2.2 Dezentrale DE als typische, funktionelle DE[3])

2.2.1 Bereichsweise DE mittels spezieller DE-Einheiten (an Umgebung angepaßt) statt auf Urbeleg (echt ursprünglich anfallende Daten manuell über Tastatur, zusätzlich DE mittels Zuordnung von Daten aus Datenträgern)

Keine zusätzlichen Personalkosten gegenüber herkömmlicher Ablauforganisation

Datenträger für Datenzuordnung (unterschiedliche Haltbarkeit):

1. normale Maschinen-LK 0,7 Pf,

2. zerreißfeste Maschinen-LK 10 Pf,

3. Plastikausweis in gängigen Arten ab 20 Pf bis 2,— DM, in Sonderformen bis einige DM,

4. Informationsschlüssel und Informationsstecker etwa 2,— DM.

Einsatz: 1 DE-Einheit je Bereich (z. B. je Meisterbereich im Fertigungsbetrieb)

a) Dezentrale Gewinnung eines Datenträgers ···➤LK ···················➤ADV-Eingabe

 Kosten der Eingabestationen je nach Ausstattung: LS

einfache Locher (funktionell eingesetzt,   MB
ohne maschinelles Prüfen, visuelle   Klarschriftbeleg (evtl. spez. Daten-
Kontrolle!) und spez. Daten-Recorder 500 bis 2 000 DM Kaufpreis Codebeleg   träger-
Volle Stationen   4000 bis 12 000 DM Kaufpreis   Umsetzungs-
                           Einheiten
Hinzu kommen Kosten für Datenträger   notwendig)

b) Zentrale Gewinnung eines Datenträgers ————————————➤LK ···················➤ADV-Eingabe

Kosten der Eingabestationen (dez.)   LS
Kosten der Übertragungswege   ⎰ z. B. 6000 DM/Mon. Miete MB
Kosten der Zentraleinheit (Steuereinheit) ⎱ bei 10 bestimmten Eingabestationen
(Kosten der zentral anfallenden Datenträger)

Wegen Belastung der Übertragungswege und der Zentraleinheit ist wichtig: mittlerer Datenanfall pro Zeiteinheit und Streuung[4]).

---

[3]) Vgl. Roschmann, K.: Dezentrale Datenerfassung im Fertigungsbetrieb, a. a. O.

[4]) Vgl. Nolle, F.: Systemanalyse — Auslegung von Datenverarbeitungssystemen für komplexe Anwendungen. In: IBM-Nachrichten, 17. Jg. 1967, Nr. 183, S. 523—532.

c) Direkteingabe in Datenverarbeitungs-
anlage   → ADV

(Bildschirm-Einheiten in funktio-
nellem Einsatz, Kontrollanzeige)   Entsprechende
                                                              Steuereinheit not-
1. Fall reiner Umsetzung (vgl. 1.1 d)   wendig (ADV u. U.
   bei der Sekundär-DE!)   eine relativ kleine
                                                              Anlage
2. Funktioneller (dezentr.) Einsatz von   Daten →MB)
   Stationen entsprechend b), aber on-
   line. Frage der Eingaberate wie bei
   b).

d) Organisationskonzept mit Ein- und   → ADV
   Ausgabe (Schaltermaschinen bei Ban-
   ken, Buchungsplätze bei Fluggesell-   ADV-Platten-
   schaften, hohe Meisterbereichsausstat-   version
   tung in der Fertigungsindustrie).   Software-
   Rein funktioneller Einsatz!   Problem!
   Ermöglichung einer Real-Time-ADV-   (Einzweck-ADV-
   Konzeption.   Konzept oder
   DE effektiv integrierter Teil der Ge-   Multi-
   samtkonzeption   programming)

   Frage bezüglich Datenaustausch-Rate
   entsprechend b) und c).

2.2.2. *Automatisierte Primär-DE an Datenanfallstelle*[5]

Einheiten extrem an Umgebung angepaßt (DE-Anlagen in verfahrenstechnischen Produktionsbetrieben u. U. Teil der Produktions-
anlage, in Fertigungsbetrieben Teil der Organisation, aber mit wesentlichem Einfluß auf Produktion! Geber an Maschinen,
Waagen usw., manuelle Ergänzung von Daten und Zuordnung von Daten entsprechend 2.2.1).

a) Dezentrale Gewinnung eines Daten-   →LS ·········→ ADV-Eingabe
   trägers   Markierungs-
   (dez. Nutzungsschreiber in Fertigungs-   belege
   betrieben)   Diagrammscheiben

---

[5] Vgl. Korte, G.: Fertigungszentralen — Automatisierte Datenerfassung in Fertigungszentralen. Hamburg 1965; Roschmann, K.: Automatisierte
Überwachungs- und Rückmeldeverfahren in der Fertigungssteuerung. In: VDI — Zeitschrift, Band 106, 1964, Nr. 26, S. 1295—1303; Sieper, H. P.,
Jacobs, O. H.: Wirtschaftliche Betriebsmittelnutzung: Wirtschaftlichkeit technischer Systeme für die Betriebsmittelauslastung. In: Betriebs-
technische Fachberichte des RKW, Berlin - Köln - Frankfurt 1967.

b) Zentrale Gewinnung eines Datenträgers   ⟶ LK ········⟶ ADV-Eingabe
(Fertigungszentralen)   LS
                                    MB

c) Direkteingabe in ADV   ⟶ *ADV*

d) Prozeßsteuerung   ⟵⟶ ADV

Kosten (vgl. Größenordnungen in Abb. 2) treten auf für Geber (evtl. Steuereinrichtungen), Eingabeeinheiten, Übertragungseinrichtungen, Zentraleinheit (u. U. identisch mit der ADV-Zentraleinheit). Bei On-Line-/Real-Time-Systemen werden jedoch u. U. im Rahmen von Rechnerhierarchien nur relativ kleine Anlagen on-line an den Prozeß angeschlossen, so daß das gezeigte Aufwands-Vergleichsschema (Abb. 2), das auf der Zahl der Maschinenanschlüsse fußt, relativ nur zu der Kleinanlage nicht stimmt. — Der positive Effekt des Anlageneinsatzes liegt vornehmlich in der Verbesserung des Produktionsablaufs, somit müssen auch diejenigen Kosten diskutiert werden, die aus den technischen und organisatorischen Veränderungen auf Grund der Daten des Datenerfassungssystems resultieren (oft schwierig festzustellen!). Die Daten im Sinne der hier diskutierten, organisatorisch orientierten Datenerfassung sind relativ zur Anlageninstallation 2.2.2 a) bis d) u. U. Abfallprodukt.

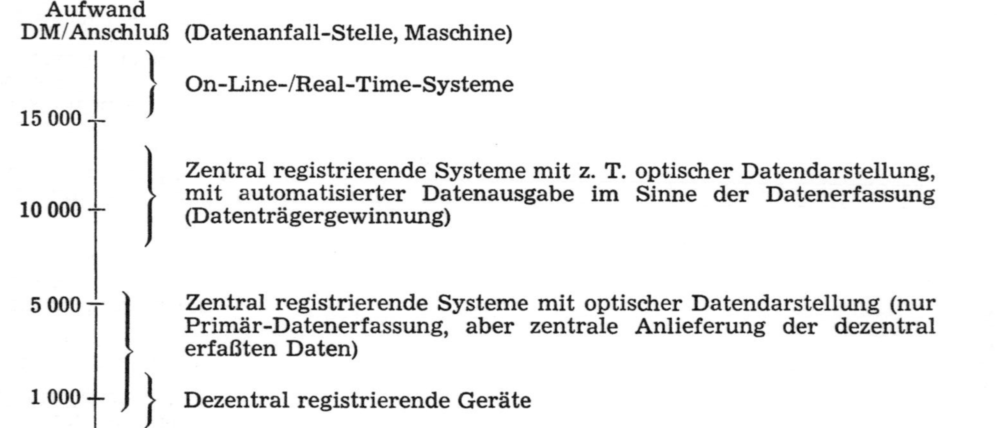

Abb. 2: Aufwand bei automatisierter Primär-Datenerfassung

Die Problematik der Kostenerfassung und -zuordnung bei Datenverarbeitung im Multiprogramming-Betrieb

Arbeitspapier (Symposium)

Von

H. Marwedel

Leiter der Datenverarbeitung der ESSO-AG, Hamburg

Inhalt

A. Einleitung

Die Kosten einer Datenverarbeitungsanlage werden heute in der Regel auf Grund der in Anspruch genommenen Zeit den einzelnen Anwendungssystemen zugerechnet. Dabei wird ein Durchschnittsstundensatz angewendet, der unter Berücksichtigung des durchschnittlichen Beschäftigungsgrades (= produktive Stunden pro Zeitraum) aus den gesamten Betriebskosten (Miete bzw. Abschreibung der Anlage plus Kosten des Bedienungspersonals plus Raumkosten plus Materialkosten usw.) des Zeitraumes ermittelt wird. Dieses Zurechnungsverfahren erscheint für die herkömmliche sequentielle Stapelverarbeitung hinreichend genau, führt jedoch bei einem Multiprogramming-Betrieb zu Schwierigkeiten. Die tatsächliche Belastung einer DV-Anlage durch ein Anwendungssystem kann hier nicht mehr durch die Zeit bestimmt werden, die zwischen der „Arbeits-Anfang"-Meldung und „Arbeits-Ende"-Meldung für eine Programmkette liegt.

B. Begriff des „Multiprogramming"

Unter „Multiprogramming" soll die Betriebsweise einer Datenverarbeitungsanlage verstanden werden, bei der unter Steuerung durch ein Betriebssystem mehrere Programme „gleichzeitig" ablaufen. Es kann sich dabei handeln um

— Verarbeitungsprogramme im Stapelverfahren (Hauptprogramme),

— Datenkonversionsprogramme wie etwa Karte/Band, Platte/Drucker usw. (periphere Programme),

— Programme zur schritthaltenden On-line-Verarbeitung (Real-Time-Verarbeitung).

Alle Programme konkurrieren um die Teilkapazitäten (Ressourcen) der Anlage, und zwar um

— Hauptspeicher,

— Verarbeitungszeit,

— Eingabe/Ausgabeeinheiten und Kanäle.

16*

Ziel dieser Betriebsweise ist es, möglichst alle Teilkapazitäten gleichmäßig auszunutzen. Dabei ist vorausgesetzt, daß die verschiedenen Aufgaben für die DVA eine Mischung aus verarbeitungsintensiven und ein-/ausgabeorientierten Programmen darstellen.

Den peripheren Programmen und der Realtime-Verarbeitung sind in der Regel Eingabe/Ausgabeeinheiten fest zugeordnet. Die Hauptprogramme lassen sich hingegen hinsichtlich ihrer Ansprüche an alle Teilkapazitäten der Anlage in verschiedene Kategorien fassen. Die von Hauptprogrammen benötigte Hauptspeichergröße und die erforderlichen Eingabe/Ausgabeeinheiten werden dabei in Bruchteilen der gesamt verfügbaren Teilkapazität ausgedrückt. Welche Bruchteile dabei als Größenklassen verwendet werden sollen, läßt sich nicht generell bestimmen, sondern ist aus der speziellen Aufgabenmischung für die betrachtete DVA abzuleiten.

Als einfaches Beispiel soll angenommen werden, daß die Grundeinheit für Hauptspeicher, Magnetbandeinheiten und Plattenstapel je ein Viertel der für Hauptprogramme verfügbaren Kapazitäten beträgt. Es läßt sich dann für jedes Programm festlegen, wieviel Grundeinheiten der jeweiligen Teilkapazität benötigt werden, um eine Ausführung zu ermöglichen; z. B. bedeutet die Aussage „Hauptspeicherbedarf K = 1", daß eine Grundeinheit (im Beispiel ein Viertel der verfügbaren Kapazität) benötigt wird. Entsprechendes gilt für die Magnetbandeinheiten B, die Plattenstapel P und die Verarbeitungszeit V. Es ist offenkundig, daß für Programme mit ausgewogenem Kapazitätsbedarf (z. B. K = 2, B = 2, P = 1, V = 3) eine direkte Zurechnung der in Anspruch genommenen Kapazitäten eine hinreichende Basis für eine Kostenermittlung liefern kann. Bei solchen Verhältnissen kann unterstellt werden, daß die nicht benötigten Kapazitäten durch andere Programme ausgenutzt werden. Ein Sonderfall ergibt sich, wenn eine einzelne Teilkapazität durch ein Programm vollständig in Anspruch genommen wird, insbesondere der Kernspeicher oder die Verarbeitungskapazität. In diesen Fällen blockiert das Programm gleichzeitig die Benutzbarkeit der an sich nicht benötigten Ein-/Ausgabeeinheiten. Hier sollte eine besondere Kostenzurechnung für die indirekt belegten Teilkapazitäten vorgenommen werden.

Ein ähnliches Problem ergibt sich, wenn Programme mit größerem Kapazitätsbedarf im Wechsel mit kleineren abgewickelt werden müssen. Laufen z. B. 4 Programme mit dem Kernspeicherbedarf K = 1 und steht ein weiteres Programm P5 mit K = 3 zur Durchführung an, so kann dieses erst zur Durchführung gelangen, wenn 3 der 4 Programme beendet sind. Um die Maschine bereit zu machen, bleiben also Kapazitäten ungenutzt, da die Beendigung der laufenden Programme zu unterschiedlichen Zeiten erfolgt.

In diesem Zusammenhang ist außerdem die Dringlichkeit der Programmdurchführung zu berücksichtigen. Wenn im vorstehenden Beispiel das Programm P5 warten kann, bis die noch durchzuführenden Aufgaben nicht im

Konflikt mit dem Speicherbedarf stehen, werden keine Kapazitäten durch Bereitstellung blockiert. Soll die Aufgabe jedoch mit Vorrang abgewickelt werden, ergibt sich unter Umständen sogar die Notwendigkeit, eine laufende Programmkette zu unterbrechen. Es müssen also auch Gesichtspunkte der Priorität und der geforderten Abwicklungszeit (turnaround time) berücksichtigt werden.

C. Erfassung der Maschinennutzung

Bei einem Multiprogramming-Betrieb ergibt sich auf Grund der bisherigen Ausführungen, daß die Beanspruchung der Teilkapazitäten ermittelt werden muß, um zu einer Basis für die Kostenzurechnung zu kommen. Während die Bindung von Kapazitäten für ein einzelnes Programm mengenmäßig festgelegt ist, wird die Zeitdauer dieser Bindung durch die benötigte Verarbeitungszeit (CPU-Time) bestimmt. Daß hierbei die echte Gesamtzeit von Lauf zu Lauf schwanken kann, hängt von den parallel laufenden Programmen ab, die verschieden lange Wartezeiten auf Verarbeitungszeiten bewirken können. Diese Schwankung ist nicht anwendungsabhängig und darf deswegen auch nicht in die Kostenrechnung eingehen.

Die Erfassung der Maschinennutzung sollte deswegen folgende Aufgaben umfassen:

— benötigte Verarbeitungszeit (CPU-Zeit),

— gebundene Kernspeichergröße,

— gebundene Ein-/Ausgabeeinheiten,

— Anzahl der gelesenen Sätze pro Eingabeeinheit,

— Anzahl der geschriebenen Sätze/Zeilen pro Ausgabeeinheit.

Diese Größen variieren z. T. pro Lauf. Es ist deswegen erforderlich, daß ihre Erfassung im Betriebssystem erfolgt und als Benutzungsstatistik auf einem externen Speicher zur Verfügung gestellt wird. Dabei sollte die Erfassung pro Programm erfolgen, jedoch mit Identifizierung der Programmkette (des Auftrags oder Jobs). In der gleichen Aufteilung sind auch die System-Verwaltungszeiten (System overheads), die bei einem Multiprogramming-Betrieb durchaus signifikant sind, zu erfassen.

Die Auswertung der so gewonnenen Daten kann unter Berücksichtigung von entsprechenden Bewertungsfaktoren zu einer maschinellen Kostenverteilung führen.

D. Bewertung der Maschinennutzung
und Zurechnung zu Aufträgen

Aufgrund der maschinell erfaßten Nutzungsdaten kann eine Kostenzurechnung in folgender Weise geschehen:

> Kosten der Zentraleinheit
> \+ Kosten des Kernspeichers für das Betriebssystem
> \+ Kosten der Ein-/Ausgabeeinheiten des Betriebssystems
> \+ Grundbetrag für Maschinenbedienung
> ___
> = Gesamtverarbeitungskosten G

$$\frac{G}{\text{Summe der produktiven Verarbeitungskosten in min.}}$$

ergibt den Kostensatz pro Minute. Hierbei sind die Verarbeitungzeiten für Systemverwaltung nicht zu den produktiven Verarbeitungszeiten zu rechnen. Der Kostensatz ist wie alle speziellen Kostensätze um einen Zuschlag für allgemeine Kosten (Raumkosten, Klimatisierung usw.) zu erhöhen.

Die gebundene Kernspeichergröße ist mit der zugehörigen Verarbeitungszeit zu multiplizieren und dann der Kostensatz für Kernspeicher anzuwenden. Dieser ergibt sich aus dem Verhältnis zwischen den Kosten des Kernspeichers und seiner Gesamtnutzung.

Entsprechend ist mit den Angaben über gebundene Ein-/Ausgabegeräte zu verfahren, d. h. die Zahl der Geräte ist mit der Verarbeitungszeit zu bewerten und der zugehörige Durchschnittskostensatz anzuwenden. Bei der Ermittlung der hierfür anzusetzenden Kosten sind die Personalkosten für Bedienungskräfte mit einem angemessenen Teil für allgemeine Rüstzeiten mit anzusetzen. Die speziellen Rüstzeiten in Abhängigkeit vom Datenvolumen sind auf Grund der Satz- bzw. Zeilenzählung pro Einheit hinzuzurechnen.

Diese Satz- und Zeilenzählung ist außerdem Grundlage für die Zurechnung der Kanalkosten und der Kosten für Steuereinheiten.

Bei der Ermittlung der Durchschnittskostensätze für die Teilkapazitäten muß berücksichtigt werden, daß ein bestimmter Prozentsatz der Kapazitäten durch besondere Bedingungen nicht genutzt werden kann. Hierzu gehören die Blockierung der Maschine durch Programme, die eine Teilkapazität voll binden, und die Verhinderung der optimalen Auslastung der Anlage durch bevorzugte Verarbeitung. Die auf diese Weise indirekt gebundene Kapazität ist abzuschätzen und den entsprechenden Anwendungen durch einen Kostenzuschlag zu belasten.

E. Schlußbemerkung

Eine vollständig „gerechte" Kostenzurechnung im Multiprogramming-Betrieb scheint kaum möglich zu sein. Die vorstehenden Überlegungen skizzieren ein recht aufwendiges Verfahren, so daß sich die Frage aufdrängt, welcher Nutzen damit erreicht werden kann.

Die Problematik der Kostenzurechnung ist mit der Ermittlung von Kosten pro Programm oder Programmkette noch keineswegs gelöst. Insbesondere in integrierten Systemen bleibt die Frage offen, in welcher Weise den verschiedenen Benutzerabteilungen Kostenanteile zuzurechnen sind. Solange diese Frage nicht gelöst ist, dürfte auch ein detailliertes Kostenermittlungssystem nur bedingten Wert haben. Möglicherweise stehen integrierte Datenverarbeitung und der Gedanke der pretialen Lenkung in einem gewissen Widerspruch.

Kostenfaktoren beim Einsatz automatischer Datenverarbeitungsanlagen

Arbeitspapier (Symposium)

Von

R. Steinbock

Chemische Werke Hüls AG, Marl

Inhalt

A. Probleme der Wirtschaftlichkeitsrechnung für eine ADV

Die erheblichen Beträge, die eine Unternehmung für die Einführung und den laufenden Betrieb einer automatisierten Datenverarbeitung (ADV) aufzuwenden hat, machen es erforderlich, der Unternehmungsleitung geeignete Unterlagen in Form einer Wirtschaftlichkeitsrechnung zur Verfügung zu stellen, damit sie die richtigen Entscheidungen fällen kann. Im Idealfall sollten diese Unterlagen die exakt bewerteten Leistungs- bzw. Erlösverbesserungen sowie die zu erwartenden Kosten in detaillierter Form enthalten.

Bei entsprechenden Bemühungen hat sich allerdings in vielen Unternehmungen herausgestellt, daß zwar die Kostenfaktoren der ADV für solche Planungs- und Entscheidungsunterlagen mit genügend großer Genauigkeit ermittelt und bewertet werden können. Schwierigkeiten ergaben sich jedoch bei der Frage, die zu erwartenden Leistungs- und Erlösverbesserungen festzustellen und zu bewerten. Bis jetzt hat sich vor allem das Problem einer exakten Bewertung qualitativer Leistungsverbesserungen (z. B. aktueller Informationen) als nahezu unlösbar erwiesen, weil hierfür noch kein geeignetes, generelles Instrumentarium entwickelt wurde.

Das heißt aber, daß man sich bei Vorbereitung der erwähnten Entscheidungsunterlagen im Hinblick auf die Leistungs- und Erlösverbesserungen vorläufig noch auf diejenigen beschränken sollte, die quantitativ meßbar sind und in der Wirtschaftlichkeitsrechnung mit hinreichend genauen Zahlen angeführt werden können. Aus der Sicht der Unternehmungsleitung, die ja die Verantwortung für die Entscheidung tragen muß, läßt sich aus dieser Sachlage heraus die These formulieren, daß sich eine ADV zumindest schon aus den einigermaßen sicher zu errechnenden oder zu schätzenden Kostensenkungen bzw. Erlösverbesserungen amortisieren muß und daß es nicht erforderlich sein darf, auch die sonstigen qualitativen Verbesserungen zu bewerten.

Voraussetzung für die Erstellung einer solchen Wirtschaftlichkeitsrechnung ist die Ermittlung und Auswertung des derzeitigen Istzustandes. Die Auswertung sollte dahin führen, daß eine mögliche Lösung durch ADV mit einer verbesserten bzw. unter Einsatz modernster Sachmittel bestmöglichen konventionellen Lösung verglichen werden kann; denn eine Gegenüberstellung des (nicht verbesserten) derzeitigen organisatorischen Ist-Zustandes mit einer ADV-Lösung hätte für die Unternehmungsführung wenig Aussagekraft, da dann nur in der ADV-Lösung eine neue organisatorische Konzeption enthalten sein würde.

Wie eine auf der Grundlage der vorstehenden Ausführungen basierende Wirtschaftlichkeitsrechnung aussehen kann, soll im folgenden anhand eines vereinfachten Beispiels gezeigt werden. Bei den Zahlen in diesem Beispiel handelt es sich um Werte, die in ihren Relationen empirisch belegt sind.

B. Die erwarteten Ersparnisse

Kostenbereiche, in denen bei der Gegenüberstellung einer bestmöglichen konventionellen Lösung mit einer ADV-Alternative eventuelle Einsparungen mit genügend großer Genauigkeit ermittelt werden können, sind

— Personal,

— Lager,

— Regulierung von Forderungen und Verbindlichkeiten.

Im folgenden soll auf diese drei Ersparnismöglichkeiten etwas näher eingegangen werden.

I. Personalkosten

Die Frage der Personaleinsparungen bei der Einführung der ADV ist u. a. aus zwei Gründen umstritten. Auf der einen Seite wurde aus psychologischen Gründen nicht gern über dieses Problem gesprochen, um bei den Mitarbeitern nicht unnötige Existenzsorgen hervorzurufen. Andererseits trat in den meisten Fällen bei der Einführung der ADV absolut gesehen keine Verminderung der Personalkosten ein. Hierfür ist jedoch eine Reihe von Gründen anzuführen, die nicht direkt mit der ADV zusammenhängen, wie z. B. die durch die konjunkturelle Entwicklung notwendig gewordene Ausweitung des Personals oder die Tatsache, daß in den konjunkturell besonders überhitzten Jahren in einem gewissen Umfang Personal gehortet wurde, um einem weiteren Wachstum gegebenenfalls sofort wirksam begegnen zu können. Weiterhin sind unternehmungsindividuelle Gründe zu nennen, die in einer besonders spontanen Entwicklung einer Unternehmung und einer damit u. U. zusammenhängenden, forcierten Neukonzeption der gesamten Unternehmungsorganisation mit der Modernisierung der Informationsgewinnung, der Kontrolle und der Planung liegen können. Alle diese Gründe haben in der Vergangenheit vielfach dazu geführt, daß mit dem Einsatz der ADV keine absoluten Kostensenkungen auf dem Personalsektor verbunden waren.

Es ist daher notwendig, in einer Wirtschaftlichkeitsrechnung die datenverarbeitungsbezogenen Personalkosten einer bestmöglichen konventionellen Lösung als mögliche Einsparungen den Personalkosten der ADV-Lösung gegenüberzustellen. Auf diese Weise können die obengenannten Einflußfaktoren aus der Rechnung weitgehend eliminiert werden. Die Voraussetzung hierfür kann auf Grund einer entsprechenden Auswertung des Ist-Zustandes durch die Anfertigung grober Arbeitsablaufpläne für beide Alternativen

geschaffen werden. Für die Feststellung der Kostensenkungen im Personalbereich hat es sich dabei als zweckmäßig erwiesen, die einzusparenden
Kosten für die Mitarbeiter einschließlich der Platzkosten zu bewerten. Wenn
spezielle Ermittlungen vorliegen, können die Platzkosten tiefer gegliedert
werden (z. B. in solche für Sachbearbeiter, Schreib- und Hilfskräfte). In dem
später angeführten Beispiel werden jährliche Ersparnisse an Personalkosten
(incl. aller Platzkosten) in Höhe von 3,0 Mill. DM angenommen.

II. Lagerkosten und Kapitalzinsen

Zu den weiteren wesentlichen Möglichkeiten, durch die ADV erreichbare
Kostensenkungen rechnerisch zu erfassen, zählen in der Industrie und im
Handel Lagerkosten sowie Außenstände und Skonti, wobei die Kapital-
zinsen eine erhebliche Rolle spielen. Obwohl auch die Meinung vertreten
wird, diese Veränderungen seien der Leistungsseite zuzurechnen, weil die
Ersparnisse infolge besserer Dispositionsmöglichkeiten erzielt werden, sollen
sie hier der übersichtlichen Rechnung wegen unter der Rubrik „Kostensenkungen" angeführt werden.

Die Ermittlung der Zahlen ist nicht ganz einfach, weil auf der Grundlage der
Auswertung des Ist-Zustandes Ersparnismöglichkeiten beurteilt und veranschlagt werden müssen, für die in der Regel keine Erfahrungen vorliegen.
Ein Weg zur Lösung dieses Problems besteht darin, aufgrund der zur Zeit der
Ist-Aufnahme effektiv gegebenen durchschnittlichen Lagerdauer die mögliche durchschnittliche Lagerdauer, die durch eine Verbesserung der Dispositionen erreichbar erscheint, zu ermitteln. Auf diesem Wege kann auf die
Größenordnung der zu erwartenden Einsparungen geschlossen werden. In
dem Beispiel werden hierfür 1,1 Mill. DM angesetzt.

Bei Forderungen und Verbindlichkeiten ergeben sich durch schnellere und
intensivere Realisierung auf Grund automatisierten, termingerechten Mah-
nens und durch eine bessere Ausnutzung von Skonti bei der Regulierung
eigener Verbindlichkeiten gute Möglichkeiten, Kosten zu sparen. Zinserspar-
nisse und zusätzliche Zinserträge, die auf diese Weise erwirtschaftet werden
können, sollen in der folgenden Wirtschaftlichkeitsrechnung mit 0,5 Mill DM
veranschlagt werden.

III. Sonstige Ersparnisse

Neben diesen drei Ersparnismöglichkeiten, die deshalb in das Beispiel aufgenommen wurden, weil sie für eine Planungsrechnung weitgehend quanti-
fizierbar sind, bestehen weitere, von denen hier abschließend zwei genannt
werden sollen. Kosten können z. B. gesenkt werden durch die automatisierte
Überwachung der von den jeweiligen Verantwortlichen beeinflußbaren
Kosten mit Hilfe von Budgetierungsprogrammen sowie durch die Vorgabe
von Planmengen und Planpreisen im Rahmen einer Plankostenrechnung, wo-

bei detaillierte Abweichungen der Ist-Daten (Preise, Verbrauchsmengen, Beschäftigung) gegenüber den Planzahlen zu ermitteln sind. Da sich diese zu erwartenden Ersparnisse, die im wesentlichen auf die Reaktionsfähigkeit der verantwortlichen Mitarbeiter zurückzuführen sind, nicht für eine Planungsrechnung quantifizieren lassen, wurden sie nicht in das Beispiel aufgenommen.

C. Beim Einsatz einer ADV entstehende Kosten
— ohne die Kosten eines ADV-Systems selbst —

Vor der Auswahl eines ADV-Systems müssen diejenigen Kosten ermittelt werden, die zusätzlich zu den reinen Anschaffungs- oder Mietkosten für das System selbst anfallen. Die gesamten Kosten, die im Zusammenhang mit der Einführung einer ADV entstehen, sind dann den errechneten Kostensenkungen und Erlösverbesserungen gegenüberzustellen, wofür es erforderlich wird, beide Größen vergleichbar zu machen, d. h. sie entweder zu diskontieren und damit auf einen Barwert abzuzinsen oder aber zu kapitalisieren, um die sich kumulierenden Endwerte in Relation setzen zu können.

Als Kosten außerhalb der Anschaffungs- oder Mietkosten für ein ADV-System sind alle diejenigen Kosten zu erfassen, die entweder einmalig oder laufend anfallen. Die einmaligen Kosten entstehen überwiegend in der Zeit bis zur Installation des ADV-Systems. Im folgenden soll im Zusammenhang mit dem Beispiel auf die einzelnen Kostenfaktoren näher eingegangen werden.

I. Einmalige Kosten

a) Kosten der Voruntersuchung

Für das Beispiel soll angenommen werden, daß in einer größeren Unternehmung sechs qualifizierte Mitarbeiter mit der Aufnahme des organisatorischen Ist-Zustandes beauftragt werden. Wenn davon ausgegangen wird, daß diese Voruntersuchung $1^1/_2$ Jahre dauern wird, so dürften in dieser Zeit von neun sogenannten Mannjahren (einschließlich der mit der Aufnahme direkt verbundenen Aufwendungen) etwa 0,4 Mill. DM als Aufwand zu veranschlagen sein. Dazu kommen noch die Kosten für die Inanspruchnahme aller von der Befragung betroffenen Belegschaftsmitglieder und hier besonders auch die Kosten für die Mitarbeiter der erweiterten Untersuchungsgruppe, also die Verbindungsleute zu den Betrieben und Abteilungen.

Da jedoch auch bei einem negativen Ergebnis der Untersuchung für eine ADV eine Reihe von organisatorischen Verbesserungen zu erreichen ist, sollte von der Einbeziehung derjenigen Kosten in die Wirtschaftlichkeitsrechnung abgesehen werden, die nicht direkt der Untersuchungsgruppe im engeren Sinne anzulasten sind. Es dürfte also in diesem Beispiel ausreichen, 0,4 Mill. DM anzusetzen.

b) Kosten der Arbeitsablaufanalysen und der organisatorischen Neukonzeption

Mit der Ausarbeitung der Arbeitsablaufanalysen und der Grobplanung des Sollablaufes einschließlich der Auswahl eines geeigneten ADV-Systems werden sechs Teammitglieder in dem für das Beispiel angenommenen Rahmen ½ Jahr beschäftigt sein. Das sind drei sogenannte Mannjahre. Für diese Aufgabe ist ebenfalls ein beachtlicher Aufwand zu veranschlagen. In diesem Beispiel beträgt er 0,1 Mill. DM.

Wenn die Entscheidung für die Anschaffung einer ADV-Anlage getroffen ist, fallen bis zu ihrer Installation weitere, in den nächsten Abschnitten kurz erläuterte Kosten an.

c) Kosten der räumlichen Änderungen und der notwendigen Umzüge

Hierunter fallen die nicht aktivierungspflichtigen Kosten der baulichen Änderungen und die Umzugskosten, mit denen sich sehr oft entsprechende Ausfallzeiten und Raumrenovierungskosten verbinden. Auch dieser Posten belastet einmalig und sofort das Ergebnis der Unternehmung. Er wird hier mit 0,05 Mill. DM veranschlagt.

d) Kosten der Schulung der Systemanalytiker, Programmierer und Operatoren

Es wird unterstellt, daß eine erstmalige Schulung vorhandener und entsprechend qualifizierter Mitarbeiter erforderlich wird und auch möglich ist. Wenn Fachkräfte angeworben werden müssen, wird das keine wesentliche Kostenersparnis bringen, denn diese neuen Mitarbeiter sind erst mit der Eigenart des Betriebes vertraut zu machen. Dieses Handikap zu überwinden kostet auch Geld. Außerdem wird erfahrungsgemäß die Arbeitsintensität und Aufgeschlossenheit der betroffenen Mitarbeiter bei einer derart gezielten Schulung stärker gefördert als bei den meisten anderen allgemeinen Schulungen. Darum sollte auch der Erfolg einer derartigen Aktion für die Unternehmung entsprechend eingeschätzt werden. Dieser Posten soll daher in dem Beispiel mit 0,1 Mill. DM in die Wirtschaftlichkeitsrechnung eingehen.

e) Kosten der Systemanalyse und Programmierung

Diese Kosten teilen sich in einmalige, die hier zu behandeln sind, und in laufende Kosten auf. Für die Systemanalyse und die erstmalige Programmierung der ADV-Aufgaben wird ein erheblicher Zeitaufwand notwendig, der (einmalige) Kosten auslöst, die hier mit 0,60 Mill. DM angenommen werden.

Wenn, wie dies beim Open-shop-Betrieb der Fall ist, die Programmierer später zum weitaus überwiegenden Teil in den Fachabteilungen als Sachbearbeiter und nur bei Bedarf als Programmierer tätig sind, werden die laufenden Kosten verhältnismäßig niedrig sein.

Die Platzkosten der voraussichtlich ständigen Mitarbeiter in der ADV-Abteilung sind bei der Ermittlung der laufenden Kosten der ADV-Abteilung zu berücksichtigen.

f) Umstellungskosten

Im Rahmen der Umstellung auf eine ADV werden auch formulartechnische Änderungen notwendig und lösen Kosten für Druck und Papier, Lochkarten, Lochstreifen und Magnetbänder aus. Dazu kommt der Aufwand für die Neuverschlüsselung von Produktbezeichnungen und Konten, die sehr oft ganz neue Kataloge erfordern. Insgesamt werden hierfür 0,4 Mill. DM angesetzt.

II. Laufende Kosten

Nach der Feststellung der einmaligen Kosten interessieren nun die laufenden Kosten, die ebenfalls, grob nach Arten gegliedert, ermittelt werden sollen.

a) Personalkosten

Bei der Auswertung der Ist-Aufnahme der Organisation und der Neukonzeption sind auch Bearbeitungsvorschläge zu unterbreiten. In diesem Vorschlag ist in Verbindung mit den Ermittlungen zur Anzahl der Datenträger, deren Gewinnung und Verarbeitung auch der Bedarf an Personal für die ADV-Abteilung zu errechnen. Diese Personalstärke wird hier einschließlich der Platzkosten bewertet (insgesamt 1,0 Mill. DM). In diesen Platzkosten sind Maschinenmieten oder Amortisationsraten auf Maschinen nicht enthalten, weil diese gesondert in der Wirtschaftlichkeitsrechnung zu berücksichtigen sind.

b) Raumkosten

Obwohl in diesem Stadium der Berechnungen der Raumbedarf noch nicht exakt feststellbar ist, läßt er sich doch annähernd fixieren (hier mit 0,10 Mill. D-Mark bewertet). Dabei ist in Anbetracht der erheblichen Kosten für die Energieversorgung und die Klimatisierung eine ausreichende Raumreserve anzusetzen. Spätere Änderungen führen erfahrungsgemäß zu außerordentlich hohen Kosten.

Raumkosten-Ersparnisse für den Fortfall einer konventionellen Bearbeitung sind hier nicht aufrechenbar, weil diese bei der Errechnung der Platzkosten im Rahmen der Personalkosten-Ersparnisrechnung bereits in Ansatz gebracht wurden.

c) Klimatisierungs- und Energiekosten

Der Verbrauch an Strom, Dampf und Wasser kann aufgrund von Erfahrungen anderer Unternehmungen für die hier zu erwartende Größenordnung ermittelt werden. In dem Beispiel werden 0,03 Mill. DM geschätzt.

d) Sonstige Kosten

Hierunter werden die Mehrkosten für Versicherungsprämien, Steuern, Vordrucke, für die Reinigung und für die allgemeine Verwaltung erfaßt, und zwar immer nur dann, wenn diese die bei der konventionellen Bearbeitung anfallenden Kosten übersteigen, was z. B. der Fall ist, wenn diese Kosten durch Umlage ermittelt werden und deren Basis durch die Anschaffung einer ADV erhöht wird. Im Beispiel werden 0,05 Mill. DM eingesetzt.

Wenn die Kosten für die einzelnen Änderungen ermittelt worden sind, dann ist eine Differenzrechnung aufzustellen, die der Bestimmung der höchstzulässigen Belastungen aus der Anschaffung einer ADV (Hardware und Software) dienen soll.

D. Die Methode der Vorausberechnung der Wirtschaftlichkeit (Teil- oder Differenzrechnung)

Alle Methoden zur Investitionsrechnung für Fabrikanlagen und sonstige Projekte eignen sich grundsätzlich auch zur Errechnung der Wirtschaftlichkeit einer ADV-Anlage. Dabei bleibt es ohne Einfluß, ob eine einfache oder eine umfassendere Methode gewählt wird. Von den einfachen Methoden sind der reine Kostenvergleich und der Kostenersparnisvergleich anwendbar. Von den umfassenderen Methoden sind die Barwertmethode, die Kapitalergebnisrechnung sowie die Cash-Flow- bzw. die Discounted-Cash-Flow-Methode (bei gleichzeitiger Ermittlung der pay-off-time) brauchbar.

Vereinfachtes Beispiel einer Wirtschaftlichkeitsrechnung für die ADV

	Mill. DM
I. Jährliche Ersparnisse	
Personalkosten (incl. aller Platzkosten)	3,00
Lagerkosten (incl. Zinsen auf reduzierte Lagerbestände)	1,10
Erfolg der schnelleren Regulierung von Forderungen (automatische Anmahnungen) und Verbindlichkeiten (Skonti) usw.	0,50
	4,60

II. Einmalige Kosten (ohne Hardware und Software der ADV)   Mill. DM

Ist-Aufnahme	0,40
Grobplanung der hauptsächlichen Arbeitsabläufe und der Systemauswahl	0,10
Umzug, geringwertige Wirtschaftsgüter usw.	0,05
Schulungskosten	0,10
Systemanalyse, Programmierung, Testläufe	0,60
Umstellungskosten	0,40
	1,65

III. Laufende Kosten (ohne Hardware und Software der ADV)

Personalkosten (incl. aller Platzkosten)	1,00
Raumkosten (incl. Kapitaldienst der Klimatisierung)	0,10
Energiekosten	0,03
Sonstige Kosten	0,05
	1,18

IV. Begegnungsrechnung bei 8 %iger — nachschüssiger — Verzinsung

Jahr	A	B	C	D	E	F	Summe 1
C	Vorbereitung	4,60					4,60
D	Vorbereitung	4,97	4,60				9,57
E	Vorbereitung	5,37	4,97	4,60			14,94
F	Vorbereitung	5,80	5,37	4,97	4,60		20,74

Tabelle 1: Jährliche Ersparnisse in Mill. DM

Jahr	A	B	C	D	E	F	Summe 2	Summe 1	Diffe-renz 2 ∕ 1
A	0,85						0,85	—	— 0,85
B	0,92	0,80					1,72	—	— 1,72
C	0,99	0,92	1,18				3,09	4,60	1,51
D	1,07	0,99	1,27	1,18			4,51	9,57	5,06
E	1,15	1,07	1,37	1,27	1,18		6,04	14,94	8,90
F	1,24	1,15	1,48	1,37	1,27	1,18	7,69	20,74	13,05

Tabelle 2: Einmalige Kosten, auf 2 Jahre verteilt, und laufende Kosten in Mill. DM (ohne ADV-Hardware und -Software)

Jahr	A	B	C	D	E	F	Summe
C	Zugang in C	3,10					3,10
D	Zugang	3,35	2,80				6,15
E	Zugang	3,62	3,02	2,80			9,44
F	Zugang	3,91	3,26	3,02	2,80		12,99

*Tabelle 3: Kosten der ADV-Hardware und -Software in Mill. DM bei Miete
(einmalig 0,3 Mill. DM + jährlich 2,8 Mill. DM)*

Jahr	A	B	C	D	E	F	Summe
C	Zugang in C	2,20					2,20
D	Zugang	2,37	2,20				4,57
E	Zugang	2,56	2,37	2,20			7,13
F	Zugang	2,76	2,56	2,37	2,20		9,89

Restbuchwert nach 4 Jahren 4,50 Mill. DM.

*Tabelle 4: Kosten der ADV-Hardware und -Software in Mill. DM bei Kauf
(Preis 12,5 Mill. DM = Kapitaldienst 2,0 Mill. DM + Wartung 0,2 Mill. DM)*

1 In den Jahren	2 Mill. DM erzielte Ersparnisse	3 Mill. DM Kosten insgesamt bei Miete	4 Mill. DM Kosten insgesamt bei Kauf
A	—	0,85	0,85
B	—	1,72	1,72
C	4,60	6,19	5,29
D	9,57	10,66	9,08
E	14,94	15,48	13,17
F	20,74	20,68	17,58

Tabelle 5

In dem Beispiel sind unter I—III mit möglicher Genauigkeit alle diejenigen
Faktoren zur Berechnung der Kosten festgestellt, die entweder in Form von
Miete und einer Einmalgebühr für die Anmietung einer ADV-Anlage aufgebracht werden können oder aber für deren Kauf bereitstehen. Diese Vorausberechnung der Wirtschaftlichkeit wird unter IV mit stark gerundeten
Beträgen und in allgemeinverständlicher Form dargestellt. Auch die 8%igen
Zinsen sind ganz pauschal und nicht mit exakten Werten gerechnet worden,
wobei für den Betrag eines Vorjahres stets volle Jahreszinsen im Folgejahr
gerechnet werden. Diese Methode einer Wirtschaftlichkeitsberechnung ist
sehr einfach und deshalb unkompliziert, jedoch u. E. vollständig und praktikabel.

17*

Wenn die Kosten eines ADV-Systems beispielsweise bereits in vier Jahren nach dessen Installation amortisiert werden sollen, um einen günstigen Return zu erzielen, so läßt sich der für eine Anmietung oder den Erwerb einer ADV zur Verfügung stehende Betrag — wie in den vorliegenden Tabellen 1 bis 4 gezeigt — ermitteln.

In der Tabelle 1 werden der gewünschten Return-Zeit entsprechend die jährlichen Ersparnisse bis zum Jahre F kapitalisiert, das ist das 6. Jahr nach der Aufnahme der Untersuchung zur Einführung einer ADV. Wenn davon ausgegangen wird, daß in den ersten beiden Jahren alle Arbeiten bis zur Installation einer ADV-Anlage geleistet werden, dann sind in den Jahren A und B keine Ersparnisse zu verzeichnen. Die jährlichen Profite oder hier Ersparnisse sind aufgezinst und in der Horizontalen kumuliert. Die Mehrkosten (Tabelle 2) sind ebenfalls wie die Ersparnisse in Tabelle 1 vor Steuern gerechnet und dadurch vergleichbar.

Die Tabelle 2 erfaßt die mit der Einführung einer ADV zusammenhängenden einmaligen und laufenden Kosten insgesamt, jedoch ohne die Kosten für ein ADV-System selbst. Auch in dieser Rechnung werden alle Beträge kapitalisiert. Im Vergleich der Summen von Tabelle 1 zu Tabelle 2 errechnet sich in dieser Begegnungsrechnung der Endkapitalien ein Unterschiedsbetrag von 3,05 Mill. DM im Jahr F als dem vierten Arbeitsjahr einer ADV.

Wenn sich eine ADV-Anlage in vier Jahren amortisiert, dann ist dies eine sehr gute Zeit für den Return einer Investition. Die Entscheidung für die Anwendung einer ADV ist bei einer Tilgungsrate von 25 % in vier Jahren bzw. bei einer Gesamtamortisationszeit für alle mit der Installation verbundenen Kosten von sechs Jahren und einem Faktor von $16^2/_3$ jährlich leicht zu treffen. Vereinfacht läßt sich daraus überschläglich eine Annuität errechnen, indem zu den jährlichen Tilgungsraten von $16^2/_3$ die Hälfte der Zinsen mit 4 % addiert werden. Es ergeben sich dann Annuitäten bei vier Jahren von 29 % und bei sechs Jahren von $20^2/_3$ % als günstige Ergebnisse für die Tilgungszeit und die Tilgungsraten. Die Unternehmung ist in diesem Stadium einer Untersuchung und auf Grund aller dieser Ermittlungen in der Lage, den Herstellern von ADV-Anlagen bei der Aufforderung zur Angebotsabgabe das Limit der jährlichen Mietaufwendungen für die insgesamt benötigte Hardware und Software eines ADV-Systems bekanntzugeben.

Im Falle eines Kaufes sollte der Kaufpreis das etwa $4^1/_2$fache der Jahresmiete nicht übersteigen. Dieser Kaufpreis liegt dicht an der Grenze der kapitalisierten Aufwendungen im Falle einer Miete für vier Jahre. Würde der Kaufpreis kapitalisiert, so ergäbe sich nach vier Jahren — mit 8 % p. a. gerechnet — ein Endwert, der höher liegt als die Kosten bei Anmietung.

Wenn unterstellt wird, daß der Anschaffungswert einer ADV in frühestens sechs Jahren abzuschreiben ist, dann nehmen der Kapitaldienst und die zu tragenden Wartungsaufwendungen einen wesentlich kleineren Umfang ein als die jährlichen Mietaufwendungen. (Die Kosten der ADV beim Kauf sind in der Tabelle 4 dargestellt.)

Wird hingegen mit einer längeren, vielleicht 8jährigen Benutzungsdauer gerechnet, dann mindert sich zwar p. a. der Kapitaldienst, aber die Kosten für die Wartung und die zunehmende Instandhaltung mit teuren Ersatzteilen erhöhen sich dementsprechend, und das Ergebnis bleibt etwa gleich.

Die Kosten einer gekauften Anlage liegen nach 4jähriger Benutzung, kapitalisiert mit 8 % p. a., gegenüber dem gemieteten System niedriger. Diese Ersparnis drückt sich in einem besseren Ergebnis aus und muß deshalb mit etwa 50 % Ertragsteuern belastet werden. Dieser rechnerische Vorteil, zu dem viele Betriebswirte noch die Abschreibungen nach Art der Cash-Flow-Methode zwecks Erfüllung einer Reinvestition rechnen, wird viel debattiert. Wenn eine Unternehmung vor der Entscheidung steht, eine ADV einzuführen oder eine neue Anlage zu installieren, so sollten daher in jedem Falle Miete und Kauf einer ADV-Anlage sorgfältig gegeneinander abgewogen werden.

Dabei ist jedoch noch zweierlei zu bedenken:

Erstens könnte im Falle einer Miete bereits nach vier Jahren ein neues ADV-System angemietet werden, wenn unterstellt wird, daß die Anlage nach dieser Zeit reparaturanfällig ist und dem Mietwert in dieser Höhe gar nicht mehr entspricht.

Zweitens könnten eine ganz andere Hardware und Software mit weitaus günstigeren Arbeitsmöglichkeiten angeboten werden, die gegenüber der alten Technik wesentlich rentabler sind. Das war zumindest in den letzten zehn Jahren der Fall. Aus diesen Gründen und weil eine Anmietung des Systems automatisch die Wartung beinhaltet, ist der Kauf in der Minderheit geblieben. Das könnte sich jedoch in den nächsten zehn Jahren ändern.

Nach abschließender Betrachtung der vermutlichen Wirtschaftlichkeit einer ADV steht die Auswahl des ADV-Systems selbst zur Entscheidung an.

E. Die abschließende Wirtschaftlichkeitsrechnung

Wenn nach der Bewertung der angebotenen ADV-Systeme eine Maschinenkonfiguration ausgewählt wird, deren Miet- oder Anschaffungskosten im Rahmen derjenigen Beträge liegen, die in der Vorausberechnung der Wirtschaftlichkeit ermittelt wurden, dann ist eine Entscheidung für diese ADV-Anlage zu empfehlen. Die Empfehlung muß außerdem Angaben darüber enthalten, ob eine Anmietung ratsam ist oder die Anlage gekauft werden sollte.

Wenn jedoch die Belastungen aus der Anmietung oder einer Anschaffung höher sind als in der vorausgehenden Wirtschaftlichkeitsberechnung angenommen wurde, so ist ein trotzdem befürwortetes System eingehend zu begründen. In diesem Falle wäre die Bewertung aller zusätzlichen Verbesserungen der Unternehmungsorganisation durch Kontroll-, Etatisierungs- und Planungsrechnungen sowie von technisch-naturwissenschaftlichen Aufgaben und deren Einbeziehung in die Wirtschaftlichkeitsrechnung zu empfehlen. Sind die Belastungen jedoch niedriger als veranschlagt, dann wird der Wirtschaftlichkeitsvergleich wesentlich unproblematischer. Mit den unterstellten Werten ergibt das eine Vergleichsrechnung wie in Tabelle 5 dargestellt. Da der Return im Falle der Anschaffung bereits im Jahre D, also zwei Jahre früher, gegeben ist, muß die Untersuchungsgruppe in ihrem Abschlußbericht der die Entscheidung fällenden Unternehmungsleitung eindringlich diejenigen Gründe darlegen, welche trotzdem für eine Anmietung sprechen könnten.

Neben der Wirtschaftlichkeitsrechnung muß in der Voruntersuchung in großen Zügen dargelegt werden, welche organisatorischen Änderungen sich ergeben und welche personellen Probleme zu erwarten sind. Über diese oft schwerwiegenden Konsequenzen, die der Einsatz von automatischen DV-Anlagen in der Regel mit sich bringt, muß die Unternehmungsleitung noch vor der Entscheidung und vor der Bestellung einer ADV-Anlage unterrichtet sein. Die erforderlichen Maßnahmen müssen rechtzeitig bedacht werden. So wird z. B. eine Übersicht zu geben sein, in welchem Bereich das Personal abnimmt und wo eine Zunahme zu erwarten ist. Ein in den nächsten zwei Jahren steigender Arbeitsumfang muß dabei berücksichtigt sein.

Für die per Saldo freiwerdenden Mitarbeiter müssen Vorschläge für deren Unterbringung ausgearbeitet und der Unternehmungsleitung zur Entscheidung vorgelegt werden. Die Zahl der fehlenden Mitarbeiter für die ADV-Abteilung kann sich noch erhöhen, wenn der Personalbedarf nicht betriebsseitig abzudecken ist und Neueinstellungen von Spezialkräften notwendig werden. Läßt sich eine Reduzierung des Personals nicht auf Grund des natürlichen Abganges oder einer Fluktuation erreichen, dann kann eine Umschulung helfen.

In dem Abschlußbericht sollte die Wirtschaftlichkeitsrechnung noch durch einen weiteren Rentabilitätsnachweis für die ADV ergänzt werden. Dieser Nachweis ist im Grunde erst nach der Installation einer ADV und deren Praktizierung zu führen, da er eine automatische Zeitnahme für die Benutzung erfordert. Bei der nötigen Sorgfalt kann hier aus den Erfahrungen anderer Unternehmen auf die wahrscheinliche Entwicklung im eigenen Haus geschlossen werden.

Dabei ist von der voraussichtlichen Kostenverteilung auf Grund der Inanspruchnahme von Leistungen einer angemieteten ADV auszugehen. Die Gesamtkosten berechnen sich im Durchschnitt eines Benutzungsjahres wie folgt:

Einmalige Kosten, verteilt auf vier Jahre

+ Einmalgebühr bei der Anmietung, verteilt auf vier Jahre

+ laufende Jahresmiete für das System

+ sonstige laufende Kosten der ADV-Abteilung je Jahr, im Durchschnitt der vier Jahre

= Jahreskosten insgesamt

Unter Berücksichtigung von durchschnittlichen Platzkosten je Mann und Jahr entsprechen diese Kosten einem Aufwand für eine Belegschaft von rund X Mitarbeiterinnen und Mitarbeitern. Die vertraglich vereinbarte Gesamtbenutzungszeit des ADV-Systems ergibt andererseits in Relation zu den Gesamtkosten das Stundenmittel für die Bewertung der für die Fachabteilungen zu leistenden Arbeiten. Bei der Inanspruchnahme der ADV sollen die Zeiten für die Abwicklung der einzelnen Aufgaben von dem System selbst festgehalten werden. Auf dieser Grundlage können Vergleichsrechnungen angestellt werden, wie sie in Tabelle 6 dargestellt werden. Hierfür wurden die gesamten Jahreskosten durch durchschnittliche Platzkosten für einen Mitarbeiter pro Jahr dividiert. Die sich ergebende Zahl ist Grundlage für die Spalte „= Mann" in der Rubrik „Bearbeitung mit ADV". Die Vergleichszahlen in der Rubrik „Bearbeitung konventionell" beruhen auf Angaben (Schätzungen) der einzelnen Kostenstellen. Sie entsprechen einer bestmöglichen konventionellen Lösung.

Abteilung/Betrieb		Bearbeitung				
		mit ADV			konventionell	
Kosten-stelle	Bezeichnung	Zeit	Kosten /Jahr 1 Min. = 31 DM	= Mann	Notwen-dige Be-arbeiter	Kosten je Jahr
		rd. Min.	rd. DM	Zahl rd.	Zahl	rd. DM
66 240	Lohnbüro	6 000	186 000	5,2	18	648 000
66 232	Lagerabrechnung	10 500	325 500	9,4	17	612 000
	u. a. m.					

Tabelle 6

Wenn nun die technischen Einrichtungen eines ADV-Systems von einzelnen Aufgaben sehr unterschiedlich beansprucht werden, z. B. der teure Arbeitsspeicher für spezielle und umfangreiche Rechenprozesse überproportional benutzt wird, so könnte das auch bei der Verteilung der Kosten einer ADV durch eine entsprechende Gewichtung der Kosten pro Zeiteinheit berücksichtigt werden. Das gilt besonders dann, wenn gerade dieser Aufgaben wegen ein besonders großer und teurer Arbeitsspeicher angemietet worden ist. Es ist aber dann auch die unterschiedliche Inanspruchnahme der sonstigen Einrichtungen der ADV-Abteilung (Personal für Ablochen usw.) zu beachten.

Drittes Kapitel

Probleme der Einsatz- und Investitionsplanung

Zur wirtschaftlichen Gestaltung komplexer Informationssysteme

Arbeitspapier (Symposium)

Von

Dr. rer. pol. E. Frese

Seminar für Allgemeine Betriebswirtschaftslehre und Organisationslehre
der Universität zu Köln

Inhalt

A. Merkmale organisatorischer Systeme[1])

Betriebliches Handeln bedingt den planmäßigen Mitteleinsatz nach den Kriterien einer vorgegebenen und zu realisierenden Zielvorstellung. Organisation stellt eine besondere Form betrieblichen Handelns dar; es ist ausgerichtet auf die Bildung von Systemen zur Erfüllung von Aufgaben[2]). Systeme sind gekennzeichnet durch Elemente und auf den jeweiligen Systemzweck ausgerichtete Beziehungen zwischen den Systemelementen. In organisatorischen Systemen orientiert sich die Verknüpfung von Systemelementen (Aufgabenträger) an dem aus dem obersten betrieblichen Sachziel abgeleiteten Aufgabenzusammenhang; organisatorisches Gestalten läßt sich damit als Zuordnung von Aufgaben auf Aufgabenträger umschreiben.

Für jedes rationale Handeln ist eine Zweiteilung in einen realisierenden und in einen vorgelagerten, die Rationalität sichernden planenden Handlungsteil typisch. Im weiteren Verlauf der Diskussion soll unter „Planung" eine Abfolge informationsgewinnender und -verarbeitender Akte zur Steuerung einer nachgelagerten Handlung und unter „Realisation" der Vollzug einer Handlung nach Maßgabe von Planwerten verstanden werden. Nach dieser grundlegenden Zweiteilung ist auch eine Klassifizierung organisatorischer Systeme möglich. Bei der vermutlich für jedes praktikable organisatorische System unumgänglichen hierarchischen Strukturierung herrschen auf der untersten Ebene (physikalische, chemische und biologische Transformationsprozesse) Realisationsakte vor. Über diesem „Basissystem"[3]) lagert ein Planungssystem, auch als Leitungs-, Entscheidungs- oder Informationssystem bezeichnet. Diesem Informationssystem, wie es im weiteren Verlauf genannt werden soll, gilt dem Umfang und der Bedeutung nach das primäre Interesse organisationstheoretischer Betrachtung. Auch die Ausführungen dieses Beitrages beschränken sich auf dieses organisatorische Teilsystem.

An dieser Stelle scheint der Hinweis sinnvoll zu sein, daß der Terminus „Informationssystem" — vor allem in der anglo-amerikanischen Literatur — häufig einen stark informationstechnologischen Akzent erhält. Ein Vergleich der hier gewählten allgemeineren Kennzeichnung des „Informationssystems" mit maßgebenden Definitionen des „Management Information System" offenbart jedoch eine im grundsätzlichen identische Fragestellung. Als Beispiel

---

[1]) Zur allgemeinen Problematik der Gestaltung organisatorischer Systeme vgl. Frese, E.: Zur Gestaltung organisatorischer Systeme. Arbeitsbericht 69/1. Forschungskreis Informationssysteme. Betriebswirtschaftliches Institut für Organisation und Automation an der Universität zu Köln. Köln 1969.

[2]) Grochla, E.: Automation und Organisation. Die technische Entwicklung und ihre betriebswirtschaftlich-organisatorischen Konsequenzen. Wiesbaden 1966, S. 73.

[3]) Simon, H. A.: The Shape of Automation for Men and Management. New York 1965, S. 98.

mag die Definition des „Management Information System" von Kriebel[4]) dienen: „The combination of human and (typically computerbased) capital resources which results in the collection, storage, retrieval, communication, and use of date for the purpose of efficient management of operations in an organization."

B. Gestaltung und Prognose

Organisatorisches Gestalten beinhaltet Entscheidungen über alternative Organisationsstrukturen. Aus dem Anspruch rationalen Handelns, wie er für betriebliches Wirtschaften erhoben wird, ergibt sich auch für organisatorische Gestaltungsakte die Notwendigkeit vorgelagerter Entscheidungs- und Informationsprozesse — Prozesse, die selbst wieder schwerwiegende organisatorische Probleme aufwerfen.

Durch die Umweghandlung der Aufgabenvorgabe beeinflussen organisatorische Gestaltungsakte die Aufgabenerfüllung im Basissystem. Alternative organisatorische Aufgabenzuordnungen, d. h. alternative Organisationsstrukturen, haben zumeist unterschiedliche Auswirkungen auf die Aufgabenerfüllung. Die Messung und Bewertung von Organisationsstrukturen vollzieht sich deshalb indirekt über die Auswirkung auf die Realisationsprozesse im Basissystem. Da auch die Realisationsprogramme dieses Systems strenggenommen nicht gegeben, sondern das Ergebnis einer Auswahl unter verschiedenen Alternativen sind, bildet die Festlegung der Realisationsprogramme und der Organisationsstrukturen ein simultanes Problem. Die hier verfolgte isolierte Betrachtung des organisatorischen Gestaltungsproblems bedeutet eine — praktisch wohl kaum zu vermeidende — Vereinfachung der Entscheidung.

Aussagen über die Konsequenzen unterschiedlicher Organisationsstrukturen auf die Ergebnisse im Basissystem sind das Ergebnis einer Prognose, die nur auf Grund erfahrungswissenschaftlicher Theorien möglich ist. Ein wesentliches Problem bildet einmal die Antizipation der systeminternen Aktionen und Reaktionen des menschlichen Aufgabenträgers; die Zuverlässigkeit dieser Aussagen ist vor allem vom jeweiligen Stand soziologischer, sozialpsychologischer und psychologischer Forschungsergebnisse abhängig. Zum anderen bereitet die Prognose der systemexternen Umweltentwicklung, an die sich das System laufend anpassen muß, ebenfalls beträchtliche Schwierigkeiten.

C. Die Zielstruktur organisatorischen Gestaltens

Das Prinzip der Wirtschaftlichkeit kann als eine spezifische Ausprägung der Rationalität im wirtschaftlichen Bereich interpretiert werden. Rationales

---

[4]) Kriebel, Ch. H.: Operations Research in the Design of Management Information Systems. In: Operations Research and the Design of Management Information Systems, hrsg. von J. F. Pierce, jr., New York 1967, S. 375.

Handeln setzt ein Wertsystem bzw. eine Zielfunktion voraus, die eine Rangordnung der Handlungsalternativen nach ihren Konsequenzen erlaubt. Wirtschaftlichkeit bedeutet also Handeln nach der jeweiligen Zielsetzung. Der Versuch, die Wirtschaftlichkeit von Organisationen sicherzustellen, ist demnach identisch mit dem Problem der rationalen Gestaltung organisatorischer Systeme.

„… no one can say with any degree of certainty by what standards an executive ought to appraise the performance of his organization. And it is questionable whether the time will ever arrive when there will be any pattern answers, to such a question"[5]. Sollten sich diese pessimistischen Thesen bestätigen, so wäre jedes Bemühen um eine rationale, d. h. zielgerichtete Gestaltung komplexer organisatorischer Systeme fragwürdig. Die neuere entscheidungstheoretische Zieldiskussion ist in hohem Maße durch organisatorische Fragestellungen beeinflußt worden. So ist ein großer Teil der Argumente gegen die Maximierungs- bzw. Optimierungsannahme[6] organisationstheoretischen Ursprungs; das gilt insbesondere für die Arbeiten von Simon[7]. Simon ersetzt das Streben nach einer „Maximum-Lösung" durch die Unterstellung, das Entscheidungssubjekt gebe sich mit einer „befriedigenden" Lösung zufrieden. Diese Annahme bedeutet den Übergang zu einer anderen Bewertungsskala, einer Nominalskala mit den beiden Klassen „befriedigend" und „nicht befriedigend". Der Prozeß der Informationsgewinnung wird dadurch wesentlich vereinfacht: Der Suchprozeß endet, sobald die erste befriedigende Alternative ermittelt ist. Wie im nächsten Abschnitt nachgewiesen wird, ist die Annahme „befriedigender" Ziele bei interpersonaler Aufteilung eines Entscheidungskomplexes schon aus logischen Gründen erforderlich.

Eine weitere Einschränkung der herkömmlichen Zielauffassung bedeutet der empirische Nachweis der Vielschichtigkeit der Organisationsziele[8]. Ein besonderes Problem multipler Zielsetzungen, das in der Diskussion um die Effizienz organisatorischer Systeme zu einer Reihe von Mißverständnissen geführt hat, bildet die in der Soziologie und Sozialpsychologie vorherrschende Zielinterpretation. Häufig werden die drei folgenden Ziele genannt[9]: 1. Erfüllung einer objektiv vorgegebenen Aufgabe, 2. Minimierung interner Konflikte, 3. Maximierung der Zufriedenheit der Organisations-

---

[5] Pfiffner, J. M.; Sherwood, F. P.: Administrative Organization. Englewood Cliffs 1962, S. 422.

[6] Vgl. den Überblick bei Machlup, F.: Theories of the Firm: Marginalist, Behavioral, Managerial. In: American Economic Review. Vol. 57, 1967, S. 1—33.

[7] Vgl. Simon, H. A.: Administrative Behavior. 2. Aufl., New York 1961, S. 79 ff.

[8] Vgl. z. B. Dill, W. R.: Business Organizations. In: Handbook of Organizations, hrsg. von J. G. March, Chicago 1965, S. 1071—1114; Feldman, J.; Kanter, H. E.: Organizational Decision Making. In: Handbook of Organizations, hrsg. von J.G. March, Chicago 1965, S. 614—649; Heinen, E.: Das Zielsystem der Unternehmung. Wiesbaden 1966.

[9] Vgl. z. B. Georgopoulos, B. S.; Tannenbaum, A. S.: A Study of Organizational Effectiveness. In: American Sociological Review. Vol. 22, 1957, S. 534—540.

mitglieder. Der größte Teil dieser Auffassungen läßt sich auf die Gegenüberstellung der Zielkategorien „morale" und „productivity" zurückführen. Terminologisch findet diese Zweiteilung ihren Ausdruck in der Differenzierung zwischen technischen und sozialen Zielen[10]) oder in der entsprechenden Unterscheidung zwischen „effectiveness" und „efficiency"[11]). Es liegt nahe, bei der Lösung dieser Zieldualität zunächst von der Hypothese einer Korrelation zwischen beiden Zielkomponenten auszugehen. Eine positive Korrelation zwischen beiden Größen läßt sich empirisch jedoch nicht nachweisen[12]). Die Aufhebung dieses Dilemmas kann demnach nur in der gleichrangigen Berücksichtigung aller für die Funktionsfähigkeit eines organisatorischen Systems wichtigen Größen gesehen werden; Voraussetzung ist damit eine erfahrungswissenschaftliche Theorie des Systemverhaltens.

Eine radikale Revision des traditionellen Zielkonzepts bedeutet der Ansatz von Cyert und March[13]). Das Zielsystem einer Organisation, die als Koalition aufgefaßt wird, ist das Ergebnis von Verhandlungs- (bargaining) und Lernprozessen. Die Ziele bzw. Zielbündel sind in der Regel unvollkommen definiert und nur begrenzt operational, verändern sich mit dem Eintritt neuer Mitglieder in die Koalition sowie mit dem Wechsel der Umweltsituation und stehen unter Umständen zueinander im Widerspruch. Kennzeichnend ist eine sequentielle Beachtung und Verwirklichung einzelner Ziele bei den Handlungen der Organisation. Durch die Verwertung von Erfahrungen in Form von Lernprozessen ist das Zielsystem ständigen Änderungen unterworfen. Diese Anpassung des Anspruchsniveaus ist abhängig von den Organisationszielen und Handlungsergebnissen in der Vergangenheit sowie von den Ergebnissen anderer „vergleichbarer" Organisationen.

Unter dem Eindruck dieser heterogenen und zum Teil vagen Zielvorstellungen gewinnen Kriterien wie „Flexibilität" und „Anpassungsfähigkeit" zunehmende Beachtung in der organisationstheoretischen Konzeption. Die Grundforderungen des Wachstums oder — noch allgemeiner — die des Überlebens und damit vor allem die der Anpassung an wechselnde Umweltentwicklungen rücken in den Vordergrund; sehr deutlich werden diese Zusammenhänge in der folgenden Definition von Shepard[14]): „Adaptation is what occurs when the organism comprehends its internal state and the state of the external world in a strategic way. Strategic means that the comprehension is in terms that lead to action which ensures the survival or enhances the well-being of the comprehending organism." Aus der Sicht der

---

[10]) Vgl. Kerr, C.; Fisher, L. H.: Plant Sociology: The Elite and the Aborigines. In: Common Frontiers of the Social Sciences, hrsg. von M. Komarovsky, Glencoe, Ill. 1957, S. 282.

[11]) Barnard, Ch. J.: The Functions of the Executive. Cambridge, Mass. 1938, S. 27; Simon, H. A.: Administrative Behavior, a. a. O., S. 172 ff.

[12]) Vgl. die Übersicht bei Brayfield, A. H.; Crockett, W. H.: Employee Attitudes and Employee Performance. In: Psychological Bulletin. Vol. 52, 1955, S. 396—424.

[13]) Cyert, R. M.; March, J. G.: A Behavioral Theory of the Firm. Englewood Cliffs 1963.

[14]) Shepard, H. A.: Changing Interpersonal and Intergroup Relationships in Organizations. In: Handbook of Organizations, hrsg. von J. G. March, Chicago 1965, S. 1116.

Gestaltung von Informationssystemen ist bei diesem Anpassungskonzept die entscheidende Frage die nach der Möglichkeit einer ausreichenden Operationalisierung dieser oder ähnlicher Definitionen.

D. Der Zwang zur globalen Rationalität: das grundlegende Dilemma bei der Gestaltung von Informationssystemen

Nach den bisherigen Überlegungen ist das Problem der Strukturierung organisatorischer Entscheidungs- und Informationssysteme durch die interpersonale Aufteilung des gesamten Entscheidungskomplexes gekennzeichnet. Während bei einem unipersonalen Entscheidungsproblem eine Entscheidung durch das formale Entscheidungsziel und die Vorgabe bzw. Abbildung des Entscheidungsfeldes mit dem jeweiligen Mittelvorrat und den relevanten Umweltbedingungen determiniert ist, ergeben sich bei kollektiven Entscheidungen zusätzliche Aspekte aus dem Problem der Interdependenz[15]). Die Aktionen einer Organisationseinheit beeinflussen unter Umständen über Veränderungen im Entscheidungsziel, vor allem aber über die Elemente „Mittel" und „Umwelt" des Entscheidungsfeldes die Handlungsmöglichkeiten aller anderen Einheiten. Whinston[16]) umschreibt dieses Phänomen der „externalities" so: „By an external effect ... we refer to events that flow from the decisions of particular managers and effect the criterion or space of possible decisions that are used by others to guide their actions. In particular, externalities are said to be present when the relevant decision variables are not entirely under the control of the manager whose decision is being considered. We need to know, then, how such a person might, or should, behave in such circumstances."

Dieser Tatbestand offenbart die zentrale Bedeutung der Koordination für organisatorische Systeme. Zwei Extremfälle mögen den Zusammenhang verdeutlichen. Einen Grenzfall bildet die vollständige Unabhängigkeit verschiedener Einheiten. Es wird lediglich jeweils ein Suboptimum realisiert — strenggenommen liegt kein organisatorisches System vor. Als anderer Grenzfall ist der einer vollkommenen Koordination zu nennen; jede Interdependenz zwischen organisatorischen Teileinheiten wird verfolgt und berücksichtigt. Eine solche Regelung wäre natürlich utopisch und nicht praktikabel; sie würde die Vorteile organisatorischer Systeme — die interpersonale Arbeitsteilung — weitgehend aufheben. Die organisatorisch zu realisierende Lösung liegt in der Mitte des von diesen Extremen begrenzten Kontinuums. Orientiert sich die Gestaltung mehr in Richtung auf die Autonomie der organisatorischen Einheit, so müssen Kosten auf Grund der mangelnden Abstimmung zwischen den Systemelementen in Kauf genommen werden. Wird

---

[15]) Vgl. im einzelnen Frese, E.: Kontrolle und Unternehmungsführung. Entscheidungs- und organisationstheoretische Grundfragen. Wiesbaden 1968, S. 93 ff.

[16]) Whinston, A.: Price Guides in Decentralized Organizations. In: New Perspectives in Organization Research, hrsg. von W. W. Cooper u.a., New York - London - Sydney 1964, S. 406.

andererseits die Systeminterdependenz durch verstärkte Koordination in höherem Maße berücksichtigt, so entstehen vermehrte Kommunikationskosten, das organisatorische System wird schwerfälliger und anfälliger gegenüber Störungen. Dieses grundlegende Dilemma bei der Gestaltung organisatorischer Systeme zeigt sich auch in der Struktur der beiden wichtigsten Koordinationsinstrumente, der Vorgabe von Sachzielen und von Entscheidungsprogrammen.

Sachziele beinhalten eine Aussage über den von der Organisationseinheit anzustrebenden Endzustand: Die zukünftige zu realisierende Struktur des Entscheidungsfeldes wird antizipiert. Die Vorgabe dieser Zielstruktur ist schon das Ergebnis eines Entscheidungsprozesses in einer anderen Organisationseinheit bzw. in einer Mehrheit von Einheiten. Je detaillierter die antizipierten Feldelemente formuliert sind, um so umfangreicher und intensiver ist der vorangegangene Entscheidungsprozeß. Die begrenzte Kapazität der einzelnen Entscheidungseinheiten und ihr mangelnder Informationsstand beschränken den möglichen Detaillierungsgrad bei der Formulierung von Sachzielen. Bei der interpersonalen Verteilung von Entscheidungsaufgaben muß den Organisationseinheiten deshalb zwangsläufig ein Entscheidungsspielraum eingeräumt werden[17]). Das Ergebnis ist in organisatorischen Systemen der Zwang zu einer „globalen Rationalität"[18]): Auf der übergeordneten Ebene des Systems werden für die Entscheidungsaufgaben der untergeordneten Einheiten auf Grund globaler und unvollständiger Entscheidungsprozesse die Sachziele festgelegt. Da diese Rahmenentscheidung nicht unbedingt die optimale Handlungsalternative umfaßt, kann bei der interpersonalen Lösung von Entscheidungsproblemen — unabhängig von allen empirisch bestätigten intellektuellen Grenzen der Entscheidungsträger — schon aus logischen Gründen eine optimale Lösung nicht gewährleistet werden. Kennzeichnend für dieses grundlegende Dilemma ist die Einführung iterativer Näherungslösungen in einer Reihe mathematischer Organisationsmodelle[19]).

Entscheidungsprogramme, als zweites Koordinationsinstrument, stellen generelle Regelungen von Entscheidungsvorgängen in der Form dar, daß einem bestimmten Ereignis, abgebildet durch eine Information, ein festgelegtes System von Verfahrensregeln zugeordnet wird. Zwischen den extremen Formen der vollständig programmierten und der in höchstem Maße nichtprogrammierten Entscheidung erstreckt sich die Skala der relevanten Entscheidungsprobleme. Das Ausmaß der Programmierung zeigt sich dabei in dem Anteil besonderer Suchprozesse an der Problemlösung; der Anteil

---

[17]) Vgl. Morgenstern, O.: Prolegomena to a Theory of Organization. The Rand Corporation, RM 734, Santa Monica 1951, S. 25.

[18]) Nach Haberstroh, Ch. J.: Organization Design and Systems Analysis. In: Handbook of Organizations, hrsg. von J. G. March, Chicago 1965, S. 1196.

[19]) Vgl. Marschak, Th.: Economic Theories of Organization. In: Handbook of Organizations, hrsg. von J. G. March, Chicago 1965, S. 438 ff.; Hax, H.: Die Koordination von Entscheidungen. Köln - Bonn - München 1965, S. 145 ff.

selbständiger informationsverarbeitender Akte nimmt mit zunehmender Programmierung ab. Der Koordinationseffekt eines Entscheidungsprogramms beruht vor allem auf der Stabilisierung der Verhaltenserwartung[20] im Rahmen der Systeminterdependenzen. Jede Organisation wird deshalb tendenziell bestrebt sein, eine möglichst weitgehende Programmierung der Entscheidungsaufgaben zu realisieren[21]). Bei Routineentscheidungen, die sich häufig wiederholen, läßt sich dieses Ziel weitgehend verwirklichen. Je unregelmäßiger jedoch ein Entscheidungsproblem auftritt und je schwieriger deshalb Voraussagen über die voraussichtliche Struktur der Entscheidungssituation sind, um so begrenzter sind die Möglichkeiten einer Entscheidungsprogrammierung. Wie bei der Formulierung von Sachzielen ist also auch bei der Entwicklung von Entscheidungsprogrammen das Phänomen der Ungewißheit die zentrale Bestimmungsgröße.

Die aufgezeigten, durch den Gegensatz zwischen dem Koordinations- und Stabilitätskriterium gekennzeichneten Eigengesetzlichkeiten der interpersonalen Erfüllung von Entscheidungsaufgaben setzen für organisatorische Gestaltungsmaßnahmen bestimmte objektive systeminhärente Grenzen. In diesem vorgegebenen Rahmen werden die Lösungen der einzelnen Betriebe vor allem durch zwei subjektive, betriebsindividuelle Einflußgrößen bestimmt: durch das Anspruchsniveau der jeweils übergeordneten hierarchischen Einheit, insbesondere der Betriebsführung als der höchsten Instanz, sowie durch die jeweils praktizierte Organisations-„Philosophie".

Zwischen dem Entscheidungsspielraum einer Organisationseinheit, der bei der interpersonalen Aufteilung eines Entscheidungskomplexes nicht zu umgehen ist, und dem Anspruchsniveau der jeweils übergeordneten Hierarchie-Einheit besteht ein enger Zusammenhang. Eine Anhebung des Anspruchsniveaus, z. B. eine erhöhte Gewinnerwartung, führt tendenziell über die Intensivierung der Entscheidungs- und Informationsprozesse der betreffenden Organisationseinheit zu einer Verringerung des Entscheidungsspielraums der untergeordneten Einheit[22]).

Ein typisches Beispiel für den Einfluß von Organisations-„Ideologien" oder -„Philosophien" ist die Zentralisations-Dezentralisations-Debatte, in deren Verlauf ein Teil der Argumente häufig eher aus Glaubensbekenntnissen als aus wissenschaftlich haltbaren Prämissen abgeleitet zu sein scheint. Eine kritische Analyse der üblichen Dezentralisationsargumente offenbart, daß sie im Grunde auf einer erfahrungswissenschaftlichen Hypothese über die Anpassungsfähigkeit (Kreativität, Innovationskapazität) von Organisationen beruhen. Interessant ist in diesem Zusammenhang die Betonung dieses An-

---

[20]) Luhmann, N.: Funktionen und Folgen formaler Organisation. Berlin 1964, S. 60/61.

[21]) March, J. G.; Simon, H. A.: Organizations. New York - London - Sydney 1958, S. 143.

[22]) Vgl. Albach, H.: Organisation, betriebliche. In: Handwörterbuch der Sozialwissenschaften. Hrsg. von E. v. Beckerath, H. Bente u. a., 8. Bd., Stuttgart - Tübingen - Göttingen 1964, S. 112.

18*

passungsgedankens in der jüngsten Diskussion über die behauptete Zentralisationstendenz beim Einsatz informationstechnologischer Sachmittel[23]).

Für die anschließende Diskussion angemessener Gestaltungsstrategien lassen sich die Ergebnisse dieses Abschnitts in drei Punkten zusammenfassen:

(1) Eine „optimale" Lösung läßt sich bei der Strukturierung organisatorischer Systeme schon aus logischen Gründen nicht gewährleisten. Realistisch sind lediglich „befriedigende" Anspruchsniveaus. Die interpersonale Lösung des Entscheidungsproblems ist gekennzeichnet durch die Einräumung von Entscheidungsspielräumen und die Vorgabe globaler Entscheidungsprämissen — innerhalb der so determinierten Grenzen ist die jeweils übergeordnete Organisationseinheit bei gegebenem Anspruchsniveau gegenüber Schwankungen indifferent (Management by Exception).

(2) Grundlegende Eigenschaft organisatorischer Systeme ist ihre hierarchische Struktur. Als Kennzeichen hierarchischer Systeme muß unter dem Gestaltungsaspekt vor allem die relative Autonomie der Teileinheiten hervorgehoben werden[24]).

(3) Die Gestaltungsmaßnahmen werden in hohem Maße durch subjektive Elemente bestimmt. Hier ist einmal das über die Fixierung der Entscheidungsspielräume wirksam werdende Anspruchsniveau der jeweils übergeordneten Organisationseinheit zu nennen. Zum anderen können Organisations-„Philosophien", deren erfahrungswissenschaftliche Grundlage nur begrenzt zu überprüfen ist, die Strukturierung beeinflussen.

E. Das aktuelle Problem: eine Theorie der Gestaltungsstrategie für Informationssysteme

Mit dem Vordringen informationstechnologischer Sachmittel werden in Organisationstheorie und -praxis die Möglichkeiten und Grenzen der Gestaltung organisatorischer Systeme in zunehmendem Maße diskutiert. Die Bedeutung des informationstechnologischen Aspekts verdeckt dabei leicht die Tatsache, daß das Grundproblem der Gestaltung komplexer Informationssysteme bei aller Verschiebung in den Dimensionen weitgehend unabhängig von der Qualität des Aufgabenträgers (Sachmittel oder Mensch) ist. Die aus der aufgezeigten Ziel- und Prognoseproblematik resultierenden Grenzen einer rationalen Gestaltung komplexer Systeme schränken die praktische Verwertbarkeit der bisherigen wissenschaftlichen Ansätze zur organisationstheoretischen Behandlung von Informationssystemen noch sehr stark ein. Die von

---

[23]) Vgl. Myers, Ch. A. (Hrsg.): The Impact of Computers on Management. Cambridge, Mass. - London 1967.

[24]) Vgl. hierzu den grundlegenden Beitrag von Simon, H. A.: The Architecture of Complexity. Wiederabdruck in: General Systems. Vol. 18, 1965, S. 63—76.

J. Marschak[25]) und Radner[26]) konzipierte Teamtheorie klammert die Zielfrage ex definitione aus und kann zum Prognoseaspekt bei der vorherrschenden Unterstellung bekannter Wahrscheinlichkeiten über die Umweltsituation gegenwärtig nur einen begrenzten Beitrag leisten. Auch für die bisher entwickelten Simulationsmodelle komplexer Informationssysteme[27]) gilt die auf der mangelnden empirischen Fundierung der Modellannahmen beruhende Prognosegrenze: „Although the availability of computer simulation as a technique permits us to relax some of the constraints we have traditionally faced with respect to allowable complexity, we still require some meaningful inputs in order to generate much in the way of meaningful outputs"[28]). Gegenüber dem analytischen Ansatz der Teamtheorie, die beim gegenwärtigen Entwicklungsstand komplexere Systemzusammenhänge noch nicht bewältigen kann, gestattet die Simulation jedoch die Berücksichtigung weit komplexerer Systeminterdependenzen. Dieser Vorteil der Simulation wird für die praktische Gestaltung in dem Maße an Bedeutung gewinnen, wie die Prognosezuverlässigkeit der Aussagen zunimmt.

Dem derzeit unvollkommenen organisationstheoretischen Entwicklungsstand steht auf der anderen Seite der Zwang zu umfassenden Gestaltungsmaßnahmen, insbesondere beim Einsatz komplexer informationstechnologischer Sachmittel, gegenüber. In den letzten Jahren hat dieses grundsätzliche Dilemma verstärktes wissenschaftliches Interesse gefunden. Neben den Arbeiten von Simon[29]), Cyert und March[30]) ist hier der Ansatz von Lindblom[31]) zu erwähnen. Das grundlegende Gestaltungsprinzip dieser Konzepte läßt sich vielleicht als „Logik der kleinen Schritte" umschreiben. So stellt Lindblom[32]) für das Verhalten des Entscheidungssubjektes fest: „... he would rely heavily on the record of past experience with small policy steps to predict the consequences of similiar steps extended into the future." Im Ergebnis handelt es sich also um kleinere, begrenzte Suchprozesse und die vorwiegende Berücksichtigung von Kontrollinformationen[33]).

---

[25]) Marschak, J.: Towards an Economic Theory of Organization and Information. In: Decision Processes, hrsg. von R. M. Thrall u. a., New York - London 1954, S. 187—220.

[26]) Radner, R.: The Evaluation of Information in Organizations. In: Proceedings of the Fourth Berkeley Symposium on Mathematical Statistics and Probability. Vol. 1, hrsg. von J. Neyman, Berkeley - Los Angeles 1961, S. 491—530.

[27]) Vgl. z. B. Bonini, Ch. P: Simulation of Information and Decision Systems of the Firm. Englewood Cliffs 1963; Boyd, D. F.; Krasnow, H. S.: Economic Evaluation of Management Information Systems. In: IBM Systems Journal. Vol. 12, 1963, S. 2—23.

[28]) Cyert, R. M.; March, J. G.: Organizational Design. In: New Perspectives in Organization Research, hrsg. von W. W. Cooper u. a., New York - London - Sydney 1964, S. 566.

[29]) Simon, H. A.: A Behavioral Model of Rational Choice. Wiederabdruck in: Simon, H. A.: Models of Man. New York - London 1957, S. 241—260.

[30]) Cyert, R. M.; March, J. G.: A Behavioral Theory of the Firm, a. a. O.

[31]) Lindblohm, Ch. E.: The Science of ‚Muddling Through'. In: Public Administration Review. Vol. 19, 1959, S. 79—88.

[32]) Lindblohm, Ch. E.: The Science of ‚Muddling Through', a. a. O., S. 79.

[33]) Vgl. zur Bedeutung von Kontrollinformationen in diesem Zusammenhang Frese, E.: Prognose und Anpassung. In: Zeitschrift für Betriebswirtschaft. 38. Jg. 1968, S. 31—44.

Aus der Sicht dieser Gestaltungsstrategie und unter Berücksichtigung in der Literatur nachzuweisender Gestaltungsempfehlungen für den Bereich der informationstechnologischen Systemstrukturierung sollen abschließend drei Strategien formuliert werden:

(1) Keine radikale Änderung des bestehenden Systems. Stufenweiser Ausbau und allmähliche Umstrukturierung des Vorhandenen.

(2) Realisierung von Teillösungen: Es besteht ein Trend zur „lokalen Rationalität"[34]). Diese Strategie steht in Einklang mit der nachgewiesenen relativen Autonomie der Teilsysteme einer Hierarchie. Die folgenden drei Teilsysteme des gesamten Informationssystems zeichnen sich — in der Reihenfolge der Darstellung — durch eine zunehmende Komplexität der Systemverknüpfungen und Zielstrukturen aus:

a) Abbildungs- und Klassifikationssysteme.

Dieses Teilsystem kann weitgehend mit den Funktionen des „klassischen" Rechnungswesens identifiziert werden. Im wesentlichen handelt es sich um die Abbildung des internen Bereichs des betrieblichen Entscheidungsfeldes (Mittelsituation: z. B. Lagerbestand), d. h., es herrschen Kontrollinformationen vor. Da ein großer Teil der Datenerfassung ohnehin gesetzlich vorgeschrieben ist, geht es weniger um die Frage, ob bestimmte Daten zu ermitteln sind, sondern allenfalls um die Häufigkeit und um Entscheidungen über die Wahl der Datenträger und Speichermedien. Wichtigstes Gestaltungskriterium ist der Gedanke der Kostenminimierung. Einen guten Überblick über eine Reihe für diesen Bereich aussagefähiger Optimalmodelle gibt eine Arbeit von Kriebel[35]).

b) Weitgehend programmierte Informationssysteme.

In diesem Teilsystem werden in einem abgegrenzten Handlungsrahmen die Entscheidungs- und Informationsakte vor allem unter der Zielfunktion der Kostenminimierung gestaltet. Während das zuerst beschriebene Teilsystem Abbildungs- und Klassifikationsfunktionen erfüllte, steht hier das Prognose- und Entscheidungsproblem im Mittelpunkt. Die Entscheidungen dieses Systems zeichnen sich durch einen hohen Grad an Programmierbarkeit aus, d. h., ein großer Teil der Unsicherheit ist durch den vorangegangenen arbeitsteiligen Entscheidungsprozeß auf den höheren Ebenen der Organisationshierarchie absorbiert. Die Entscheidungsspielräume der einzelnen Organisationseinheiten sind relativ eng. Auch dieses System ist primär am internen Bereich des Entscheidungsfeldes orientiert. Die Prognoseverfahren basieren im wesentlichen auf der Extrapolation von Vergangenheitsdaten. Als Beispiele für Systeme dieser Art können

---

[34]) Cyert, R. M.; March, J. G.: A Behavioral Theory of the Firm, a. a. O., S. 117 f.
[35]) Kriebel, Ch. H.: Operations Research in the Design of Management Information Systems, a. a. O.

die Bereiche der Materialdisposition und Produktionssteuerung genannt werden. Die angedeutete Verringerung der Prognoseproblematik und der relativ hohe Komplexitätsgrad dieses Teilsystems legt den Einsatz der Simulationsmethode zur Systemoptimierung nahe.

c) An „kritischen" Feldbereichen orientierte Informationssysteme.

Während in den weitgehend programmierten Informationssystemen eine Kostenminimierung im Rahmen eines gegebenen Handlungsprogramms zu verwirklichen war, geht es in dem dritten Teilsystem um die Festlegung des Programmrahmens selbst. Die Entscheidungen und Informationsmaßnahmen dieses Bereichs weisen einen wesentlich geringeren Programmierbarkeitsgrad auf: Sie sind gegenüber den taktischen des zweiten Systems strategischer Natur. Kennzeichnend sind umfangreiche Prozesse der Informationssuche, die sich vor allem auf die externen Umweltbereiche des Entscheidungsfeldes konzentrieren. Im Vordergrund der Gestaltungsmaßnahmen steht der Gedanke der Sicherung der Anpassungsfähigkeit des Systems an wechselnde Umweltsituationen. Aus diesem Grunde sind allgemeingültige Aussagen über die Struktur des Informationssystems nur sehr begrenzt möglich; die Lösungskonzepte weichen — je nach der Stellung der Organisation in der Umwelt — im Einzelfall stark voneinander ab. Gemeinsam ist allen Systemgestaltungen auf dieser Ebene die Orientierung an den für die jeweilige Organisation kritischen Feldbereichen. So wird das Informationssystem eines Kaufhaus-Konzerns mit geographisch weitgestreuten Niederlassungen, einem sehr hohen Grad an Diversifikation und relativ stabiler Nachfragestruktur ganz anders aufgebaut sein als das eines Automobil-Konzerns, dessen Marktlage sich in Abhängigkeit von den Aktionen der Konkurrenz jederzeit grundlegend ändern kann.

(3) Beteiligung des Top Management. Bisherige Untersuchungen[36] lassen den Schluß zu, daß zwischen dem Engagement der Unternehmungsführung bei der Konzipierung und Durchsetzung umfassender informationstechnologischer Maßnahmen und ihrem Erfolg eine enge positive Korrelation besteht.

---

[36] Vgl. z. B. Garrity, J. T.: Top Management and Computer Profits. In: Harvard Business Review. Vol. 41, 1963, S. 6—12; Huse, E. F.: The Impact of Computerized Programs on Managers and Organizations. A Case Study in an Integrated Manufacturing Company. In: The Impact of Computers on Management, hrsg. von Ch. A. Myers, Cambridge, Mass. - London 1967, S. 282—302; Mc Kinsey & Co.: Der optimale Einsatz elektronischer Datenverarbeitungsanlagen. In: Zeitschrift für Betriebswirtschaft. 34. Jg. 1964, S. 37—50.

Zur Problematik bei der Anwendung von Verfahren der Investitionsrechnung für die Einsatzplanung von ADVA

Arbeitspapier (Symposium)

Von

Dr. rer. pol. O. H. Jacobs

Fachbereich Wirtschaftswissenschaft der Universität Regensburg

Inhalt

Investitionen im wirtschaftlichen Sinne liegen stets dann vor, wenn Geld ausgegeben wird mit dem Zweck, „Leistungspotentiale zu erwerben und durch ihren Einsatz zu einem späteren Zeitpunkt wiederum Geld einzunehmen"[1]. Demnach sieht man in dem Investieren letztlich einen Prozeß mit einer Reihe von Ausgaben, die vom Unternehmer zu leisten sind, und einer Reihe von Einnahmen, die der Unternehmer als Entgelt zurückerhält. Um zu erfahren, ob die zukünftig eingehenden Geldsummen größer sind als die in ihrer Gesamtheit durch die mögliche Investition einzusetzenden Geldbeträge, wendet man die Verfahren der Investitionsrechnung an.

Bei derartigen Rechnungen wird vielfach zwischen statischen und dynamischen Verfahren unterschieden.

Zu den statischen Methoden zählt man die Kostenvergleichs-, die Rentabilitäts- und die Amortisationsrechnung. Letztere wird auch häufig als „Payback-" oder „Pay-off-Methode" bezeichnet. Eine gemeinsame Eigenschaft dieser Verfahren besteht darin, daß sie die positiven und negativen Zahlungsreihen durch Kosten und Erträge ersetzen und jeweils mit dem Durchschnitt der jährlichen Kosten und Erträge rechnen. Dadurch wird eine zeitlich unterschiedliche Entwicklung der Kosten und Erträge im Laufe der Nutzungsdauer der betreffenden Objekte nicht berücksichtigt.

Diesen Verfahren, die hier nicht in ihren Einzelheiten dargestellt und keiner Kritik hinsichtlich ihrer Aussagefähigkeit unterzogen werden sollen, stehen die dynamischen Rechnungen gegenüber. Als solche werden die Kapitalwert-, die Annuitäts- und die Interne-Zinsfuß-Methode bezeichnet. Diese rechnen mit im Laufe der Nutzungsdauer des Investitionsobjektes schwankenden Ausgaben und Einnahmen. Daneben wird bei diesen Rechnungen durch Diskontierung der einzelnen Zahlungsströme der Einfluß der Zeit berücksichtigt. Es wird jedoch bei ihnen im allgemeinen nicht mit kontinuierlich über das Jahr verteilten Zahlungen gerechnet, sondern der Einfachheit halber werden die Zahlungen zu Jahresbeträgen zusammengefaßt. Diese während der Nutzungsdauer unterschiedlichen jährlichen Einnahmen- und Ausgabenbeträge werden auf den Planungszeitpunkt diskontiert.

Die drei Methoden der dynamischen Investitionsrechnung sind weitgehend miteinander verwandt. Sie können aber im Einzelfall zu voneinander abweichenden Ergebnissen führen, da sie unterschiedliche Annahmen über die Wiederanlage der freigesetzten Geldbeträge beinhalten[2].

Die Aussagemöglichkeiten speziell der dynamischen Verfahren wurden in jüngster Zeit mit Hilfe der Methoden der mathematischen Programmierung

---

[1] Trechsel, E.: Investitionsplanung und Investitionsrechnung, Bern 1966, S. 12.

[2] Vgl. hierzu und vor allem zu den Zurechnungsproblemen, die entstehen, wenn das zu investierende Objekt nur in Verbund mit anderen Objekten Einnahmen erzielt: Jacob, H.: **Neuere Entwicklungen in der Investitionsrechnung**, Wiesbaden 1964, besonders S. 11—29.

verbessert[2a]). Hierbei handelt es sich bisher lediglich um theoretische Ansätze, deren Prämissen noch zu eng sind, um bei dem *praktischen* Problem der Wirtschaftlichkeitsberechnung von automatischen Datenverarbeitungsanlagen (ADVA) zur Anwendung zu kommen. Sie sollen deshalb im folgenden außer Betracht bleiben.

Von der Methode her sind die dynamischen Verfahren genauer und deshalb gegenüber den statischen zu bevorzugen. Die Zuverlässigkeit von Investitionsrechnungen ist jedoch nicht allein abhängig von der Genauigkeit der angewandten Rechnungsmethode, sondern in stärkerem Maße von der Sicherheit, mit der die zukünftigen Zahlungsströme vorausgeschätzt werden können. Sind hier große Unsicherheiten vorhanden — und das ist, wie noch zu zeigen sein wird, bei der Einsatzplanung von ADVA der Fall —, so nützt die Genauigkeit der Methode wenig. Sie kann sogar die Gefahr bewirken, eine Exaktheit der Rechnung vorzutäuschen, die tatsächlich nicht vorhanden ist.

Betrachtet man die in der Literatur vorhandenen Ansätze von Wirtschaftlichkeitsrechnungen beim Einsatz von ADVA im kommerziellen Bereich, so läßt sich feststellen, daß sie sich im Rahmen eines Verfahrensvergleichs fast ausschließlich an der Kostenseite orientieren. Es werden in mehr oder weniger langfristigen Betrachtungen die Kosten von alternativ einsetzbaren Datenverarbeitungsverfahren einander gegenübergestellt. Gegenüber der weitgehend manuell durchgeführten Datenverarbeitung sieht man beim Einsatz von ADVA Kosteneinsparungen vor allem in sofortigen oder zukünftigen Personaleinsparungen auf Grund eines Rationalisierungseffekts sowie in Zinseinsparungen durch Verringerung der Läger, Verbesserungen im Mahnwesen und in der Rechnungserstellung sowie durch eigene terminlich optimale Zahlungen von Verbindlichkeiten entsprechend den jeweiligen Zinsen- und Skontobedingungen[3]).

Auch wenn die auf diese Weise entstehenden Reihen diskontiert werden, entspricht ein derartiges Verfahren prinzipiell der Kostenvergleichsrechnung, da man bei dieser Methode die Vorteilhaftigkeit einer Investition an den bei alternativ anwendbaren Verfahren entstehenden Einsätzen mißt, während man die Leistungsseite jeweils als konstant voraussetzt. So wichtig die Kosteneinsparungen auch sind, so sicher ist jedoch auch, daß man den wirtschaftlichen Nutzen von ADVA nicht allein auf der Kostenseite, sondern vor allem auf der Leistungsseite suchen muß[4]).

[2a]) Vgl. hierzu zusammenfassend Seelbach, H.: Planungsmodelle in der Investitionsrechnung. Würzburg - Wien 1967.

[3]) Vgl. z. B. Scholz, H.; Steinbock, R.: Die Untersuchung der Wirtschaftlichkeit einer automatisierten Datenverarbeitung (ADV). In: elektronische datenverarbeitung, 10. Jg. 1968, S. 135 ff.; Schwarze, J.: Wirtschaftlichkeitsberechnung elektronischer Datenverarbeitungsanlagen. In: Neue Betriebswirtschaft, 19. Jg. 1966, S. 157; Hartmann, B.: Betriebswirtschaftliche Grundlagen der automatisierten Datenverarbeitung, Freiburg 1961, S. 66 ff.

[4]) Ähnlich auch Baldus, Th.: Automatisierte betriebswirtschaftliche Integration. In: Der Betrieb, 18. Jg. 1965, S. 483.

Die folgenden Ausführungen sollen nun zeigen, wann und wie sich die Leistungs- bzw. Ertragsseite beim Einsatz von ADVA verändern kann. Dabei sollen gleichzeitig die Anwendungsmöglichkeiten und Grenzen der Kostenvergleichsrechnungen im Rahmen eines Verfahrensvergleichs dargestellt werden. Daneben sollen besonders die für die Wirtschaftlichkeit entscheidenden Sekundärwirkungen, die beim Einsatz von ADVA charakteristisch sind, herausgestellt werden. Werden diese sekundären Wirkungen, d. h. die Kosten- und Ertragsströme, die durch die Entscheidungen der Unternehmensleitung auf Grund der schnellen und objektiven Informationen der ADVA zustande kommen, nicht in die Rechnung einbezogen, so können Investitionsrechnungen nur zu recht ungenauen Ergebnissen über die Wirtschaftlichkeit von ADVA gelangen.

Die Ertragsseite wird in der Literatur zahlenmäßig meist nur dann angeschnitten, wenn Datenerfassungs- und -verarbeitungssysteme untersucht wurden, die im technischen Bereich der Unternehmung zur Verbesserung der Kapazitätsauslastung von Produktionsmitteln eingesetzt wurden. Der Einsatz der Anlagen bewirkte häufig Ertragssteigerungen in Form von Ausstoßmengenerhöhungen. Zwar hat auch hier die Datenverarbeitungsanlage keinen eigenen Produktionseffekt mit eigenem Marktwert, dennoch können die zusätzlichen Erträge in eine Wirtschaftlichkeitsrechnung zahlenmäßig einbezogen werden, da eine unmittelbare Kausalität zwischen Produktionssteigerung und Einsatz der Anlage vorhanden ist. Beim Einsatz von ADVA im kommerziellen Bereich besteht diese Art von Kausalität nicht mehr, sie wird mittelbar und kaum noch nachvollziehbar. Aus diesem Grunde werden mögliche Ertragsveränderungen nicht mehr direkt zahlenmäßig in die Rechnung einbezogen. Sie werden in der Literatur häufig als „andere"[5], „ideelle"[6], „sonstige"[7] oder „nicht meßbare bzw. immaterielle"[8] Vorteile außerhalb der eigentlichen Wirtschaftlichkeitsberechnung dargestellt. Als derartige Vorteile seien genannt: die Aktualität der Informationen, die hohe Transparenz aller betrieblichen Vorgänge, die große Flexibilität in der Unternehmensführung, die Genauigkeit im Rechnungswesen, beispielsweise in der Kostenrechnung usw. Besitzen nun derartige Vorteile ein starkes Gewicht bei der Einsatzplanung von ADVA — und vieles deutet auf die besondere Wichtigkeit derartiger Kriterien bei den ADVA der dritten Generation hin, wie man vor allem aus den ständigen Verbesserungen bei der Rechengeschwindigkeit, dem wahlfreien Zugriff und der Vergrößerung der Speicherkapazitäten ersehen kann —, so taucht die Frage auf, ob und wie

---

[5] McKinsey: Getting in the Most Out of Your Computer, A Survey of Company Approaches and Results. Deutsche Übersetzung: Der optimale Einsatz elektronischer Datenverarbeitungsanlagen. In: Zeitschrift für Betriebswirtschaft, 34. Jg. 1964, S. 43.

[6] Mertens, P.: Zur Wirtschaftlichkeit und Wirtschaftlichkeitsschwelle der elektronischen Datenverarbeitung. In: Neue Betriebswirtschaft, 20. Jg. 1967, S. 43.

[7] Hartmann, B.: a. a. O., S. 57.

[8] Jacobs, O. H.: Untersuchungen über die Wirtschaftlichkeit von Datenerfassungs- und -verarbeitungssystemen (Rückmeldesystemen) für die Fertigungsregelung. In: Zeitschrift für betriebswirtschaftliche Forschung, N.F., 20. Jg. 1968, S. 325.

diese ideellen Werte in die für die herkömmlichen Verfahren der Investitionsrechnungen benötigten Zahlungsströme in Form von Einnahmen und Ausgaben oder Kosten und Erträgen transformiert werden können.

Um die praktische Problematik bei der Frage nach der Wirtschaftlichkeit der ADVA und die damit verbundene Frage nach den Anwendungsmöglichkeiten von Investitionsrechnungsverfahren bei der Einsatzplanung eingehender darzulegen, wollen wir drei Beispiele zeigen, die im ersten Augenschein wenig mit ADVA zu tun haben.

(1) Eine Unternehmung, die in Lohnarbeit Dreharbeiten für andere Unternehmungen durchführt, plant den Einsatz eines zusätzlichen Drehautomaten. Dieser soll in der Art den Automaten gleich sein, die die Unternehmung bisher eingesetzt hat und die sich auch in anderen Unternehmungen genügend bewährt haben.

(2) Die gleiche Unternehmung will eine numerisch gesteuerte Werkzeugmaschine, die gerade neu auf dem Markt erschienen ist, einsetzen.

(3) Die Unternehmung will eine Grenzplankostenrechnung einführen, mit der sie ihr bisheriges System der groben Proportionalisierung der fixen und variablen Kosten ablöst.

An diesen drei Beispielen sollen die Besonderheiten, die bei der Wirtschaftlichkeitsanalyse von ADVA auftreten, dargelegt werden. Will die Unternehmensleitung im ersten Beispielsfall eine Investitionsrechnung aufstellen, so erscheint dies relativ einfach. Man verfügt auf Grund der bisherigen Erfahrung über genügend „sichere" Werte (soweit dies bei Zukunftsrechnungen überhaupt möglich ist). So kennt man die zusätzlichen Ausgaben oder Kosten und die zusätzlichen, isoliert erfaßbaren Einnahmen oder Erträge. Damit ist man in der Lage, jedes Verfahren der Investitionsrechnung anzuwenden. Entscheidet man sich für die Kapitalwertmethode, so werden die zukünftigen Einnahmen auf den Zeitpunkt t_0 diskontiert und den Anschaffungsausgaben plus den diskontierten zukünftigen Ausgaben zum Zeitpunkt t_0 gegenübergestellt. Die Differenz stellt den positiven oder negativen Kapitalwert dar. Interessiert sich die Unternehmensleitung hingegen aus Sicherheitsstreben oder aus Gründen der zukünftigen Liquiditätswirksamkeit für den Zeitraum, der benötigt wird, um die Ausgaben der Investition aus ihren eigenen Gewinnen zurückzuerhalten, so wendet sie die Payback-Methode an. Sie erhält damit den Zeitpunkt, zu dem sich die Maschine aus sich heraus amortisiert. Bei Anwendung der zweiten Methode ist sich die Unternehmensleitung jedoch darüber im klaren, daß sie die Rentabilität der Maschine nicht gemessen hat, da die Entwicklung nach der Wiedergewinnung des eingesetzten Kapitals nicht in die Rechnung eingeht. Welches von den möglichen Investitionsrechnungsverfahren das geeignetere ist, hängt nicht nur von der theoretischen Richtigkeit der gewählten Methode ab, sondern auch von der vorgegebenen Zielvorstellung und vor allem von den Möglichkeiten der empirischen Ermittlung der zukünftigen Werte. Dieser Satz gilt auch uneingeschränkt für die Investitionsrechnung bei der Einsatzplanung von ADVA.

Das erste Beispiel unterscheidet sich dadurch vom zweiten, daß hier die zukünftigen Einnahmen und Ausgaben nicht mehr so sicher vorherbestimmbar sind. Im Fall der numerisch gesteuerten Werkzeugmaschine besitzt man bisher wenig Erfahrungswerte über zukünftige Ausfallwahrscheinlichkeiten, Reparaturanfälligkeit oder über die bestmöglichen Losgrößen und Auftragsfolgen. Daraus ergibt sich, daß die Abweichungen zwischen der bei der Einsatzplanung durchgeführten Investitionsrechnung und der ex post festgestellten Wirtschaftlichkeit größer als im ersten Beispiel sein werden. Noch schwieriger wird die Bestimmung der Wirtschaftlichkeit der Investition im dritten Beispiel. Hatte man im zweiten Fall als Maßgröße für die zukünftigen Einnahmen immerhin den Wert der isoliert zu erfassenden Produkte, so entfällt im dritten Beispiel ein derartiges Kriterium völlig. Es ist vor allem folgendes Merkmal, in dem sich die Investition einer Grenzplankostenrechnung von der Investition einer Maschine unterscheidet: Die Grenzplankostenrechnung hat nicht mehr eine für sich isolierte Aufgabe, sie soll vielmehr der Unternehmensleitung Entscheidungsgrundlagen für die bestmögliche Unternehmensführung im Sinne der unternehmerischen Zielvorstellung liefern. Die Entscheidungen können sich dann in allen Bereichen der Unternehmung auswirken und damit eine Vielzahl von zukünftigen Einnahmen- und Ausgabenveränderungen herbeiführen. Die Grenzplankostenrechnung hat im Gegensatz zur Maschine keine eigene Produktionsfähigkeit, ihre Ergebnisse besitzen keinen eigenen Marktwert. Damit entsteht die Frage: Woran soll man die Wirtschaftlichkeit einer derartigen Investition messen?

Brechen wir die Betrachtung der Beispiele hier ab und übertragen wir die gewonnenen Ergebnisse auf die Einsatzplanung von ADVA. Alle drei in den Beispielen vorkommenden Tatbestände können bei den ADVA vorkommen, wie im folgenden gezeigt werden soll.

Derartige Anlagen können zum einen partiell im Unternehmen zur vereinfachten und beschleunigten Abwicklung von täglich in großer Zahl und in ihrer Art sich wiederholenden Geschäftsvorfällen eingesetzt werden. Bei solchen Massenauswertungen, beispielsweise bei der Abwicklung der Lohn- und Gehaltsbuchführung oder im Bankbetrieb bei der Durchführung des Kontokorrentgeschäftes, ist die Aufgabe der Anlage in sich geschlossen, ähnlich wie in den Beispielen 1 und 2. Der Erfolg läßt sich weitgehend in Zahlen durch den eingetretenen Rationalisierungseffekt bestimmen, und zwar in Höhe der gegenüber dem alten Verfahren zu erzielenden Kosteneinsparungen. *Die Anlage macht lediglich das, was auch bisher mit anderen Mitteln gemacht wurde.* Zusätzliche Erträge und zusätzliche Informationen, die die Entscheidungen der Unternehmensleitung beeinflussen, sind nicht zu erwarten. Für die Wirtschaftlichkeitsbetrachtung im Rahmen der Einsatzplanung eignen sich die Methoden des Verfahrensvergleiches, soweit sie in sich fehlerfrei sind und die ihnen eigenen Aussagemöglichkeiten der vorgegebenen Fragestellung (Zielvorstellung) nicht widersprechen. Die einzusetzenden Einsparungen wie auch die zukünftigen Ausgaben sind zwar nur betriebsindividuell zu ermitteln, es gibt jedoch schon genügend vorgegebene Schemata und Erfahrungswerte, die Anhaltspunkte bieten können. Je mehr Erfahrungen im Laufe der Zeit mit dem Einsatz von ADVA für derartige Massenverarbeitungen gemacht werden, desto „sicherer‴ werden die auf den Seiten der Ausgaben und Einsparungen einzusetzenden Werte. Da derartige Erfahrungen heute schon immer häufiger werden, kann man sagen, daß sich bei ADVA, die partiell im Unternehmen zur Rationalisierung von Massenverarbeitungsvorgängen eingesetzt werden, die Problematik der Bestimmung der Wirtschaftlichkeit der im Beispiel 1 dargestellten nähert. Der Verfahrensvergleich führt zu ausreichenden Ergebnissen.

Resultierte die ursprüngliche Einführung von ADVA im wirtschaftlichen Bereich sehr stark aus dem Wunsch und der Notwendigkeit zur Bewältigung von in ihrer Zahl sehr stark ansteigenden Massen- und Routinearbeiten, so werden die Anlagen heute daneben in steigendem Maße als Hilfsmittel für die Entscheidungsfindung im Rahmen der Unternehmensführung herangezogen. Dies geschieht um so mehr, je weiter man sich der Konzeption der integrierten Datenverarbeitung nähert. Dazu gehört zwar auch das Rechnungswesen als Bereich, in dem die automatisierte Datenverarbeitung und -erfassung ursprünglich eingesetzt wurde, aber es ist nur ein Teilbereich. Die automatisierte Integration umschließt den gesamten Verwaltungs- wie auch den Produktionsbereich einer Unternehmung im weitesten Sinne. Dabei werden die ADVA nicht mehr für sich getrennt in geschlossenen Aufgabenbereichen eingesetzt, sondern sie bestehen aus einer Vielzahl von ineinandergreifenden Gliedern eines ganzheitlichen Systems[9]. In diesen Fällen zeigt sich die Wirtschaftlichkeit der ADVA nicht mehr allein in den durch ihren Einsatz primär ausgelösten Einsparungen und Ausstoßmengenerhöhungen. Ihr Einsatz wird nämlich erst dadurch besonders wirksam, daß laufend mit den vielen objektiven und schnell bereitgestellten Daten, die die Anlagen geben können, gearbeitet wird, indem die Unternehmensleitung auf Grund dieser Daten Entscheidungen trifft. Da diese Entscheidungen sowohl kosten- als auch ertragsmäßige Auswirkungen mit sich bringen, sind sie es letztlich, die den Grad der Wirtschaftlichkeit bestimmen. Die aus den unternehmerischen Entscheidungen resultierenden Kosten- und Ertragsströme sind mittelbar durch den Einsatz der ADVA verursacht, denn ohne die objektiven Daten der Anlage wären sie nicht oder nur zufällig zustande gekommen.

Daß die größte Problematik bei der Wirtschaftlichkeitsbestimmung von ADVA in diesen Zusammenhängen liegt, möge mit folgendem Beispiel verdeutlicht werden: Bei einem erst durch den Einsatz von automatischen

---

[9] Vgl. Baldus, Th.: a. a. O., S. 482.

Datenerfassungsgeräten möglichen objektiven Erkennen der zeitlichen Auslastung von Produktionsmitteln und der durch die Verarbeitungsanlagen
möglichen objektiven Aufschlüsselung in Haupt-, Rüst-, Neben- und Verteilzeiten möge sich herausstellen, daß die Rüstzeiten und persönlichen Verteilzeiten einen unverhältnismäßig hohen Anteil an der gesamten Einsatzzeit der
Maschinen haben. Es liegt also hier zunächst der Fall vor, daß man durch
den Einsatz der automatischen Datenerfassungs- und -verarbeitungsanlage
bestimmte betriebliche Gegebenheiten objektiv erkennt.

Dieses Erkennen auf Grund der durch die Anlage bewirkten betrieblichen
Transparenz ist für sich alleine kein Bestimmungsmerkmal für die Wirtschaftlichkeit. Erst das Ergebnis folgender möglicher Entscheidungen bestimmt im Endeffekt die Wirtschaftlichkeit:

(1) Um die Rüstzeiten zu verringern, wird die Maschine in ihren technischen
    Eigenarten verändert, indem eine Zusatzvorrichtung installiert wird, die
    das Rüsten vereinfacht und dadurch Zeiten einspart. Daneben werden
    die Losgröße und die zeitliche Folge der Aufträge unter Zuhilfenahme
    der Möglichkeiten der ADVA optimiert, so daß auch hierdurch eine Ein-
    sparung von Rüstzeiten bewirkt wird.

(2) Um die persönlichen Verteilzeiten zu minimieren, entscheidet sich die
    Unternehmensleitung zur Einführung eines neuen Prämienlohnsystems,
    das auf den Daten der automatischen Anlage aufbaut und bei höherer
    Entlohnung der Arbeiter eine weitere, jedoch überproportionale Er-
    höhung der Hauptzeiten gewährleistet.

Damit sind es letztlich die Entscheidungen der Unternehmensleitung, die die
Erhöhung der Hauptzeiten und damit die Vergrößerung der Ausbringungsmengen bewirken. Diese Entscheidungen wären jedoch ohne den Einsatz der
ADVA nicht möglich gewesen. Darf man bei einer Wirtschaftlichkeitsrechnung nun die aus den Maßnahmen der Unternehmensleitung resultierenden
Konsequenzen den ADVA anlasten? Oder in obigem Beispiel gesprochen:
Sind die Kosten der Anlage um die Kosten für die Zusatzvorrichtung bei
der Maschine, um die Zusatzkosten für die Veränderung der Auftragsfolge
sowie um die Kosten für die Einführung des Prämienlohnsystems zu erhöhen
und ebenso wie auch die zusätzlichen Erlöse auf Grund dieser Maßnahmen
in die Wirtschaftlichkeitsberechnung einzubeziehen?

Das eben angeführte Beispiel ist kein Einzelfall, es ließen sich aus fast
allen Unternehmensbereichen ähnliche aufführen, die zeigen, daß mit den
ADVA Probleme bearbeitet und gelöst werden können, wie es beim Einsatz konventioneller Verfahren nicht oder nur unter einem erheblichen Zeit-
und Kostenaufwand möglich ist. Man muß sogar sagen, daß es die sinnvolle
Ausnutzung der von den ADVA gegebenen Informationen ist, die sie letztlich wirtschaftlich machen.

Zur Klärung der oben aufgeworfenen Fragen wollen wir diese Gedanken auf das unten dargelegte Beispiel der Einführung einer Grenzplankostenrechnung übertragen, da hier prinzipiell das gleiche Problem vorliegt.

Bei der Einführung einer Grenzplankostenrechnung geht man davon aus, daß sich mit ihrer Hilfe genauere Ergebnisse hinsichtlich einer Vielzahl von Fragen, beispielsweise bei der mengenmäßig optimalen Gestaltung eines gegebenen Produktionsprogramms oder bei der Kostenkontrolle, erzielen lassen als bei einer grob pauschalierenden Vollkostenrechnung. Will man nun wissen, ob sich die Einführung einer derartigen Rechnung lohnt, ob sie wirtschaftlich ist, so entsteht die Frage nach dem Maßstab für die Wirtschaftlichkeit. Da es die Aufgabe dieser Rechnungen ist, Entscheidungen der Unternehmensleitung zu beeinflussen und sicherer zu gestalten, können nur die Auswirkungen dieser Entscheidungen Maßstab für die Wirtschaftlichkeit sein.

Die Probleme sind also weitgehend ähnlich denen, die beim Einsatz von ADVA auftreten. Sie sind nicht neu, durch den hohen finanziellen Aufwand, den der Einsatz von ADVA mit sich bringt, werden sie jedoch jetzt besonders relevant. Entscheidet man sich nun für eine Einbeziehung auch der sekundären Wirkungen in eine Investitionsrechnung — wie es uns richtig zu sein scheint —, so bringt dies eine Reihe von Konsequenzen mit sich, von denen hier folgende aufgezeigt werden sollen:

(1) Bei der Darstellung von Problemen der Wirtschaftlichkeit von ADVA dürfen neben den meßbaren Wirkungen, die primär auf den Einsatz der Anlagen zurückgeführt werden können, keine „ideellen" oder „sonstigen" Vorteile mehr aufgezeigt werden. Dies sind, wie oben schon gezeigt wurde, beispielsweise die Aktualität der Informationen, die hohe Transparenz aller betrieblichen Vorgänge, die Flexibilität in der Unternehmensführung u. a. Derartige Vorteile haben nämlich nur dann einen Wert, wenn sie genutzt werden, d. h. wenn durch sie unternehmerische Entscheidungen veranlaßt werden. Geschieht dies, so schlagen sich deren Folgen zahlenmäßig in der Unternehmung nieder und müssen in der Wirtschaftlichkeitsrechnung erfaßt werden; geschieht dies nicht, so sind diese Vorteile zu nichts nutze, sie bleiben Selbstzweck.

(2) Bezieht man die Auswirkungen der Entscheidungen in die Betrachtung ein, so tritt wegen der Interdependenz aller Entscheidungsrechnungen das Problem der Abgrenzung der Verursachung auf. Daneben tritt die mit diesem Abgrenzungsproblem zusammenhängende Schwierigkeit auf, daß die unternehmerischen Entscheidungen zwar von objektiven Größen ・sehr stark beeinflußt, aber nicht „nur" bestimmt werden. Es gehen Spekulationen oder irrationale, „typische Unternehmer"-Momente gleichfalls in die Entscheidungen ein. Bei der Wirtschaftlichkeitsrechnung sollten deshalb nur die Entscheidungen und deren Folgen berücksichtigt werden, die allein von den Daten bestimmt werden, die mit Hilfe der ADVA ermittelt wurden.

(3) Die Wirkungen der Entscheidungen der Unternehmensleitung auf Grund des Einsatzes von ADVA können nur in nachvollziehenden, d. h. in nachträglich feststellenden Wirtschaftlichkeitsrechnungen weitgehend genau berücksichtigt werden. In Vorschaurechnungen, wie sie für die Einsatzplanung von ADVA erforderlich sind, können sie kaum ermittelt werden, weil man nicht weiß, wo die Anlagen Verbesserungsmöglichkeiten aufdecken und welche Entscheidungen derartige Entdeckungen nach sich ziehen werden. Damit lassen sich in einer Ex-ante-Rechnung weder die Kosten noch die Erträge, die auf die Sekundärwirkungen der ADVA zurückzuführen sind, genügend genau vorherbestimmen. Es sind aber gerade diese Sekundärwirkungen, die sich im Faktor „unternehmerisches Verhalten" widerspiegeln, die letzten Endes über die Wirtschaftlichkeit von ADVA entscheiden. Zu diesem Ergebnis gelangt auch die empirische Untersuchung von McKinsey[10].

Es ist möglich, daß sich in späteren Zeiten, wenn man genügend Erfahrungen mit der integrierten Datenverarbeitung gesammelt hat, gewisse Faustregeln für die Berücksichtigung von Sekundärwirkungen bei Investitionsrechnungen von ADVA herausbilden werden. Dies kann beispielsweise in einer überschlägigen Form derart geschehen, daß man die primär durch den Einsatz von ADVA zu erfassenden Werte mit einem bestimmten Faktor multiplizieren kann, um die tatsächliche Wirtschaftlichkeit annähernd darzustellen.

In einer etwas differenzierteren Form werden in der Literatur für ähnliche Probleme[11] Punktwertsysteme zur Bewertung gewonnener Informationen dargestellt. So können beispielsweise die Rechengeschwindigkeit der Anlagen, der wahlfreie Zugriff, die durch Anlagen herbeigeführte Zeitnähe und Genauigkeit des Rechnungswesens und andere typische Merkmale, die mit dem Einsatz von ADVA verbunden sind, mit Wirksamkeitsfaktoren bewertet werden und auf diese Weise zahlenmäßig in die Rechnung eingehen.

Derartige zusätzliche Faustregeln und Punktbewertungssysteme können eine gewisse Annäherung an die tatsächliche Wirtschaftlichkeit der Anlagen bringen. Sie können jedoch nicht ungeprüft von anderen Betrieben übernommen werden und sind insofern mit Mängeln behaftet, als das wirtschaftliche Potential, daß die ADVA bieten, von Unternehmung zu Unternehmung wegen der unterschiedlichen Entscheidungsfreudigkeit und -möglichkeiten

---

[10] Vgl. McKinsey: a. a. O., S. 41 ff.; Gleiches konnte der Verfasser in eigenen empirischen Untersuchungen feststellen. Vgl. Sieper, H. P.; Jacobs, O. H.: Wirtschaftlichkeit technischer Systeme für die Betriebsmittelauslastung. Praktische Erfahrungen in der Anwendung von Anlagen für die zentrale Fertigungssteuerung. Hrsg. vom RKW. Berlin - Köln - Frankfurt 1967.

[11] Vgl. Vodrazka, K.: Betriebsvergleich. Stuttgart 1967, S. 90 f., S. 65, S. 28 und die dort angegebene Literatur zur Bewertung von Informationen. Vgl. weiter die Ansätze einer Theorie der Informationsmessung bei Marschak, J.: Towards an Economic Theory of Organization and Information. In: Decision Processes, hrsg. von R. M. Thrall u. a., New York - London 1954, S. 187 ff.

19*

stets mehr oder weniger stark ausgenutzt wird. Daneben ist es für die Wirtschaftlichkeit von ADVA von großer Bedeutung, wie die Beschaffenheit der bereits im Unternehmen vorhandenen Organisationsmittel und Entscheidungshilfen ist. Je nachdem, mit welchen bereits vorhandenen Entscheidungshilfen die ADVA kombiniert werden, kann der Erfolg in Abhängigkeit von den Möglichkeiten des Zusammenwirkens sehr unterschiedlich sein.

Die bisherigen Aussagen sollten einiges von der Problematik aufzeigen, die den Investitionsrechnungen bei der Einsatzplanung von ADVA eigen ist. Sie sollen jedoch keineswegs die Frage verneinen, ob Investitionsrechnungen bei der Einsatzplanung überhaupt durchgeführt werden sollen. Allein der Umfang der finanziellen Mittel, der mit dem Einsatz der ADVA verbunden ist, fordert derartige Rechnungen. Ex-ante-Rechnungen bei der Einsatzplanung sind jedoch Grenzen gesetzt, die sie als *alleiniges* Kriterium bei der Beantwortung der Frage, ob eine ADVA eingesetzt werden soll, in manchen Fällen bedenklich erscheinen lassen. Dabei ist es weniger die den einzelnen Verfahren der Investitionsrechnung innewohnende theoretische Problematik, die die Unsicherheit derartiger Rechnungen bewirkt, als in wesentlich stärkerem Maße die praktische Schwierigkeit bei der Ermittlung der Einnahmen- und Ausgabenströme.

Für den Fall, daß die ADVA allein zur Bewältigung von Massenverarbeitungsproblemen eingesetzt werden, kann eine Vorschaurechnung eine genügend genaue Entscheidungsgrundlage dafür abgeben, ob eine Anlage eingesetzt werden soll oder nicht. Die Investitionsrechnung wird in Form eines Kostenvergleichs durchgeführt, indem die sofortigen und zukünftigen Kosten alternativer Datenverarbeitungssysteme (z. B. weitgehend manuell und gänzlich automatisierter Datenverarbeitung) verglichen werden, um so die Kosteneinsparungen zu ermitteln. Hierbei lassen sich die anzusetzenden Werte mit ausreichender Sicherheit ermitteln.

In den Fällen, in denen die durch die ADVA bewirkten schnellen und objektiven Informationen und die hierauf beruhenden Entscheidungen der Unternehmensleitung bedeutsam werden, wie es weitgehend bei der integrierten Datenverarbeitung der Fall ist, wird das Problem komplexer.

Hier kann sich das auf der nächsten Seite gezeigte vereinfachende Bild ergeben[12]). Trägt man auf der Ordinate die Kosten ab, die durch den Einsatz der

---

[12]) Die Werte sind willkürlich gewählt. Die verschiedenen Kurven können anders verlaufen, beispielsweise stufenförmig. Auch wenn die beiden Kostenkurven sich nicht schneiden, weil z. B. die Kosten der ADVA stets höher liegen, verändert sich der Aussagewert der Zeichnung nicht, solange die Differenz zwischen den Ertragswerten größer ist als die zwischen den Kostenwerten. Die Ertragswerte brauchen nicht in dem Maße über den Kostenwerten zu liegen, wie es hier dargestellt ist. Sie werden jedoch meist über den Kostenwerten liegen, da andernfalls eine Verarbeitung von Daten außerhalb der gesetzlich vorgeschriebenen unwirtschaftlich und damit abzulehnen wäre. Es wird weiter unterstellt, daß sich die Kosten- und Ertragssteigerungen sowie die Menge der zu verarbeitenden Daten in jeweils gleichartigen Maßgrößen darstellen lassen. Für den hier verfolgten Demonstrationszweck sind diese Unterstellungen zulässig.

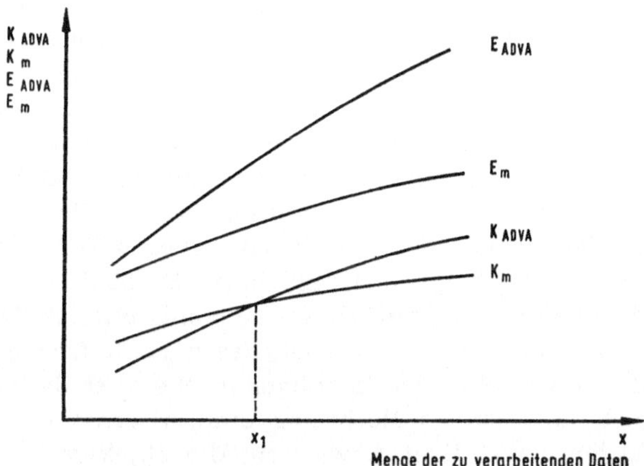

ADVA entstehen (K_{ADVA}), außerdem die Kosten einer alternativ möglichen nicht automatisierten Datenverarbeitung (K_m) sowie die Ertragssteigerungen auf Grund des Einsatzes der ADVA (E_{ADVA}) und auf Grund der nicht automatisierten Datenverarbeitung (E_m) und trägt man auf der Abszisse die Mengen der zu verarbeitenden Daten (x) ab, so kann sich folgendes ergeben: Bei einer beabsichtigten weiteren Integration der Datenverarbeitung von x_1 an würde man bei einem Kostenvergleich die ADVA durch die andere Datenverarbeitungsmethode ersetzen, da diese von diesem Punkt an weniger Kosten verursacht. Ob diese andere Verarbeitungsmethode schneller und genauer arbeitet oder eine sicherere Entscheidungsgrundlage bietet, ist beim reinen Kostenvergleich nicht ersichtlich. Diese Frage wird erst bedeutsam, wenn man die Ertragssteigerungen auf Grund der schnelleren und verbesserten Entscheidungsmöglichkeiten zusätzlich in die Rechnung einbezieht. In diesem Fall zeigt die Abbildung, daß die Beibehaltung der automatisierten Verarbeitung in jedem Falle wirtschaftlicher ist als der Übergang zu einer anderen Art der Verarbeitung, da die Differenz zwischen E_{ADVA} und E_m bei jeder folgenden Integrationsstufe größer bleibt als die Differenz zwischen K_{ADVA} und K_m.

In allgemeiner Form kann man hierzu zusammenfassend sagen, daß es letztlich die durch den Einsatz von ADVA verbesserten Entscheidungsmöglichkeiten und die aus den durchgeführten Entscheidungen resultierenden Kosten- und Ertragsströme sind, die die Wirtschaftlichkeit von ADVA bestimmen. Diese Kosten- und Ertragsströme können als Sekundärwirkungen bezeichnet werden. Sie müssen bei Investitionsrechnungen berücksichtigt werden. Geschieht dies nicht, wie es bisher wegen der Schwierigkeiten ihrer Erfassung bei Vorschaurechnungen meist der Fall ist, so kommt man zu folgendem Schluß: Stellt sich bei einem Verfahrensvergleich zwischen ADVA und anderen Datenverarbeitungsmethoden heraus, daß die Kosten bei der ADVA geringer sind als bei alternativen Verfahren, so kann zuverlässig geschlossen werden, daß der Einsatz der ADVA wirtschaftlich ist. Hierbei unterstellt man mit Recht, daß die Rechnung eine Mindestrechnung ist, da bei sinnvollen Entscheidungen auf Grund der Informationen durch die Anlage die sekundär bewirkten Ertragsströme größer als die sekundären Kostenströme sind. Ergibt sich jedoch umgekehrt in einer Vorschaurechnung als Ergebnis, daß die mit dem Einsatz der Anlage entstehenden Kosten größer sind als beim Einsatz von nicht automatisierten Verfahren, so rechtfertigt dies nicht den Schluß, daß der Einsatz einer ADVA unwirtschaftlich ist. Denn in diesem Falle hat man lediglich ein Ergebnis errechnet, das im ungünstigsten Falle eintreten wird. Dieses Ergebnis unterstellt nämlich, daß die Unternehmensleitung nicht gewillt ist, das wirtschaftliche Potential der Anlage sinnvoll auszunutzen. Zweckmäßiger erscheint es deshalb, zumindest neben einer solch ungünstigen Rechnung eine Alternativrechnung durchzuführen, die unter vorsichtiger Bewertung die objektiv vorhandenen Sekundärwirkungen der ADVA mit einschließt. Diese Rechnung eignet sich eher als Entscheidungskriterium für den Einsatz der ADVA, da ihr Ergebnis wahrscheinlicher als im ersten Falle eintreten wird. Dabei kann man davon ausgehen, daß die Sekundärwirkungen sich um so besser voraussagen lassen werden, je mehr Erfahrungen man im Laufe der Zeit beim Einsatz von automatisierten Datenverarbeitungsanlagen sammeln wird.

Voraussetzungen einer rationalen ADV-Einsatzentscheidung

Arbeitspapier (Symposium)

Von

Dipl.-Kfm. A. Jentzsch

Wirtschafts- und Sozialwissenschaftliche Fakultät
der Freien Universität Berlin

Inhalt

Die technischen und organisatorischen Probleme des Einsatzes von ADV-Anlagen haben bisher die zentrale betriebswirtschaftliche Frage nach der Wirtschaftlichkeit des Anlageneinsatzes in den Hintergrund treten lassen. Ökonomische Mißerfolge sind deshalb nicht ausgeblieben.

Die Beantwortung der Wirtschaftlichkeitsfrage, die sich hier letztlich auf die Ermittlung und auf den Vergleich von Kosten-Leistungsrelationen reduzieren läßt, kann nur bei Vorliegen bestimmter Daten erfolgreich sein, zu deren Gewinnung zahlreiche, vor allem methodische Voraussetzungen erfüllt sein müssen.

Lassen sich diese Voraussetzungen aufzeigen, so wird u. a. durch den Vergleich mit den zu ihrer Herbeiführung vorliegenden wissenschaftlichen Arbeiten eine Gewichtung und Steuerung der notwendigen Forschungsarbeit möglich.

Am Beispiel eines (hypothetischen) Rahmenprogramms einer rationalen ADV-Einsatzentscheidung sollen diese Voraussetzungen aufgezeigt werden. Das Programm selbst wird einer kritischen Betrachtung zu unterziehen sein.

A. Beschreibung des Sachproblems

Der Ersteinsatz oder die Veränderung bestehender Einsätze von digitalen ADV-Anlagen in einem bestimmten Betrieb setzt aus betriebswirtschaftlicher Sicht eine spezielle *Investitionsentscheidung* voraus, die in der Beantwortung folgender Fragen besteht:

(1) Wird der Einsatz irgendeines ADV-Systems überhaupt wirtschaftlich sein?

(2) Welche von in der Regel zahlreichen organisatorisch-technischen Alternativen ist optimal?

Die spezielle Problematik dieser Entscheidung folgt aus den Tatsachen, daß erstens der ADV-Einsatz überwiegend in dem wenig untersuchten Betriebsbereich der Büro- und Verwaltungstätigkeiten stattfindet, zweitens regelmäßig umfangreiche, strukturelle Veränderungen eintreten und drittens der Anlageneinsatz selbst schwer abschätzbare Vorbereitungen (Software) erfordert.

Die Konkretisierung der genannten Fragen läuft auf einen Vergleich des Kosten-Leistungsverhältnisses eines Istzustandes

$\left(\dfrac{K_I}{L_I} \right)$ mit Kosten- Leistungsverhältnissen möglicher Sollzustände

$\left(\dfrac{K_{Si}}{L_{Si}} \right)$ in einem Betrieb oder Betriebsbereich hinaus.

Die Antwort auf die Frage (1) ist positiv, wenn $\left(\dfrac{K_I}{L_I}\right) > \left(\dfrac{K_{Si}}{L_{Si}}\right)$ ist.

Die Antwort auf Frage (2) bei mehreren positiven Alternativen lautet: Es wird das System gewählt, dessen Kosten- Leistungsverhältnis einen minimalen Wert hat.

$$\left(\frac{K_{Si}}{L_{Si}} \stackrel{!}{=} \min. \qquad (i = 1, 2, \ldots, n)\right).$$

Die zweckmäßigste Ausgangsvorstellung, innerhalb deren eine entsprechende Problemformulierung gelten kann, besteht in der Begrenzung der Betrachtung auf das Informationssystem (den Informationsstrom) des Betriebes, das (der) als in sich geschlossener Betriebsbereich angesehen wird und wie ein externer Servicebetrieb arbeitet. Die „Leistung" dieses „Betriebes" wird dann in zahlreiche Einzelleistungen in Form von Daten aufspaltbar, die durch Informations- (und/oder Datenverarbeitungs-) prozesse gewonnen werden.

B. Rahmenprogramm einer rationalen ADV-Einsatzentscheidung

Ausgehend von der obengenannten Modellvorstellung eines Informationssystems, lassen sich der Prozeß einer rationalen ADV-Einsatzentscheidung und die für ihn erforderlichen Voraussetzungen darstellen, indem der Entscheidungsprozeß in Form eines Rahmenprogramms skizziert wird[1]). Es werden mehrere Programmabschnitte unterschieden, die entweder eine bzw. mehrere Veränderungsoperationen zur Datengewinnung oder Vergleichsoperationen umfassen.

I. ADV - orientierte Analyse des Informationssystems

Sowohl für die ökonomische Beurteilung des Istzustandes des betrieblichen Informationssystems als auch für die Entwicklung alternativer Sollzustände ist eine Analyse dieses Systems erforderlich. Sie führt zu einer Aufgliederung in einzelne Prozesse oder Prozeßgruppen, die in sich einheitliche Produkte hervorbringen. Hierzu wird als erste Voraussetzung ein allgemeines *Beschreibungsmodell des betrieblichen Informationssystems* benötigt, das grundsätzliche Aussagen darüber liefert, welche Sachverhalte in welcher Form für die ökonomische Beurteilung des Istzustandes und die Entwicklung alternativer Sollzustände erforderlich sind.

---

[1]) Vgl. nächste Seite.

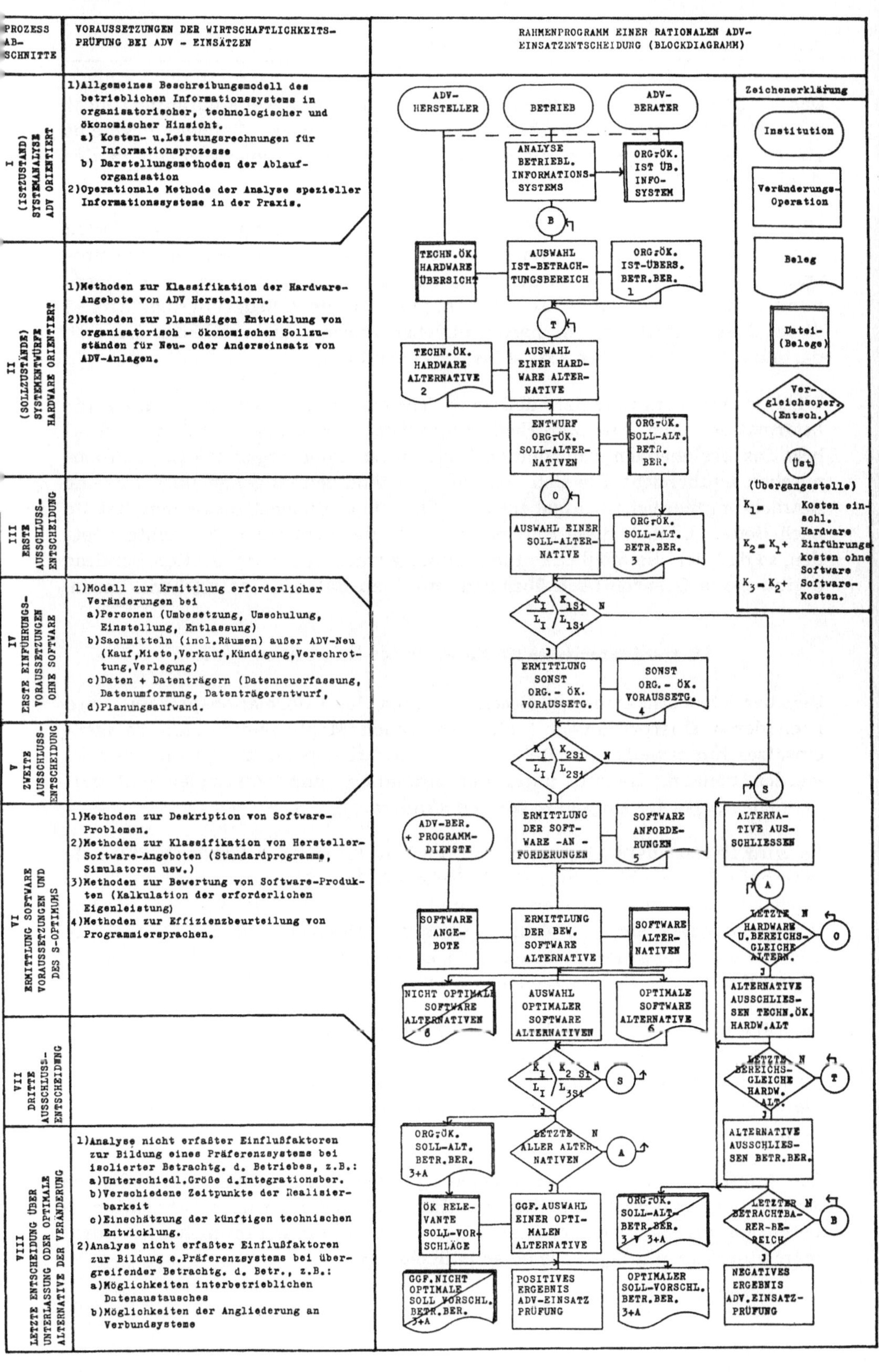

PROZESS ABSCHNITTE
VORAUSSETZUNGEN DER WIRTSCHAFTLICHKEITS-PRÜFUNG BEI ADV - EINSÄTZEN
RAHMENPROGRAMM EINER RATIONALEN ADV-EINSATZENTSCHEIDUNG (BLOCKDIAGRAMM)

I (ISTZUSTAND) SYSTEMANALYSE ADV ORIENTIERT
1) Allgemeines Beschreibungsmodell des betrieblichen Informationssystems in organisatorischer, technologischer und ökonomischer Hinsicht.
a) Kosten- u. Leistungsrechnungen für Informationsprozesse
b) Darstellungsmethoden der Ablauforganisation
2) Operationale Methode der Analyse spezieller Informationssysteme in der Praxis.

II (SOLLZUSTÄNDE) SYSTEMENTWÜRFE HARDWARE ORIENTIERT
1) Methoden zur Klassifikation der Hardware-Angebote von ADV Herstellern.
2) Methoden zur planmäßigen Entwicklung von organisatorisch - ökonomischen Sollzuständen für Neu- oder Anderseinsatz von ADV-Anlagen.

III ERSTE AUSSCHLUSS-ENTSCHEIDUNG

IV ERSTE EINFÜHRUNGS-VORAUSSETZUNGEN OHNE SOFTWARE
1) Modell zur Ermittlung erforderlicher Veränderungen bei
a) Personen (Umbesetzung, Umschulung, Einstellung, Entlassung)
b) Sachmitteln (incl. Räumen) außer ADV-Neu (Kauf, Miete, Verkauf, Kündigung, Verschrottung, Verlegung)
c) Daten + Datenträgern (Datenneuerfassung, Datenumformung, Datenträgerentwurf,
d) Planungsaufwand.

V ZWEITE AUSSCHLUSS-ENTSCHEIDUNG

VI ERMITTLUNG SOFTWARE VORAUSSETZUNGEN UND DES S-OPTIMUMS
1) Methoden zur Deskription von Software-Problemen.
2) Methoden zur Klassifikation von Hersteller-Software-Angeboten (Standardprogramme, Simulatoren usw.)
3) Methoden zur Bewertung von Software-Produkten (Kalkulation der erforderlichen Eigenleistung)
4) Methoden zur Effizienzbeurteilung von Programmiersprachen.

VII DRITTE AUSSCHLUSS-ENTSCHEIDUNG

VIII LETZTE ENTSCHEIDUNG ÜBER UNTERLASSUNG ODER OPTIMALE ALTERNATIVE DER VERÄNDERUNG
1) Analyse nicht erfaßter Einflußfaktoren zur Bildung eines Präferenzsystems bei isolierter Betrachtg. d. Betriebes, z.B.:
a) Unterschiedl. Größe d. Integrationsber.
b) Verschiedene Zeitpunkte der Realisierbarkeit
c) Einschätzung der künftigen technischen Entwicklung.
2) Analyse nicht erfaßter Einflußfaktoren zur Bildung e. Präferenzsystems bei übergreifender Betrachtg. d. Betr., z.B.:
a) Möglichkeiten interbetrieblichen Datenaustausches
b) Möglichkeiten der Angliederung an Verbundsysteme

ADV-HERSTELLER
BETRIEB
ADV-BERATER
Zeichenerklärung
Institution
Veränderungs-Operation
Beleg
Datei-(Belege)
Vergleichsoper. (Entsch.)
Üst. (Übergangsstelle)

ANALYSE BETRIEBL. INFORMATIONS-SYSTEMS
ORG.-ÖK. IST ÜB. INFO-SYSTEM
B

TECHN.-ÖK. HARDWARE ÜBERSICHT
AUSWAHL IST-BETRACHTUNGSBEREICH
ORG.-ÖK. IST-ÜBERS. BETR.BER. 1
T

TECHN.-ÖK. HARDWARE ALTERNATIVE 2
AUSWAHL EINER HARDWARE ALTERNATIVE

ENTWURF ORG.-ÖK. SOLL-ALTERNATIVEN
ORG.-ÖK. SOLL-ALT. BETR. BER.
O

AUSWAHL EINER SOLL-ALTERNATIVE
ORG.-ÖK. SOLL-ALT. BETR.BER. 3

ERMITTLUNG SONST ORG.-ÖK. VORAUSSETG.
SONST ORG. - ÖK. VORAUSSETG. 4

ERMITTLUNG DER SOFTWARE-ANFORDERUNGEN 5
ADV-BER. + PROGRAMM-DIENSTE
SOFTWARE ANFORDERUNGEN
ALTERNATIVE AUSSCHLIESSEN
S
A

SOFTWARE ANGEBOTE
ERMITTLUNG DER BEW. SOFTWARE ALTERNATIVE
SOFTWARE ALTERNATIVEN
LETZTE HARDWARE U. BEREICHSGLEICHE ALTERN.
O

NICHT OPTIMALE SOFTWARE ALTERNATIVEN 6
AUSWAHL OPTIMALER SOFTWARE ALTERNATIVEN
OPTIMALE SOFTWARE ALTERNATIVE 6
ALTERNATIVE AUSSCHLIESSEN TECHN.ÖK. HARDW.ALT

S
LETZTE BEREICHSGLEICHE HARDW. ALT.
T

ORG.-ÖK. SOLL-ALT. BETR.BER. 3+A
LETZTE ALLER ALTERNATIVEN
A
ALTERNATIVE AUSSCHLIESSEN BETR.BER.

ÖK RELEVANTE SOLL-VORSCHLÄGE
GGF. AUSWAHL EINER OPTIMALEN ALTERNATIVE
ORG.-ÖK. SOLL-ALT. BETR.BER. 3+A
LETZTER BETRACHTBARER-BEREICH
B

GGF. NICHT OPTIMALE SOLL VORSCHL. BETR.BER. 3+A
POSITIVES ERGEBNIS ADV-EINSATZ PRÜFUNG
OPTIMALER SOLL-VORSCHL. BETR.BER. 3+A
NEGATIVES ERGEBNIS ADV.EINSATZ-PRÜFUNG

K1 = Kosten einschl. Hardware
K2 = K1 + Einführungskosten ohne Software
K3 = K2 + Software-Kosten.

Das Vorhandensein eines allgemeinen Beschreibungsmodells garantiert nicht die praktische Durchführbarkeit einer solchen Analyse. Vielmehr erscheint als zweite Voraussetzung zwingend, daß eine *operationale Methode der Analyse spezieller Informationssysteme* vorliegt.

Hinsichtlich der Ergebnisse, die durch beide Voraussetzungen erzielt werden können, wurde bereits die prozessuale Darstellung des Komplexes der Büro- und Verwaltungstätigkeiten genannt, die das Mengengerüst für die Zuordnung von Werten angibt. Darüber hinaus ist die Gliederungsmöglichkeit dieser Prozeßdarstellungen nach Betriebsbereichen zu erwähnen, die eine partielle Betrachtung des ADV-Einsatzes erlaubt.

Wird weiter vorausgesetzt, daß eine *Kosten- und Leistungsrechnung für Informations- und Datenverarbeitungsprozesse* möglich ist, so führt die Analyse des bestehenden Informationssystems zu einer organisatorisch-ökonomischen Istübersicht, die sich aus den selbständigen Angaben über einzelne Betrachtungsbereiche (Aufgaben- oder Funktionsbereiche) zusammensetzt. Je nach Bedarf können diese Bereiche isoliert oder gemeinsam betrachtet werden, so daß sich die Möglichkeit der Bildung wachsender Integrationsbereiche ergibt, deren Grenzen noch über den einzelnen Betrieb hinausgehen können.

II. Hardwareorientierte Entwürfe des Informationssystems

Den bereichsweise erfolgten Beschreibungen der Informationsprozesse wird nach deren Überprüfung auf die technischen Möglichkeiten des Anlageneinsatzes hin jeweils eine Reihe von Hardwareangeboten gegenübergestellt werden können, die alle unter der Annahme funktionierender und vorhandener Software eingesetzt werden könnten.

Es wird davon auszugehen sein, daß die Variabilität der Hardwareangebote innerhalb der kombinierbaren technischen Anlagesystemelemente sowie das Vorhandensein mehrerer Hersteller und die unterschiedlichen ökonomischen Angebotsformen einen Überblick über die Hardware schwierig machen. Als Voraussetzung der beabsichtigten Zuordnung sind daher *Methoden zur Klassifikation der Hardwareangebote von ADV-Herstellern* erforderlich.

Die Zuordnung der (des) Hardwareangebote(s) zu den Istübersichten der Betrachtungsbereiche bildet die Basis für den Entwurf organisatorisch-ökonomischer Sollalternativen. Hierfür sind *Methoden* zu fordern, die *zur planmäßigen Entwicklung organisatorisch-ökonomischer Sollzustände* herangezogen werden können.

Die Anzahl der hardwareorientierten Systementwürfe wird regelmäßig die Anzahl der organisatorisch-ökonomischen Istübersichten nach Betrachtungsbereichen weit übersteigen. Dies folgt aus der Kombination mehrerer Hardwarealternativen mit jeweils einer Istübersicht.

Die Beschreibung der Sollalternativen je Betrachtungsbereich deckt sich hinsichtlich der Art der Angaben über Kosten und Leistungen mit denen der Istübersichten.

III. Erste, hardwarebezogene Ausschlußentscheidung

Die Gegenüberstellung der Sollalternativen und der Istübersichten führt zum Ausschluß derjenigen Sollalternativen, die bereits unter alleiniger Berücksichtigung der Hardwarekosten im Vergleich der Kosten-/Leistungsverhältnisse negative Ergebnisse zeigen.

Wie angedeutet, bleiben die Einführungskosten der sonstigen organisatorisch-ökonomischen Veränderungen, die zur Erreichung der Sollzustände erforderlich sind, sowie die Kosten der Beschaffung der benötigten Software außer Betracht.

Das Entscheiden reduziert sich zu Vergleichsakten, an deren Ende entweder keine, eine einzige oder eine ganze Reihe von positiven Alternativen steht. Während beim Fehlen einer einzigen positiven Lösung das Programm abgebrochen werden müßte (es ist dann kein wirtschaftlicher ADV-Einsatz möglich), läuft die Prüfung bei einer oder mehreren positiven Möglichkeiten weiter. Liegen mehrere Alternativen vor, so sind diese unabhängig von ihrer unterschiedlichen Differenz zum Kosten- und Leistungsverhältnis der Istübersicht völlig gleichwertig für die weiteren Überlegungen, da die nunmehr zu betrachtenden Kosten in keiner abhängigen Beziehung zu den bisherigen Werten stehen.

IV. Ermittlung der Einführungsvoraussetzungen ohne Software

Die strukturellen Veränderungen, die im Betrieb bei Realisation eines konzipierten Sollzustandes mit ADV-Einsatz notwendig werden, können zu erheblichen finanziellen Belastungen führen. Um diese Größe ex ante bestimmen zu können, wird als weitere Voraussetzung die Entwicklung eines *Modells zur Ermittlung der erforderlichen Veränderungen* benötigt. Diese Veränderungen können z. B. in die Gruppen Personal, Sachmittel, Daten und Datenträger sowie Planung getrennt werden. Im Personalbereich sind sie z. B. hinsichtlich der Umbesetzungen, Umschulungen, Einstellungen und Entlassungen festzustellen. Im Sachmittelbereich werden (außer den bereits in die bisherige Sollübersicht eingegangenen Kosten der neuen ADV-Anlage) z. B. Neuanschaffungen, Kündigungen der Mietverträge, Verkäufe und Verschrottungen von Anlage- und Umlaufvermögensteilen zu bestimmen sein.

Die Kosten für Daten und Datenträger sind neben dem Entwurf und der Beschaffung von neuen Datenträgern vor allem in der evtl. notwendigen Datenerfassung zu sehen, die in der Regel einmalig hinsichtlich zu speichernder Bestände durchzuführen ist. Dieser Faktor kann bei der Ersteinrichtung von Datenbanken zu Kosten führen, die den Anlagenpreis übersteigen. Letztlich wird der Planungsaufwand, der der Einführung eines ADV-Systems vorausgeht und in keinem der genannten Bereiche enthalten ist, berücksichtigt werden müssen. Die mehrjährige Bindung zahlreicher Experten bei umfangreichen ADV-Systemen verdeutlicht diesen Kostenfaktor.

V. Zweite, veränderungsbezogene Ausschlußentscheidung

Wird nach Erhöhung der Kosten der jeweiligen Sollalternativen je Betrachtungsbereich die unter III vorgenommene Vergleichsoperation wieder aufgenommen, so führt dies zum Ausschluß aller oder weiterer Alternativen. Nur solche Sollzustände bleiben innerhalb der weiteren Prüfung, deren Einführungskosten außer der Software nicht die durch den laufenden Einsatz entstehenden Vorteile aufheben.

VI. Ermittlung der Softwarevoraussetzungen und des Softwareoptimums

Hinsichtlich der verbleibenden Alternativen wird die Bestimmung des optimalen Softwareeinsatzes erforderlich. Hierzu wäre als weitere Voraussetzung für eine rationale Einsatzentscheidung das Vorliegen von *Methoden zur Deskription von Softwareanforderungen* notwendig. Hierbei wird insbesondere zu berücksichtigen sein, daß die Hersteller mit der Hardware Softwareangebote (gratis oder gegen Rechnung) abgeben, die im Hinblick auf spezielle Anwendungsprobleme schwierig zu beurteilen sind. Eine *Methode zur Klassifikation von Softwareangeboten* ist daher als weitere Voraussetzung zu nennen, die zu programmtechnischen Angaben über erforderliche eigene Aktivitäten führt. Darüber hinaus werden *Methoden zur Bewertung von Softwareangeboten* erforderlich, durch die Angebote und geplante Eigenproduktionen preislich erfaßt werden können.

Wird eine eigene Programmierung durchgeführt, so taucht bei mehreren Sprachalternativen das Problem der *Effizienz von Programmiersprachen* auf, bei dem u. a. einerseits der Programmieraufwand bei gegebenem Sachproblem und andererseits die benötigte Anlagenbelastung erfaßt werden müssen.

VII. Dritte, softwarebezogene Ausschlußentscheidung

Nach Veränderung der Kosten-Leistungsverhältnisse durch Einbeziehung der Software führt die erneute Vornahme von Vergleichsoperationen mit dem Istzustand wiederum zum Ausschluß aller oder weiterer Sollalternativen.

Es verbleiben nur solche Lösungen in der Betrachtung, die sämtliche durch den Anlageneinsatz hervorgerufenen Kosten-Leistungsveränderungen gegenüber dem bestehenden Zustand einschließen und zu einem besseren Kosten-

Leistungsverhältnis führen. Die Alternativen sind nicht gleichwertig und haben lediglich gemeinsam, daß bei jeder Lösung ökonomische Verbesserungen erwartet werden dürfen.

VIII. Letzte Entscheidung über Unterlassung oder optimale Auswahl der Veränderung

Geht man davon aus, daß die bisherigen Daten, die in die Beschreibung und Auswahl der möglichen Alternativen eingegangen sind, alle auch künftig absehbaren Auswirkungen auf die Wirtschaftlichkeit des Anlageneinsatzes umfassen, so besteht die letzte „Entscheidung" in der (wiederum durch Vergleich möglichen) Auswahl desjenigen Sollvorschlages, der das minimale Kostenleistungsverhältnis mit sich bringt.

Bestehen hinsichtlich dieser Vollständigkeit Zweifel oder wird die Möglichkeit der nicht rein wirtschaftlichen Bewertung innerhalb „besserer" Verfahren zugelassen, so sind auch andere Lösungen denkbar.

Nur hinsichtlich des Fehlens relevanter Daten erscheint eine weitere Überlegung sinnvoll. Es handelt sich hierbei um Einflußfaktoren, die (noch) nicht in intersubjektiv nachweisbare Veränderungen der Kosten-Leistungsverhältnisse umgeformt werden können. Diese Faktoren lassen sich in solche der isolierten Betrachtung des Betriebes und solche übergreifender Art einteilen. Sie könnten zur Bildung eines Präferenzsystems herangezogen werden, das eine andere (als die rein rechnerische) Auswahl unter den Alternativen ermöglicht.

Als Voraussetzung zur Durchführung einer solchen Auswahl wären die *Methoden zur Analyse von Einflußfaktoren zur Bildung eines solchen Präferenzsystems* zu nennen. Unter diesen Faktoren wären bei isolierter Betrachtung des Betriebes z. B. die unterschiedlichen Größen der Integrationsbereiche, die verschiedenen Zeitpunkte der Realisierbarkeit und die Einschätzung der künftigen technischen Entwicklung aufzuzählen. Bei übergreifender Betrachtung sind beispielsweise die Möglichkeiten innerbetrieblichen Datenaustausches und der Angliederung des Betriebes an Verbundsysteme zu erwähnen.

Als extreme Möglichkeit des Auswahlergebnisses ist zu berücksichtigen, daß bei entsprechendem Präferenzsystem auch unter mehreren im letzten Programmabschnitt verbliebenen Alternativen kein Einsatz eines ADV-Systems realisiert wird.

C. Kritische Betrachtung des Rahmenprogramms

Das dargestellte Programm und die genannten Voraussetzungen führen bei kritischer Untersuchung der Praktizierbarkeit und des Umfangs der berücksichtigten Wirtschaftlichkeitsprobleme des ADV-Einsatzes zu unterschiedlichen Aussagebeschränkungen.

Die Praktizierbarkeit eines solchen Rahmenprogramms dürfte selbst bei Vorliegen aller methodischen Voraussetzungen durch den Ermittlungsaufwand fraglich werden, wenn vor allem die Sollalternativen sehr differenziert angegeben werden. Hier wäre eine Vereinfachung notwendig, die innerhalb zu bestimmender Toleranzbereiche so lange Grob- oder Überschlagsentwürfe berücksichtigt, bis eine oder wenige „relevante" Alternativen ausgewählt sind.

Hinsichtlich der aufgeführten Wirtschaftlichkeitsprobleme kann ein Anspruch auf Vollständigkeit nicht erhoben werden (wie der Vergleich mit dem Problemkatalog des Symposiums zeigt). So sind z. B. viele Fragen der Wirtschaftlichkeit bestehender ADV-Einsätze ausgeklammert. Insbesondere sind die durch die eingangs unterstellten umfangreichen Strukturveränderungen entstehenden Durchsetzungsprobleme unberücksichtigt geblieben.

Ökonomische Beschaffungsentscheidungen beim Einsatz von ADV-Anlagen
- Kauf, Miete oder Leasing -

Vortrag (Fachtagung)

Von

H. Marwedel

Leiter der Datenverarbeitung der ESSO AG, Hamburg

Inhalt

A. Einleitung

Die Ausführungen stellen keine abgerundete wissenschaftliche Erörterung mit allgemeingültigem Ergebnis dar, sondern beziehen sich auf eine in der ESSO AG, Hamburg, durchgeführte Fallstudie. Gegenstand der Untersuchung war die Frage, ob alle oder einige im Rechenzentrum dieses Unternehmens installierten ADV-Anlagen, die zur Zeit gemietet sind, kostengünstiger durch den Abschluß eines Leasingvertrags oder durch den direkten Kauf vom Hersteller betrieben werden könnten. Die Herstellerwahl und die Auswahl der gegenwärtig benötigten Maschinenkonfiguration war nicht Gegenstand der Überlegungen. Es konnte von gegebenen Verhältnissen ausgegangen werden.

Die Abbildung 1 erläutert, welches Investitionsvolumen insgesamt Gegenstand der Studie gewesen ist. Die ADV-Anlagen 1 und 2 sind erst seit Oktober vergangenen Jahres installiert, während die Anlage 3 bereits seit über einem Jahr im Besitz der Unternehmung ist. In allen Fällen kann von einer Kaufoption Gebrauch gemacht werden, die zu einer Anrechnung eines Teils der bisherigen Mietezahlung auf den Kaufpreis führen würde.

	Herstellermiete pro Monat*) DM	Kaufpreis laut Liste DM	Kaufpreis für ESSO AG per 1. 4. 1969 (Option) DM
ADV-Anlage 1	259 000	10 573 000	9 742 000
ADV-Anlage 2	83 000	3 639 000	3 352 000
ADV-Anlage 3	47 000	2 042 000	1 788 000
	389 000	16 254 000	14 882 000

*) Einschl. Miete für zusätzliche Nutzung.

Abb. 1: Betrachtetes Investitionsvolumen

B. Mögliche Vertragsformen

Abbildung 2 auf der nächsten Seite zeigt die Entscheidungsalternativen.

I. Die Bedingungen des Hersteller-Mietvertrages

Die Monatsmiete enthält Wartungsgebühren und Versicherung. Sie ist als eine Grundmiete zahlbar für eine monatliche Maschinenbenutzung von 182

	Kauf	Hersteller-miete	Leasing-vertrag A	Leasing-vertrag B
Monatliche Kosten	Zinsen, Abschreibungen, Wartungskosten, Versicherung	2,43 % des eff. Kaufpreises + Miete für zusätzliche Nutzung	1,64 % bis 1,74 % des eff. Kaufpreises + Wartungskosten + Versicherung	86 % bis 93 % des entspr. Hersteller-Mietpreises
Maschinentausch	keine Rücknahmeverpflichtung des Herstellers	jederzeit	bedingt, unter Zahlung eines Ausgleichs	nur durch Kündigung gem. vertraglicher Fristen
Vertragliche Bindung	entfällt, Verkauf an Dritte möglich	12 Monate	30 bis 60 Monate	11 bis 60 Monate

Abb. 2: Entscheidungsalternativen

Stunden. Darüber hinausgehende Inanspruchnahme der Maschinen wird mit 10 % des sich aus der Erstschichtnutzung ergebenden Stundenpreises berechnet. Ein Austausch von gemieteten Maschinen ist jederzeit möglich, d. h. im Rahmen der Lieferfristen für neue Aggregate, wenn dies auch nicht ausdrücklich im Vertrag zugesichert ist. Die vertragliche Bindung besteht zunächst für ein Jahr und kann anschließend zu jedem Monatsende mit 6-wöchiger Kündigungsfrist beendet werden. Die bereits erwähnte Kaufoption ermöglicht bei Kauf bereits installierter Maschinen die Anrechnung von durchschnittlich 50 % der in den ersten 12 Monaten nach Installation bezahlten Monatsmiete.Vom Hersteller werden ohne vertragliche Bindung Kundendienstleistungen auf folgendem Gebiet gewährt:

— Installationsvorbereitung/Beratung

— Mitarbeiterschulung

— System- und Anwendungsberatung

— Bereitstellung von Software (systembezogene und anwendungsbezogene Programme)

II. Kauf von ADV-Anlagen

Als Kaufpreis sind heute in der Regel ca. 40 Monatsmieten zu bezahlen. Bei neueren Modellen werden ungefähr 50 Monatsmieten in Rechnung gestellt. Zusätzlich ist ein Wartungsabkommen abzuschließen. Die Kosten hierfür sind, gemessen an der jeweiligen Monatsmiete, für verschiedene Maschinenkomponenten verschieden hoch. Sie schwanken zwischen 3 und 18 % der Monatsmiete. Für die betrachtete Konfiguration ergibt sich ein Durchschnittswert von ca. 6 % der Monatsmiete.

Die freiwilligen Kundendienstleistungen des Herstellers werden beim Kauf in derselben Weise gewährt wie bei Mietinstallationen. Voraussetzung ist allerdings, daß es sich um den Erstbenutzer der Anlage handelt.

Über den Kauf gebrauchter ADV-Anlagen liegen noch keine Erfahrungen vor, da der Markt sich erst seit kurzer Zeit zu entwickeln beginnt. Bekannt ist lediglich, daß die Herstellerunterstützung im Hinblick auf die freiwilligen Kundendienstleistungen für den 2. oder Folgebenutzer nicht kostenfrei gewährt wird. Der Abschluß eines Wartungsvertrags und die Inanspruchnahme gewisser Dienstleistungen gegen Gebühr sind jedoch in der Regel möglich.

III. Leasing von ADV-Anlagen

Die übliche Form des Leasings als Mittel der Finanzierung (auch Full-Payout-Lease genannt) wurde in unserer Betrachtung von vornherein ausgeschlossen, da günstigere Finanzierungsmöglichkeiten zur Verfügung stehen.

Das speziell von einigen Computer-Leasingfirmen angebotene Operating Leasing dagegen bietet auf den ersten Blick erhebliche Vorteile gegenüber dem Herstellermietvertrag, soweit man nur die monatlichen Mietkosten in Betracht zieht. Es handelt sich hierbei nicht um eine Kaufmiete wie beim Finanzierungsleasing. Die ADV-Anlagen bleiben vielmehr Eigentum der Leasinggesellschaften und fallen nach Ablauf der Vertragsperiode an sie zurück. Die gebotenen Konditionen gehen von der Annahme aus, daß eine ADV-Anlage auch nach vier oder fünf Jahren noch einen ansehnlichen Restwert besitzt und eine Weiterverwertung durch Fortsetzung des Leasingvertrags mit reduzierter Miete oder ein Verkauf der gebrauchten Anlage nach Abschluß der ersten Leasingperiode noch möglich ist. Das Angebot der Leasinggesellschaften bezieht sich deswegen auch nicht unterschiedslos auf alle am Markt angebotenen Maschinen, sondern beschränkt sich auf die gängigen und weitverbreiteten Typen, für die angenommen werden kann, daß sich über einen längeren Zeitraum hinweg ein Gebrauchtmaschinenmarkt entwickelt.

Neben vielfachen kleinen Unterschieden zwischen den einzelnen Vertragsarten lassen sich grundsätzlich zwei Leasingkontrakte unterscheiden. Der Typ A legt den monatlichen Mietbetrag als Prozentsatz des effektiven Kaufpreises fest. Hierbei ist es möglich, durch Kauf der Anlage vom Hersteller und sofortigen Weiterverkauf an die Leasinggesellschaft die Kaufoption auszuüben und dadurch zu einer reduzierten monatlichen Belastung zu kommen. Kosten für Wartung und Versicherung sind in dieser monatlichen Miete nicht enthalten. Der Vertragstyp B fixiert die monatliche Mietzahlung in Prozent der Herstellermiete. Je nach Vertragsdauer ergeben sich dabei Einsparungen zwischen 7 und 14 %, gerechnet auf die Herstellermiete. In diesem Fall sind auch Wartung und Versicherung mit abgegolten.

Die finanziellen Vorteile, die durch die Leasingverträge geboten werden, ergeben sich aus der längerfristigen Bindung, die bei Abschluß der Verträge einzugehen ist. Lediglich in einem Fall wird ein Leasingvertrag des Typs B angeboten, der es ermöglicht, bereits 11 Monate nach Abschluß des Vertrags das Leasingverhältnis zu beenden. In diesem Fall müssen jedoch für die Nichtabnahme der gesamten Vertragsdauer Mietaufschläge in Kauf genommen werden.

C. Allgemeine Überlegungen zum Beschaffungsproblem

I. Der zukünftige Kapazitätsbedarf und seine Deckung

In der Diskussion mit anderen ADV-Benutzern wird immer wieder das Argument benutzt, daß der Kauf einer ADV-Anlage eine Einbuße an Flexibilität bedeutet und daß der Käufer die ständige Verbesserung des Preis/Leistungsverhältnisses nicht ausnutzt. Bei näherer Analyse dieser Aussagen zeigt sich, daß diese Gesichtspunkte nicht stichhaltig sind. Die geforderte Flexibilität ist nicht so sehr eine Funktion der Austauschbarkeit von Hardware, als vielmehr des gesamten Kapazitätsbedarfs der Unternehmung. Dieser ändert sich jedoch nicht ad hoc um Größenordnungen, sondern steigt einerseits mit wachsendem Geschäftsvolumen, andererseits mit der Übernahme weiterer Anwendungen. Diese Anwendungsentwicklung wiederum ist abhängig von der Leistungsfähigkeit der Organisations- bzw. Systemabteilung.

Ein entscheidender Faktor im Hinblick auf eine bestimmte Maschinenkonfiguration ist außerdem die Lebensdauer der vorhandenen Anwendungen bzw. Anwendungsprogramme. Nach den vorliegenden Erfahrungen können hierfür ca. 5 Jahre angesetzt werden. Da wesentliche Teile der Kapazität durch solche Daueraufgaben belegt sind, besteht wenig Veranlassung, Kapazitätsveränderungen durch radikale Änderungen der Konfiguration durchzuführen.

Auch bei einer gekauften Anlage sind Kapazitätserweiterungen durch Ausbau z. B. des Kernspeichers und Hinzufügen weiterer Komponenten möglich. Das gilt besonders bei Mehrprogrammbetrieb, solange die interne Rechenzeit noch Reserven bietet. Zudem kann weitere Kapazität durch den Erwerb zusätzlicher ADV-Anlagen bereitgestellt werden.

Die fortwährende Verbesserung des Preis/Leistungsverhältnisses ist in erster Linie ein Argument, das für gemietete Anlagen Gültigkeit besitzt. Bei einer gekauften Anlage wird das Preis/Leistungsverhältnis mit beeinflußt durch die Gesamtnutzungsdauer. Lediglich der Beschaffungszeitpunkt, d. h. der

Zeitpunkt der Kaufentscheidung, wird unter dem Gesichtspunkt zu wählen sein, wann voraussichtlich eine Anlage gleicher Leistung zu einem reduzierten Preis verfügbar sein wird. Diese Überlegung wird später noch einmal aufgegriffen.

Die Entwicklung des Kapazitätsbedarfs und seine Deckungsmöglichkeiten bei Kauf sind in Abbildung 3 zusammengefaßt.

Kapazitätsbedarf

    steigend mit wachsendem Geschäftsvolumen

    steigend mit Erarbeitung weiterer Anwendungen (abhängig von der Leistungsfähigkeit der System- und Programmierabteilung)

Kapazitätsdeckung

    durch gekaufte ADV-Anlagen

    durch Ausbau der vorhandenen Anlage und Hinzufügen weiterer Komponenten

    durch Erwerb weiterer ADV-Anlagen

    nur bedingt durch Ersatz der vorhandenen Anlage durch eine größere und leistungsfähigere (setzt Rücknahme durch Hersteller oder Verkaufsmöglichkeiten voraus)

Abb. 3:

Entwicklung des Kapazitätsbedarfs und Deckungsmöglichkeiten bei Kauf

II. Auswirkungen zukünftiger Vertragsformen

In Fachkreisen wird gegenwärtig vielfach die Erwartung geäußert, daß in absehbarer Zeit neue Vertragsformen von seiten der Hersteller zu einer völlig veränderten Situation führen werden, so daß gerade deswegen eine Kauf- oder Leasingentscheidung mit längerfristiger Bindung gegenwärtig riskant sei. Gedacht wird hierbei an eine getrennte Berechnung für die Hardwarebereitstellung und Softwarelieferung durch den Hersteller, an den möglichen Fortfall der Mietkosten für zusätzliche Benutzung und schließlich an eine Veränderung des Verhältnisses zwischen Monatsmieten und Kauf zuungunsten des Kaufs.

Diese Gesichtspunkte kennzeichnen einen gewissen Risikofaktor bei der Entscheidung zum gegenwärtigen Zeitpunkt. Er darf jedoch nicht überbewertet werden, da im ganzen allein durch Änderung der vertraglichen Bedingungen keine entscheidenden Preissenkungen zu erwarten sind. Es ist außerdem anzunehmen, daß die Entwicklung in diese Richtung einen längeren Zeitraum in Anspruch nehmen wird, so daß zur Ausschaltung aller Risiken die Kaufentscheidung um mindestens 1 bis 2 Jahre hinausgeschoben werden müßte. Der ökonomische Vorteil, der durch eine sofortige Kauf- bzw. Leasingentscheidung realisiert werden könnte, erscheint jedoch gewichtiger als die in diesem Punkte liegenden Risiken.

III. Der Zeitpunkt der Beschaffungsentscheidung

Abgesehen von den Spekulationen über mögliche neue Vertragsformen, muß der Zeitpunkt der Beschaffungsentscheidung, wie bereits erwähnt, auch unter dem Gesichtspunkt betrachtet werden, wann voraussichtlich neue Maschinen zu niedrigeren Preisen auf dem Markt verfügbar sein werden. Unter der Annahme, daß die nächste kompatible ADV-Anlage mit einem um 20 % niedrigeren Kaufpreis in ca. 2 Jahren, von heute an gerechnet, zur Aufstellung kommen könnte, ergibt ein Wirtschaftlichkeitsvergleich, daß eine Kaufentscheidung heute in dieser Hinsicht keine wirtschaftlichen Nachteile bringt.

IV. Die Gewährleistung der Herstellerunterstützung

Es werden verschiedentlich Vermutungen geäußert, daß bei Einschaltung einer Leasinggesellschaft oder auch beim Kauf die Herstellerunterstützung nicht in dem Maße sichergestellt ist wie bei einem Mietverhältnis. Abgesehen von den Zusicherungen des Herstellers, daß dies nicht der Fall sei, halten wir dieses Argument für unzutreffend, weil auch in diesen Fällen der Hersteller ein gutes Einvernehmen und laufende Kontakte pflegen wird, um bei zukünftigen Erweiterungen Berücksichtigung zu finden.

D. Wirtschaftlichkeitsbetrachtung und Vergleich der Vertragsformen

Die folgende Wirtschaftlichkeitsbetrachtung bezieht sich auf die bei der ESSO AG vorhandene Großrechenanlage, läßt jedoch die anderen installierten ADV-Anlagen außer Betracht. Von den Leasingmöglichkeiten wird in die Betrachtung nur die günstigste Form (als Leasing A bezeichnet) einbezogen. Ein Vergleich der verschiedenen Leasingmöglichkeiten untereinander hat zu dieser Auswahl geführt.

Eine erste Gegenüberstellung von Kauf, Miete und Leasing ohne Abzinsung und ohne Berücksichtigung eines Restwertes bei Kauf ist in Abbildung 4 dargestellt. Hierbei wird eine Nutzungsdauer von 5 Jahren zugrunde gelegt. Es ist offenkundig, daß die Herstellermiete eindeutig die ungünstigste Beschaffungsart darstellt. Die niedrigere Kostensumme beim Kauf gegenüber Leasing A darf nicht ohne weiteres zu dem Schluß führen, daß der Kauf die vorteilhafteste Beschaffung darstellt, da die Anschaffungskosten im Falle des Kaufs am Anfang der Periode, im Falle des Leasings verteilt über 5 Jahre gezahlt werden. Hier kann also nur eine Betrachtung des Kapitalwerts bzw. die Berechnung des internen Zinsfußes eine richtige Aussage geben.

ADV-Anlage 1	Kauf TDM	Miete TDM	Leasing A TDM
Anschaffungskosten, Mieten	10 188	15 536	11 390
Wartungskosten	992	—	992
Versicherungskosten	125	—	125
	11 305	15 536	12 507
Steuereffekt (40 %)	4 522	6 214	5 003
	6 783	9 322	7 504
	Restwert?		

Abb. 4: Summe der Aufwendungen bei Nutzungsdauer von 5 Jahren
(ohne Abzinsung)

I. Annahmen über die Nutzungsdauer

Ein entscheidender Gesichtspunkt bei der Wirtschaftlichkeitsberechnung
ist die erwartete Nutzungsdauer für die betrachtete ADV-Anlage. Es handelt sich hierbei um die wirtschaftliche Nutzungsdauer, die in allen Fällen
kürzer sein wird als die technische Benutzbarkeit. Die Betrachtung einer
voraussichtlichen Nutzungsdauer von ca. 5 Jahren erscheint uns deswegen
realistisch, weil nach den bereits erwähnten Erfahrungen die Anwendungssysteme, die auf der Anlage laufen, ungefähr dieselbe Lebensdauer haben.
Mit zunehmender Erfahrung in der Anwendungsentwicklung, die zu einer
größeren Anpassungsfähigkeit der Anwendungssysteme führen wird, muß
sogar erwartet werden, daß die Verwendbarkeit der Anwendungsprogramme
über noch längere Zeiträume möglich wird.

II. Überlegungen zum Restwert

Die Nutzungsdauer kann außerdem nicht unabhängig von der Betrachtung
des Restwerts festgelegt werden. Voraussagen über den Wiederverkaufswert
einer Anlage nach 5 Jahren sind heute rein spekulativ. Die Leasinggesellschaften spekulieren allerdings bewußt auf die Wiederverwendbarkeit der
ADV-Anlagen. Vom Standpunkt des Benutzers aus ist der Restwert jedoch
nicht so sehr am realisierbaren Wiederverkaufspreis zu messen, als vielmehr
am Wiederbeschaffungswert für eine Anlage gleicher Kapazität. Es ergibt
sich also die in Abbildung 5 dargestellte Verknüpfung von Nutzungsdauer
und Restwert im Zusammenhang mit dem Gesichtspunkt der Ersatz-
beschaffung.

Das Ziel der Nutzungsdauer ist erreicht, wenn die auf einen Zeitpunkt abgezinsten Werte gleich sind.

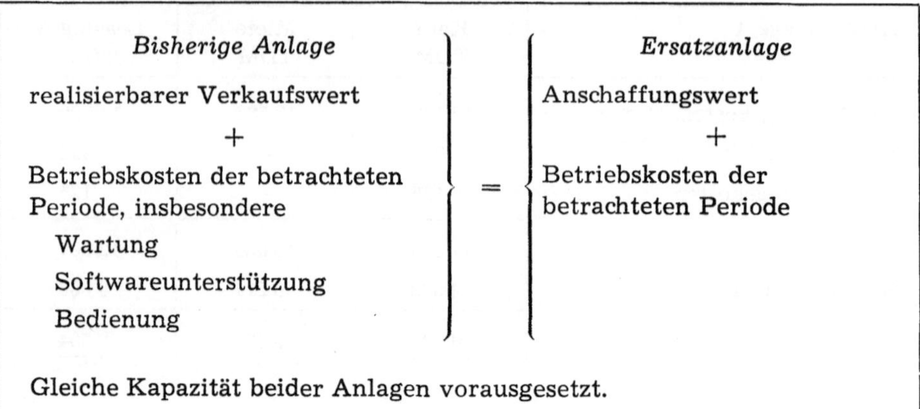

Abb. 5: Nutzungsdauer

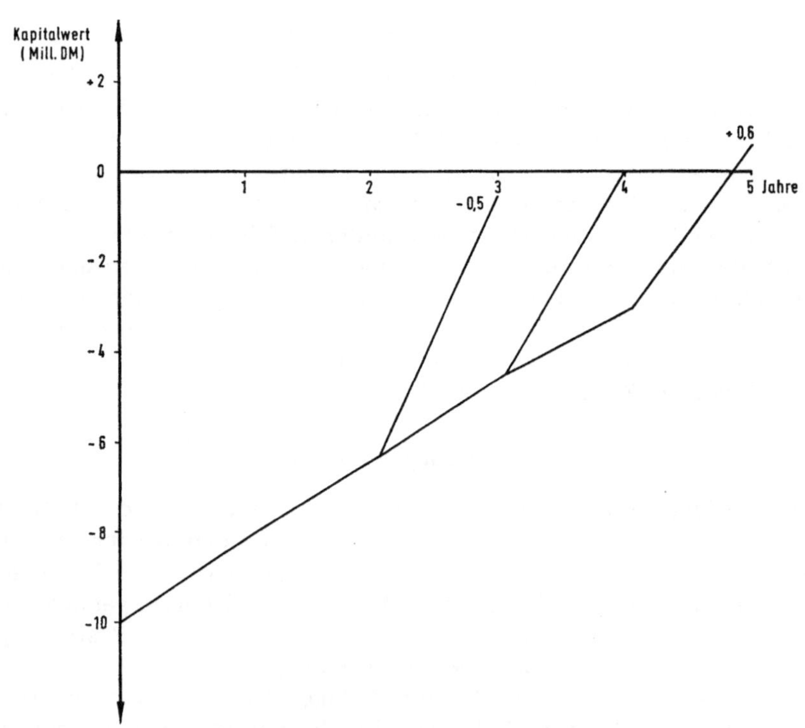

Angenommene Restwerte: nach 3 Jahren 50 % des Anschaffungswertes,
nach 4 Jahren 40 % des Anschaffungswertes,
nach 5 Jahren 30 % des Anschaffungswertes.

Abb. 6: Vergleich Kauf/Leasing zur Bestimmung der Mindestnutzungsdauer

Zur Abschätzung des Risikos bei einer Beschaffungsentscheidung für Kauf gegenüber Leasing wurde eine Berechnung angestellt, deren Ergebnis in Abbildung 6 dargestellt ist. Aus dieser Darstellung geht hervor, daß bei einer Mindestnutzungsdauer von 4 Jahren und einem Restwert von 40 % Kauf und Leasing den gleichen auf den heutigen Zeitpunkt abgezinsten Kapitalwert ergeben. Das bedeutet, daß Kauf bei längerer Nutzungserwartung als 4 Jahre vorteilhafter ist als Leasing. Die hierbei angenommenen Restwerte scheinen als Wiederbeschaffungswerte für Ersatzkapazität sehr niedrig angesetzt.

III. Steuerliche Erwägungen

Die gegenwärtig möglichen steuerlichen Abschreibungen, nämlich 16 % über 5 Jahre mit einem Restwert von 20 %, bringen in der **Wirtschaftlichkeits**betrachtung keine wesentliche Verschiebung zwischen Kauf, Miete oder Leasing. Dies wäre nur dann der Fall, wenn die Abschreibungen bei einer gekauften Anlage über einen wesentlich längeren Zeitraum zu verteilen wären.

IV. Vergleichende Betrachtung mit Hilfe der Interne-Zinsfuß-Methode (DCF-Return)

Eine zusammenfassende Betrachtung mit Hilfe der Interne-Zinsfuß-Methode ist in Abbildung 7 dargestellt. Hierbei wurden die Berechnungen für ver-

Restwert nach 5 Jahren in % vom Anschaffungswert	0 %	20 %	30 %	40 %	60 %
Kauf gegenüber Miete: interner Zinsfuß	8,9	16,3	19,4	22,2	27,2
Kauf gegenüber Leasing A: interner Zinsfuß	—	4,5	9,1	11,4	17,0

Abb. 7: Einfluß des Restwertansatzes beim Vergleich Kauf/Miete und Kauf/Leasing (interner Zinsfuß)

schiedene Restwertgrößen am Ende der betrachteten 5-Jahresperiode angestellt. Es zeigt sich, daß bei einem Restwert von 30 % der Kauf gegenüber Leasing A eine Verzinsung des eingesetzten Kapitals von 9,1 % ergibt. In diese Rechnung sind alle Einzelfaktoren, d. h. Listenpreis, Kaufoption, Erstattung der Investitionsteuer, neu zu erzielende Investitionsteuer, Wartungskosten, Versicherungsprämien, steuerliche Auswirkungen, einbezogen worden.

E. Zusammenfassung und Ergebnis der Fallstudie

Auf Grund der geschilderten, auf ein bestimmtes Unternehmen bezogenen Überlegungen und Ergebnisse läßt sich als Schlußfolgerung zusammenfassen:

(1) Der Kauf von ADV-Anlagen ist aus wirtschaftlichen Gründen den anderen Beschaffungsarten vorzuziehen.

(2) Die Annahmen über Kapazitätsbedarf und Nutzungsdauer sind für eine Minimalperiode von 5 Jahren als realistisch anzusehen und stellen die Wirtschaftlichkeitsrechnung nicht in Frage.

(3) Der Kauf sollte für die Zentraleinheit sofort erfolgen, für die Ein/Ausgabeeinheiten schnellstens, sobald die Analyse über die Ausgewogenheit der Konfiguration vorliegt.

Referenten der Fachtagung

Prof. Dr. E. Grochla, Köln

Prof. Dr. A. Meier, Frankfurt

Prof. Dr. P. Mertens, Linz/Österreich

Prof. Dr. O. H. Poensgen, Saarbrücken

U. B. Hoffmann, M. S., Düsseldorf

H. Marwedel, Hamburg

Teilnehmer des Symposiums

Prof. Dr. Th. Baldus, Köln

Dipl.-Kfm. P. Blome, Köln

W. K. de Bruijn, Amsterdam

Dr. K. Chmielewicz, Freiburg i. Br.

Dr. G. Dlugos, Berlin

Dr. K. Fr. Erbach, Frankfurt

Dr. E. Frese, Köln

Dipl.-Kfm. H. Fuchs, Köln

Dipl.-Kfm. S. Gagsch, Köln

Dipl.-Kfm. H. Garbe, Köln

Dipl.-Kfm. H. Glaser, Köln

Prof. Dr. E. Grochla, Köln

Dipl.-Volksw. F. Hövel, Dortmund

Dipl.-Ing. H. W. Homann, Aachen

Dr. W. Hopperdietzel, Kulmbach

Dr. O. H. Jacobs, Regensburg

Dipl.-Kfm. A. Jentzsch, Berlin

Dr. A. Kieser, Köln

Dr. F. Langers, Marl

Dr. H. Lehmann, Köln

H. Marwedel, Hamburg

Prof. Dr. A. Meier, Frankfurt

Dr. Fr. Meller, Düsseldorf

Prof. Dr. P. Mertens, Linz/Österreich

Dipl.-Kfm. J. Minnemann, Köln

Dipl.-Kfm. M. Muscati, Köln

Dr. A. R. V. Niederberger, Zürich

Dipl.-Volksw. H. Rölle, Köln

Dipl.-Ing. K. Roschmann, Stuttgart

Dr. P. Schmitz, Dortmund

Dipl.-Kfm. D. Seibt, Köln

R. Steinbock, Marl

Dr. W. Steinebach, Frankfurt

Dr. N. Szyperski, Köln

Dr. G. Wegner, Köln

Dr. Weigand, Mannheim

Dipl.-Kfm. Fr. Winkelhage, Köln

Ausgewählte Literatur

Bücher und selbständige Schriften

Adam, A.: Messen und Regeln in der Betriebswirtschaft. Würzburg 1959.

Anthony, R. N.: Planning and Control Systems — A Framework for Analysis. Boston 1965.

Barnard, Ch. J.: The Functions of the Executive. Cambridge, Mass. 1938.

Berthel, J.: Informationen und Vorgänge ihrer Bearbeitung in der Unternehmung. Berlin 1967.

Betriebswirtschaftliches Institut für Organisation und Automation an der Universität zu Köln: Betriebsinformatik und Wirtschaftsinformatik als notwendige anwendungsbezogene Ergänzung einer allgemeinen Informatik. Vorschläge zur Verbesserung der akademischen Ausbildung auf dem Gebiet der automatisierten Datenverarbeitung in der Bundesrepublik Deutschland. Zweites Memorandum, Köln, Juni 1969.

Bonini, Ch. P.: Simulation of Information and Decision Systems of the Firm. Englewood Cliffs 1963.

Booz, Allen & Hamilton: Computer Operations in Manufacturing Companies. Chicago 1966.

Brandon, D. H.: Management Standards for Data Processing. New York 1963.

Bronner, W.: Vereinfachte Wirtschaftlichkeitsrechnung. Berlin - Köln - Frankfurt 1964.

Chapin, N.: Einführung in die elektronische Datenverarbeitung, Wien - München 1962.

Cyert, R. M.; March, J. G.: A Behavioral Theory of the Firm. Englewood Cliffs 1963.

Faßbender, W.: Betriebsindividuelle Kostenerfassung und Kostenauswertung. Frankfurt/M. 1964.

Frese, E.: Zur Gestaltung organisatorischer Systeme. Arbeitsbericht 69/1. Forschungskreis Informationssysteme. Betriebswirtschaftliches Institut für Organisation und Automation an der Universität zu Köln, Köln 1969.

Frese, E.: Kontrolle und Unternehmungsführung. Entscheidungs- und organisationstheoretische Grundfragen. Wiesbaden 1968.

Goldman, St.: Information Theory. London 1953.

Gregory, R. H.; van Horn, R. L.: Automatic Data-Processing Systems. Principles and Procedures. San Francisco 1960.

Grochla, E.: Automation und Organisation. Die technische Entwicklung und ihre betriebswirtschaftlich-organisatorischen Konsequenzen. Wiesbaden 1966.

Grochla, E.; Szyperski, N.; Seibt, K. D.: Gesamtkonzeption für die Aus- und Fortbildung auf dem Gebiet der automatisierten Datenverarbeitung. Arbeitsbericht 69/4 des Betriebswirtschaftlichen Instituts für Organisation und Automation an der Universität zu Köln, Köln 1969.

Grove, E. F.: Untersuchung der Zweckmäßigkeit elektronischer Datenverarbeitungssysteme (EDP-Systeme). San Francisco 1963.

Hartmann, B.: Betriebswirtschaftliche Grundlagen der automatisierten Datenverarbeitung. Freiburg 1961.

Hax, H.: Die Koordination von Entscheidungen. Köln - Berlin - Bonn - München 1965.

Heinen, E.: Das Zielsystem der Unternehmung. Wiesbaden 1966.

Heinrich, L. J.: Gemeinsame Computerbenutzung in der Industrie. Wiesbaden 1969.

Hoffmann, F.: Die Einsatzplanung elektronischer Rechenanlagen in der Industrie. Diss. Nürnberg 1961.

Hopperdietzel, E.: Wirtschaftlichkeitsrechnung für elektronische Rechenanlagen. Nürnberg 1967.

Jacob, H.: Neuere Entwicklungen in der Investitionsrechnung. Wiesbaden 1964.

Joslin, E. O.: Computer Selection. Washington 1968.

Käster, M.: Rentabilitätsanalyse von Investitionen. Köln und Opladen 1962.

Kittel, H.: Zum Verlauf der Kosten über der Leistungsfähigkeit elektronischer Datenverarbeitungsanlagen. Diplomarbeit TH München 1965.

Korte, G.: Fertigungszentralen — Automatisierte Datenerfassung in Fertigungszentralen. Hamburg 1965.

Kosiol, E.: Einführung in die Betriebswirtschaftslehre. Wiesbaden 1968.

Kosiol, E.: Kostenrechnung. Wiesbaden 1964.

Kramer, R.: Information und Kommunikation. Berlin 1965.

Kriebel, Ch. H.: Information Processing and Programmed Decision Systems. Management Sciences Report No. 69. Graduate School of Industrial Administration. Carnegie Institute of Technology, Pittsburg 1966.

Li, D. H.: Accounting Computers, Management Information Systems. New York 1968.

Löbel, G.; Schmidt, H.: Lexikon der Datenverarbeitung. München 1969.

Luhmann, N.: Funktionen und Folgen formaler Organisation. Berlin 1964.

March, J. G.; Simon, H. A.: Organizations. New York - London - Sydney 1958.

McKinsey & Company, Inc.: Unlocking the Computer's Profit Potential. New York 1968.

Mertens, P.: Die zwischenbetriebliche Kooperation und Integration bei der automatisierten Datenverarbeitung, Meisenheim 1966.

Mertens, P.; Kress, H.: Mensch-Maschinen-Kommunikation und betriebliche Entscheidungsfindung (unter besonderer Berücksichtigung der Produktions- und Instandhaltungsplanung). Bericht 01/68 des Instituts für Fertigungswirtschaft und betriebliche Systemforschung. Linz 1968.

Morgenstern, O.: Prolegomena to a Theory of Organization. The Rand Corporation, RM 734, Santa Monica 1951.

Morton, M. S.: Management Decision Systems. Unveröffentlichtes Manuskript,Harvard 1966.

Neuschel, R. F.: Management by System, 2. Aufl., New York - Toronto - London 1966.

Niederberger, A. R. V.: Leistungsanalyse elektronischer Rechenanlagen. Hamburg - Berlin 1963.

Pfiffner, J. M.; Sherwood, F. P.: Administrative Organization. Englewood Cliffs 1962.

Rüegg, M.: Einsatz der elektronischen Datenverarbeitung in der Unternehmung unter besonderer Berücksichtigung des Warenhauses. Zürich 1963.

Schmalenbach, E.: Kostenrechnung und Preispolitik. 7. Aufl. Köln - Opladen 1956.

Schmidt, R. B., unter Mitwirkung von Chmielewicz, K.: Erich Kosiol. Quellen, Grundzüge und Bedeutung seiner Lehre. Stuttgart 1967.

Seelbach, H.: Planungsmodelle in der Investitionsrechnung. Würzburg - Wien 1967.

Sieper, H. P.; Jacobs, O. H.: Wirtschaftliche Betriebsmittelnutzung: Wirtschaftlichkeit technischer Systeme für die Betriebsmittelauslastung. In: Betriebstechnische Fachberichte, Abt. Rationelle Betriebsmittelnutzung, hrsg. vom RKW, Berlin - Köln - Frankfurt 1967.

Simon, H. A.: A Behavioral Model of Rational Choice. Wiederabdruck in: Simon, H. A.: Model of Man. New York - London 1957, S. 241—260.

Simon, H. A.: Administrative Behavior. 2. Aufl., New York 1961.

Simon, H. A.: The Shape of Automation for Men and Management. New York 1965.

Szyperski, N.: Zur Problematik der quantitativen Terminologie in der Betriebswirtschaftslehre. Berlin 1962.

Trechsel, E.: Investitionsplanung und Investitionsrechnung, Bern 1966.

Vodrazka, K.: Betriebsvergleich. Stuttgart 1967.

Witthoff, J.: Der kalkulatorische Verfahrensvergleich, insbesondere die Wirtschaftlichkeitsrechnung. München 1956.

Beiträge in Sammelwerken

Albach, H.: Organisation, betriebliche. In: Handwörterbuch der Sozialwissenschaften, hrsg. von E. v. Beckerath, H. Bente u. a., 8. Bd., Stuttgart - Tübingen - Göttingen 1964.

Boore, W. F.; Murphy, J. R. (Hrsg.): The Computer Sampler. Management Perspectives on the Computer. New York 1968.

Brandt, H.: Investition und Investitionsplanung. In: Unternehmensplanung. Handbuch der Führungskräfte, hrsg. von K. Agthe und E. Schnaufer, Baden-Baden 1963.

Busse von Colbe, W.; Mattessich, R. (Hrsg.): Der Computer im Dienste der Unternehmungsführung. Bielefeld 1968.

Cyert, R. M.; March, J. G.: Organizational Design. In: New Perspectives in Organization Research, hrsg. von W. W. Cooper u. a., New York - London - Sydney 1964.

Dearden. J.: Can Management Information be Automated. In: The Computer Sampler, hrsg. von W. F. Boore und J. R. Murphy, New York 1968.

Dill, W. R.: Business Organizations. In: Handbook of Organizations, hrsg. von J. G. March, Chicago 1965

Feldman, J.; Kanter, H. E.: Organizational Decision Making. In: Handbook of Organizations, hrsg. von J. G. March, Chicago 1965.

Frese, E.: Wirtschaftlichkeit und Organisation. In: Handwörterbuch der Organisation, hrsg. von Erwin Grochla, Stuttgart 1968.

Frielink, A. B. (Hrsg.): Economics of Automatic Data Processing. Amsterdam 1965.

Haberstroh, Ch. J.: Organization Design and Systems Analysis. In: Handbook of Organizations, hrsg. von J. G. March, Chicago 1965.

Huse, E. F.: The Impact of Computerized Programs on Managers and Organizations. A Case Study in the Integrated Manufacturing Company. In: The Impact of Computers on Management, hrsg. von Ch. A. Myers, Cambridge, Mass. - London 1967.

Kerr, C.; Fisher, L. H.: Plant Sociology: The Elite and the Aborigines. In: Common Frontiers of the Social Sciences, hrsg. von M. Komarovsky, Glencoe, Ill. 1957.

Kriebel, Ch. H.: Operations Research in the Design of Management Information Systems. In: Operations Research and the Design of Management Information Systems, hrsg. von J. F. Pierce, jr., New York 1967.

Littmann, H. E.: Organisation und Wirtschaftlichkeit bei maschineller Datenverarbeitung. In: Handbuch der maschinellen Datenverarbeitung, hrsg. von H. E. Littmann, Stuttgart-Degerloch 1964.

Marschak, J.: Problems in Information Economics. In: Management Controls: New Directions in Basic Research, hrsg. von C. P. Bonini, R. K. Jaedicke und H. M. Wagner, New York - San Francisco - Toronto - London 1964.

Marschak, J.: Towards an Economic Theory of Organization and Information. In: Dicision Processes, hrsg. von R. M. Thrall u. a., New York - London 1954.

Marschak, Th.: Economic Theories of Organization. In: Handbook of Organizations, hrsg. von J. G. March, Chicago 1965.

Marwedel, H.: Die Wirtschaftlichkeit von elektronischen Datenverarbeitungsanlagen. In: Der Computer im Dienste der Unternehmungsführung, hrsg. von W. Busse von Colbe und R. Mattessich, Bielefeld 1968.

Myers, Ch. A. (Hrsg.): The Impact of Computers on Management. Cambridge, Mass.-London 1967.

Radner, R.: The Evaluation of Information in Organizations. In: Proceedings of the Fourth Berkeley Symposium on Mathematical Statistics and Probability, Vol. 1, hrsg. von J. Neyman, Berkeley - Los Angeles 1961.

Roschmann, K.: Dezentrale Datenerfassung im Fertigungsbetrieb. In: Handbuch der maschinellen Datenverarbeitung, hrsg. von E. Littmann, Stuttgart 1968.

Schäfer, E.: Grundfragen der Betriebswirtschaftslehre. In: Handbuch der Wirtschaftswissenschaften, hrsg. von K. Hax und Th. Wessels, Köln und Opladen 1966.

Shepard, H. A.: Changing Interpersonal and Intergroup Relationships in Organizations. In: Handbook of Organizations, hrsg. von J. G. March, Chicago 1965.

Szyperski, N.: Rechnungswesen als Informationssystem (Informationspolitik). In: Handwörterbuch des Rechnungswesens, hrsg. von E. Kosiol, Stuttgart 1970.

Whinston, A.: Price Guides in Decentralized Organizations. In: New Perspectives in Organization Research, hrsg. von W. W. Cooper u. a., New York - London - Sydney 1964.

Beiträge in Zeitschriften

Ackoff, R. L.: Management Misinformation Systems. In: Management Science, Vol. 14, 1967, No. 4, S. 147—156.

Adams, C. W.: Grosch's Law Repealed. In: Datamation, 8. Jg. 1962, No. 7, S. 38 ff.

Argyris, C.: Wie die Manager von morgen Entscheidungen treffen. In: IBM-Nachrichten, 18. Jg. 1968, S. 246—253.

Baldus, Th.: Automatisierte betriebswirtschaftliche Integration. In: Der Betrieb. 18. Jg. 1965, S. 402—495.

Bauer, W. F.; Richard, H.: Economics of Time Shared Computing Systems. In: Datamation, Vol. 13, 1967, S. 48—55.

Beged-Dov, A. G.: An Overview of Management Science and Information Systems. In: Management Science, Vol. 13, 1967, No. 12, S. 25—39.

Betriebswirtschaftliches Institut für Organisation und Automation an der Universität zu Köln: Anwendungssysteme für die automatisierte Datenverarbeitung. Die Lücke in Forschung und Ausbildung in der Bundesrepublik Deutschland. Memorandum. In: Bürotechnik und Automation, 9. Jg. 1968, S. 230—240.

Blau, H.: Einflüsse der Preisstruktur von EDV-Anlagen auf die System-Auswahl. In: Bürotechnik und Automation, 9. Jg. 1968, S. 551—555.

Böhm, F.: Zur Kostenanalyse der Datenerfassung. In: Organisation und Betrieb, 22. Jg. 1968, H. 1, S. 7 ff.

Boyd, D. F.; Krasnow, H. S.: Economic Evaluation of Management Information Systems. In: IBM Systems Journal, Vol. 12, 1963, S. 2—23.

Brady, R. H.: Computers in Top Level Decision Making. In: Harvard Business Review, Vol. 45, 1967, No. 4, S. 67—76.

Brandon Applied Systems: Revolution on Wall Street. In: Data Systems, Oktober 1968, S. 23—25.

Brayfield, A. H.; Crockett, W. H.: Employee Attitudes and Employee Performance. In: Psychological Bulletin, Vol. 52, 1955, S. 396—424.

Bueschel, R.: Timesharing Today. In: Data Processing Digest, Vol. 14, No. 5, S. 18—21.

Canning, R. G. (Hrsg.): Application Packages: Coming into their own. In: EDP Analyzer, Vol. 5, 1967, No. 7.

Canning, R. G. (Hrsg.): Independent Software Companies. In: EDP Analyzer, Vol. 5, 1967, No. 11.

Cox, D. F.; Good, R. S.: How to Build a Marketing Information System. In: Harvard Business Review, Vol. 45, 1967, No. 3, S. 145—154.

Dean, N. J.: The Computer Comes of Age. In: Harvard Business Review, Vol. 46, 1968, No. 1, S. 83—91.

Dearden, J.: Myth of Real-Time Management Information. In: Harvard Business Review, Vol. 44, 1966, No. 3, S. 123—132.

Diebold, J.: Needed: A Yardstick for Computers. In: Dun's Review, Vol. 92, 1968, No. 2, S. 40—42.

Dixon, P. J.: Centralized Data Management — Functional Requirements. In: International Seminar on File Organization, Danish IAG Group, 20—22nd November 1968, S. 47—70.

Frese, E.: Prognose und Anpassung. In: Zeitschrift für Betriebswirtschaft, 38. Jg. 1968, S. 31—44.

Gaddis, P. O.: The Computer and the Management of Corporate Resources. In: Industrial Management Review, Fall 1967, S. 5—18.

Gantschi, E.: Die Wirtschaftlichkeit der elektronischen Datenverarbeitung. In: Zeitschrift für Datenverarbeitung, 6. Jg. 1968, S. 72—74.

Garrity, J. T.: Top Management and Computer Profits. In: Harvard Business Review, Vol. 41, 1963, No. 4, S. 6—12.

Georgopoulos, B. S.; Tannenbaum, A. S.: A Study of Organizational Effectiveness. In: American Sociological Review, Vol. 22, 1957, S. 534—540.

Gilgen, W.: Datenerfassung im Großbetrieb — Betriebsvergleiche und Erfahrungszahlen bei den SBB. In: Technische Rundschau, 60. Jg. 1968, Nr. 23, S. 5—7.

Glaser, G.: Computer in the World of Real People. In: Datamation, Vol. 14, 1968, No. 12, S. 47—56.

Gregory, R. H. und Atwater, Th. V. V. jr.: Cost and Value of Management Information as Functions of Age. In: Accounting Research, London - New York, Vol. 8, 1957, No. 1, S. 47—54.

Grochla, E.: Die Bedeutung der automatisierten Datenverarbeitung für die Unternehmungsführung. In: IBM-Nachrichten, 18. Jg. 1968, S. 84—90.

Grochla, E.: Die Integration der Datenverarbeitung. Durchführung anhand eines integrierten Unternehmungsmodells. In: Bürotechnik und Automation, 9. Jg. 1968, S. 108—123.

Grochla, E.: Die Zukunft der automatisierten Datenverarbeitung — Eine Herausforderung an Forschung und Ausbildung. In: ADL-Nachrichten, 14. Jg. 1969, S. 370—380.

Haeckel, S. H.: Teilnehmerbetrieb und Teilnehmersysteme. In: IBM-Nachrichten, 18. Jg. 1968, S. 152—154.

Head, V.: Real-Time Management Information. Let's Not Be Silly. In: Datamation, Vol. 12, 1966, No. 8, S. 124—125.

Head, R. V.; Linick, E. F.: Software Package Acquisition. In: Datamation, Vol. 14, 1968, No. 10, S. 22—27.

Hirsch, R. E.: Informationswert und -kosten und deren Beeinflussung. In: Zeitschrift für betriebswirtschaftliche Forschung, N. F., 20. Jg. 1968, S. 671—676.

Hosse, H.: Landesdatenbank Nordrhein-Westfalen. In: ADL-Nachrichten, 13. Jg. 1968, S. 320—327.

Huesmann, L. R.; Goldberg, R. P.: Evaluating Computer Systems through Simulation. In: The Computer Journal, Vol. 10, 1967, No. 2, S. 150—156.

Jacobs, O. H.: Untersuchungen über die Wirtschaftlichkeit von Datenerfassungs- und -verarbeitungssystemen (Rückmeldesystemen) für die Fertigungsregelung. In: Zeitschrift für betriebswirtschaftliche Forschung, N. F., 20. Jg. 1968, S. 321—333.

Jaensch, G.: Betriebswirtschaftliche Investitionsmodelle und praktische Investitionsrechnung. In: Zeitschrift für betriebswirtschaftliche Forschung, N. F., 19. Jg. 1967, S. 48—57.

Kittel, H.; Mertens, P.: Einige quantitative Untersuchungen zur Größendegression von Datenverarbeitungsanlagen. In: Elektronische Datenverarbeitung, 7. Jg. 1965, S. 255—260.

Kliem, H.: Kostenanalyse der Datenerfassung. In: Organisation und Betrieb, 21. Jg. 1967, H. 11, S. 9—13.

Lindblohm, Ch. E.: The Science of ‚Muddling Through‘. In: Public Administration Review, Vol. 19, 1959, S. 79—88.

Machlup, F.: Theories of the Firm: Marginalist, Behavioral, Managerial. In: American Economic Review, Vol. 57, 1967, S. 1—33.

McKinsey & Company, Inc.: Der optimale Einsatz elektronischer Datenverarbeitungsanlagen. In: Zeitschrift für Betriebswirtschaft, 34. Jg. 1964, S. 37—50.

Meller, F.: Elektronische Datenverarbeitungsanlagen. Entwicklungen der letzten 5 Jahre und zukünftige Erwartungen. In: Die elektronische Datenverarbeitung, AWV-Schriftenreihe Nr. 244, 1964, S. 13—44.

Mertens, P.: Die Automation der Führungsinformation. In: Zeitschrift für Betriebswirtschaft, 36. Jg. 1966, S. 234—246.

Mertens, P.: Zur neueren Entwicklung des Time-Sharing. In: Bürotechnik und Automation, 9. Jg. 1968, S. 556—566.

Mertens, P.: Zur Wirtschaftlichkeit und Wirtschaftlichkeitsschwelle der elektronischen Datenverarbeitung. In: Neue Betriebswirtschaft, 20. Jg. 1967, S. 42—46.

Morton, M. S.; McCosh, A. M.: Terminal Costing for Better Decisions. In: Harvard Business Review, Vol. 46, 1968, No. 3, S. 147—156.

Müller, G.; Enders, K.: Maschinelle Verfahren zur Optimierung des Einsatzes von Datenverarbeitungsanlagen. In: Die Wirtschaftsprüfung, 21. JJJg. 1968, Nr. 3, S. 57—63.

Nolle, F.: Systemanalyse — Auslegung von Datenverarbeitungssystemen für komplexe Anwendungen. In: IBM-Nachrichten, 17. Jg. 1967, Nr. 183, S. 523—532.

Nürck, R.: Informationsverarbeitung in der Wirtschaft. In: Zeitschrift für Betriebswirtschaft, 33. Jg. 1963, S. 1—16.

Orlicky, J. A.: Computer Selection. In: Computers and Automation, Vol. 17, 1968, No. 9, S. 44—49.

Rhind, R.: Management Information Systems. In: Business Horizons, Vol. 11, 1968, No. 3, S. 37—47.

Riebel, P.: Das Rechnen mit Einzelkosten und Deckungsbeiträgen. In: Zeitschrift für handelswissenschaftliche Forschung, N. F., 11. Jg. 1959, S. 213—238.

Roschmann, K.: Automatisierte Überwachungs- und Rückmeldeverfahren in der Fertigungssteuerung. In: VDI-Zeitschrift, Band 106, 1964, Nr. 26, S. 1295—1303.

Schikowski, R.: Soll und Haben. Eine Analyse der elektronischen Datenverarbeitung in Deutschland. In: Bürotechnik und Automation, 9. Jg. 1968, S. 284—300.

Scholz, H.; Steinbock, R.: Die Untersuchung der Wirtschaftlichkeit einer automatisierten Datenverarbeitung (ADV). In: elektronische datenverarbeitung, 10. Jg. 1968, S. 133—142.

Schwab, B.: The Economics of Sharing Computers. In: Harvard Business Review, Vol. 46, 1968, No. 5, S. 61 ff.

Schwarze, J.: Bestimmung der Wirtschaftlichkeit elektronischer Datenverarbeitung. In: Der Betrieb, 21. Jg. 1968, S. 493—501.

Schwarze, J.: Wirtschaftlichkeitsberechnung elektronischer Datenverarbeitungsanlagen. In: Neue Betriebswirtschaft, 19. Jg. 1966, S. 158—160.

Simon, H. A.: The Architecture of Complexity. Wiederabdruck in: General Systems, Vol. 18, 1965, S. 63—76.

Simon, H. A.: The Future of Information Processing Technology. In: Management Science, Vol. 14, 1968, No. 9, S. B-619-B-624.

Smith, L.: Flexible Pricing of Computer Services. In: Management Science, Vol. 14, 1968, No. 10, S. B-581—B-600.

Solomon, M. B.: Economics of Scale and the IBM System 360. In: Communications of the ACM, Vol. 9, 1966, No. 6, S. 435—440.

Stern, H. A.: Information Systems and Management Science. In: Management Science, Vol. 13, 1967, No. 12, S. B-848—B-851.

Szyperski, N.: Einige aktuelle Fragestellungen zur Theorie der Unternehmungsrechnung. In: Betriebswirtschaftliche Forschung und Praxis, 16. Jg. 1964, S. 270—282.

Taylor, J. W.; Dean, N. J.: Managing to Manage the Computer. In: Harvard Business Review, Vol. 44, 1966, No. 5, S. 98—100.

Trull, S. G.: Some Factors Involved in Determining Total Decision Process. In: Management Science, Vol. 12, 1966, No. 6, S. B-270—B-280.

Wegenstein, W. O.: Computerauswahl. Die Auswahlkriterien und die Aufgaben der Geschäftsleitung bei der Systementscheidung mit fünf Bewertungsbogen. In: ADL-Nachrichten, 11. Jg. 1966, S. 310—317.

White, M.: The Birthday Machine. In: Business Management, Vol. 98, 1968, No. 3, S. 20—25.

Zannetos, Z. S.: Toward Intelligent Management Information Systems. In: Industrial Management Review, Vol. 9, Spring 1968, No. 3, S. 21—35.